地球学シリーズ3

地球学調査・解析の基礎

上野健一・久田健一郎 編

古今書院

まえがき

地球の歴史・環境変動の基礎を統合的に解説する目的で，地球学シリーズ 1（地球環境学；地球環境を調査・分析・診断するための 30 章），2（地球進化学；地球の歴史を調べ，考え，そして将来を予測するために）のテキストが 4 年前に出版された。これらのテキストでは，地球学の基礎教養に関する“座学“が主に大学教養課程の学生および一般社会人入門向けにまとめられている。一方で，地球学の醍醐味は，なんといってもフィールドに出て実際に派生している環境変動の仕組みを理解し，問題点や解決策を模索することであろう。大学 1・2 年生の講義を受け持つと，“実習はいつから始まるのですか”との声を聞くことも多い。頼もしい限りである。しかし，方法論も知らずにフィールドに飛び出しても何から手をつけてよいのか戸惑うばかりだ。

地球学といっても，その内容は多岐にわたる。現象に応じて調査や解析の手法は異なり，分野に応じた特色をもつ。多くの大学では，専門分野に分属すると同時に野外調査・観測，室内実験・分析，データ解析・シミュレーションといった授業体系が準備されているであろう。これらの授業に対応した分野ごとの調査方法や解析マニュアルに関しては，既に多くの図書が市販されている。しかし，基礎課程の授業で最初に野外に出たときに，そもそも野外調査にはどんな方法があり，そのうち何を取捨選択していくべきか，分野に応じて調査・解析手法はどのように異なるのか，といった地球学全般に関する調査法を教授する機会が少なかった。実は，これから自分の専門を取捨選択し，“自分にあった地球学スタイル”を見つけていかなければならない初学の学生諸君にとって，これらの情報は非常に重要なのである。一方で，地球学の場合，専門課程で卒業研究や修士論文に着手する時に，実は他分野で使われている手法を応用することが斬新な結果を生むことも少なくない。その意味で，多分野の研究手法を並列して学習する機会は大変貴重である。

筑波大学では生命環境学群・地球学類の発足以後，地球学を統合的に学習する授業体系の一環として，専門分野に分属する前に，地球学にとって基礎となる実験・調査法を実習・講義する単元を開設した（1 年次地球学実験，2 年次地球学野外調査法）。本書は，地球学の基礎となる調査解析法をまとめ，これらの授業のテキスト・参考書として使用することを念頭にしている。もちろん，他大学の学部学生，学校教員，地理・地学・環境分野に興味のある社会人の方にも読んでいただけるよう，各章とも基本的な事項から説明を始めている。本書の大きな特徴は，大気水圏現象，地形地質現象，人文社会現象を含む統合システム科学の領域を 1 冊にまとめることで，横断的に読めるよう工夫した点である。複雑な地球の変動を定量的に把握するために，どこでどのような調査分析を開始したらよいか，手法の基本的原理や適用範囲は何か，必要となるデータや情報をどのように入手すべきか，といった内容を分野ごとに丁寧に解説している。詳細な実験マニュアル的記述は避け，既存の実験書をなるべく参考図書として付記するよう努力した。重要単語は最新のものも含めて文中にハイライトするとともに，利用可能な電子情報は URL を付記することで本書と連携がはかれるよう工夫してある。前回のシリーズのようなカラーページはないが，その分，フィールドや実験室で実際の現象を体験して欲しい。本書により，地球学の“知識”と“現場”の距離が少しでも縮まることを期待する。

最後に，地質図の問題作成にご協力いただいたジーエスアイ株式会社の豊田　守氏と，本書の出版に尽力いただいた古今書院社長橋本寿資氏，編集部の長田信男氏に深く感謝する。

2011 年 3 月

地球学調査・解析の基礎編集委員会

目　次

第Ⅰ章　野外調査を安全に行うために

地球科学では，野外調査が必要不可欠である。調査の場所は町中というよりは，山中だったり，海沿いだったりする。時には，熱帯雨林，砂漠，氷河の上と，さまざまな環境で調査を行うことになる（図 1.1）。地下資源にかかわる調査では，地下数百 m まで降りなければならなかったり，海洋底調査では潜水艇で 5,000m 以深に潜ることもある。気象にかかわる調査では，飛行機に乗って地上数千 m の調査を行うことがある。また，調査に同行する人数は，その調査内容にかかわって大きく変わり，一人で行うこともあれば，多くの人との共同作業の場合もある。どの場合でも，それぞれのルールに従って安全に調査を実施し，実りのあるものにしなければならない。ここでは，「常識」としての内容も含めて，今一度安全に調査を行うための項目を確認してみよう。

図 1.1　林道での地質調査実習

1. 調査の前に

野外調査に出かける前に，以下のような事項を準備・確認しておく必要がある（筑波大学「フィールドワーク安全手帳」より）。

①指導教員との打ち合わせ

調査目的をまず指導教員と十分打ち合わせる。その際，調査実施場所，時期，日数，方法，利用交通手段なども合わせて決定する。

予定される調査日数によって異なるが，長期間の野外調査の場合，梅雨の時期（6 月から 7 月にかけて）は避けるべきである。とくに，梅雨明け直前の 7 月上旬から中旬にかけては，集中豪雨に見舞われることが多いので注意が必要である。

短期間であろうと長期間であろうと，野外調査に出かけるときには，指導教員に通知すること。最近では，携帯電話が普及しているので，簡単に迅速に連絡が取れるようになったが，山深い地域では圏外の場合が多い。出発前に調査地域が圏外か否か調べておくとよい。また，そのことを指導教員にも伝えておくように。万が一，宿に約束した時刻に戻れない場合，宿の人から指導教員に連絡が入り，場合によっては救援隊が組織されるのだということを肝に銘じておいてほしい。

②調査に伴う危険性の予知

調査の実施に当たって，調査地はもちろんのこと調査地までの移動の間にどのような危険が潜んでいるか検討することは重要である。長期間の調査の場合，病院の所在地なども確認しておく。

③天然記念物や私有地などの確認

野外調査に際しては，自然保護関連法令（自然環境保全法，自然保護法，鳥獣保護法，種の保存法など）に抵触しないように注意しなければならない。とくに国立公園や国定公園あるいは県立自然公園などでは，試料採取や改変が厳しく制限されているので，事前に web サイト（例えば，環境省自然保護事務所など）で調べておくのがよい。

化石や鉱物採集などでは，個人の財産権を犯しかねない。現地看板などの注意書き遵守はもちろんのこと，地元の住民から情報を集めたり，所有者に直接会って採掘等の許可をもらうことが絶対的に必要である。

④傷害保険などの確認

大学の授業の一環として実施される野外実習は，「学生教育研究災害傷害保険」の対象となるので，必ず加入するようにしてもらいたい。海外へ出かける前に，外務省海外安全ホームページで必ず安全を確認すること（地図に「退避を勧告します。渡航を延期してください」「渡航の延期をおすすめします」「渡航の是非を検討してください」「十分注意してください」の地域を表示）。

⑤森林管理署・事務所（旧・営林署）などへの連絡

入会山，松茸山，私有林などは可能な限り事前に所有者に挨拶し，入山許可を得るようにしたい。国有林でも，必要に応じて森林管理所・事務所の入山許可を得る。最近は林道の入り口が施錠されるようになった。調査の際，林道に車を乗り入れて使用したい場合には，所轄の森林管理所・事務所や森林組合に届けを出すと乗り入れの許可をもらえる場合がある。通常林道入り口に管理者の名前が看板などに明記されている。また，それでもわからない場合は，地元の人に聞くとよい。

図 1.2　側溝に潜むまむし

⑥地域による危険生物の確認

例えば奄美大島や沖縄諸島のハブや北海道のエキノコックス（サナダムシの仲間）など，ある地域に固有の危険な生物が知られている。このような危険な生物に関しては，事前に web サイトなどで情報を集め，もしもの場合どう対処すればよいかあらかじめ把握しておくことが大事である。

山間部での調査では，予期せぬ出来事でピンチになりかねない。そのようなピンチの対処として，『山でピンチになったら』（上村信太郎，1997）が大変参考になる。同書によれば，「もし（山で道に迷い）暗くなってしまったら，早目にビバークを覚悟し，なるべく体力の消耗をふせぐことです。人間は，病気やケガをしていなければ十日や二十日は水だけで生き延びることができます」と記述されている。焦ることなく落ち着いて行動することが肝要である。

2. 調 査 中

調査に出かけた場合，これから述べる注意事項の前に，ナチュラリストとしての守るべきマナーがある。「自然観察ハンドブック」（財・日本自然保護協会編集・監修）によれば，以下の10カ条があげられている。

・自然のなかではできるだけ音を出さないように。 大声もださないで
・無益な殺生はやめよう
・採ってしまってはわからない自然のしくみをよく見よう。採集はやめよう
・五感を養おう。そのための採取は最小限のものにとどめよう。目立つところから採るのはよそう
・巣や卵には近づかない。子連れの雌も距離をおいて観察しよう
・人がやってきた跡をなるべく残さない工夫をしよう
・ゴミになるものは持って行かない工夫をしよう。出てしまったゴミは必ず持ち帰る
・火をたくときは小さなものを。タバコの火のしまつをきちっとやろう
・大勢で1カ所にはいるのはやめよう。斜面の近道もやめよう
・ほかの人のじゃまにならないよう気をつけよう

野外調査に出かけるときは，「自然のなかにお邪魔する」というような謙虚な気持ちになることが重要である。そして，さまざまな危険が潜んでいることを自覚しなければならない。「自然観察ハンドブック」（財・日本自然保護協会編集・監修）によれば，自然のなかでのさまざまな危険は以下のようにまとめられている。

・地学的要因によるもの
（i）気象的災害：天候激変，日射，熱射，寒冷，大雨，吹雪，台風，落雷など
（ii）火山爆発：溶岩や火砕流の流出，熱風，火山弾，山火事
（iii）地震：家屋や器物の倒壊，山崩れ，津波，火災
（iv）水害：洪水，高波，暴風雨，山津波，雪崩
・生物的要因によるもの
（i）植物：触れることによる痛み，かゆみ，かぶれ，食中毒，花粉症（アレルギー）など
（ii）動物：咬傷，刺傷，毒液の注入，毒液に触れることによる痛み，かゆみ，かぶれ，食中毒など（図1.2，図1.3）
（iii）病原伝播：伝染性病原（ツツガムシ病，野兎病，狂犬病など），寄生性病原（ダニ，住血吸虫，線虫，エキノコックス，アニサキスなど）

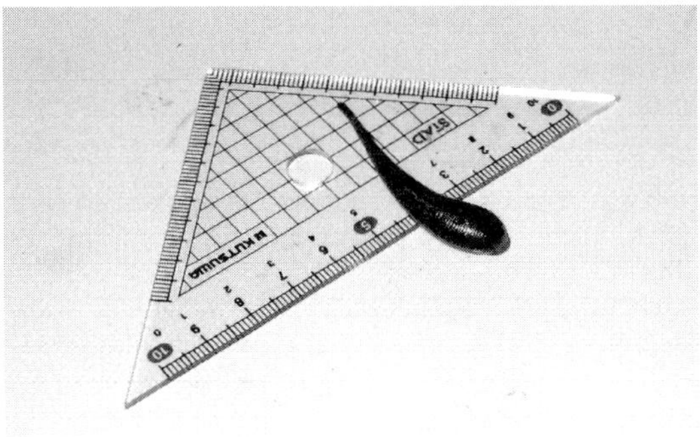

図1.3　普段のヤマヒル
血を吸うと親指の先程の大きさになる．

このようなナチュラリストとしての注意事項の他に，地質調査などの野外調査に関する調査中の心得がある（以下は，筑波大学「フィールドワーク安全手帳」より抜粋）。

(1) 調査中の心得

1）時間の配分
往路は調査をしながらなので当然時間が

かかるが，帰路も調査地が急峻な場合，かなり時間がかかる。とくに山間部では日の入り時刻よりも１～２時間早く暗くなり始めるので，そのことを考えて行動する必要がある。なお深い沢沿いの調査では，１日に１～２km程度の距離の調査となることもある。

2）現在地の確認

大縮尺の地形図をたよりとする調査や自然林など巨木の生い茂る林間での調査の時には，よほど山になれていても現在位置を間違うことがある。とくに火山地域は地形が単調なため，地形図での位置特定が難しい。歩行中や休憩時の随時確認を怠らないようにする。明確な地点からの方角と歩測測定による位置の確認が原則である。高度計やGPSをあわせて活用するとよい。

沢が調査ルートになっている場合が多いが，隣の沢に入ってしまったり，源流付近では本流がわからなくなってしまったりするので十分注意する。

3）天候変化への対応

調査中に天候が急変することがよくある。天候に関する事前の打合せがあればそれに従う。その打合せがなければ自分で判断しなければならないが，経験がない者は無理をせず調査を中断して帰路につく。経験のある者も自己の能力を過信せず，控え目に行動する。

① 雨

深い沢での調査は上流の天候に気をつける。下流では小雨でも，上流で豪雨になっていることもある。帰路に増水の可能性もあるので十分注意が必要である。衣類が濡れると体温が奪われ，体調を崩すだけでなく，遭難につながることもあるため，雨具を早めに着るようにする。雨具は行動しやすいように上下に分かれているものがよい。

② 雷

入道雲が全天の半分をおおったら，発雷が近いので退避の用意をする。避難すべきかどうかを素早く決断する。雷鳴を聞いたら，雷光と雷鳴の秒差× 340（m/s）で雷の位置を知る。雷雲の移動方向，雷鳴の動向で雷の動きを察知し，近づくようであれば一刻も早く下山する。

③ 風・霧

強風時，風速1m/sで体感温度は1℃低下するといわれている。防寒着などを着て体温の低下を防ぐ。霧は風が沢から吹き上げるときや，風が稜線を越えるときに発生する。霧が発生したら様子をみて下山の用意をする。濃霧に巻かれ，視界がきかなくなったら雨を避けられるところに素早く避難し，晴れるまで絶対動かない。

④ 土石流

沢水が急に減少したり，濁る場合は上流で土石流が発生する可能性が高いため，すぐに沢から斜面部・尾根に避難する。状況によってはただちに下山し，山麓の集落に危険を伝える。

4）昼食および休憩

１日のうちで最も注意を要する時間帯は，精神的にも肉体的にも疲労してくる午後３時頃から夕刻にかけてである。とくに山間に入ると，天候の変化が激しいので疲労がつのり，思いもしないような場所での遭難につながる。2時間に一度は休息してから調査を続行する。疲労に加え空腹は一層悪条件となる。調査に夢中になり，昼食の時間が遅れたりすると精神状態が不安定になり，事故を起こしやすいので決まった時間に昼食をとる。

昼食をとる場所，休憩の場所としては，落

石や転落の危険のない場所を選び，日当たりのよい場所を選ぶ。できるだけ石の上を避け，草の上に座り体を冷やさないようにする。余分の昼食でも非常時には貴重な食料となるため，宿舎へ戻るまで安易に捨てない。

5）歩行時の注意

① 落石崩壊

狭い岩尾根とか岩の急なガレ場を歩くときは，掴(つか)む岩角，踏む岩石が根のある岩か浮石かに注意する。複数で調査しているときは，ガレ場では間隔をあけないように行動する。複数で調査しているとき上方の者が誤って石を落とした場合，下方の人に大声をあげて知らせる。岩の崩壊は絶えず起こっているもので，たった一つの小石が落ちても次の落石を誘い，大きな岩雪崩を起こす危険性がある。降雨の後とか地盤の緩んだ岩石の風化したところは自然落石や崩壊があるので注意が必要である。

② 滑落・転落

調査を急いだりすると岩尾根などで浮石を踏み転落する危険性がある。時間に余裕をもって歩くべきである。渓流を歩くときは水幅が狭いところは深瀬になっている場合が多いので，なるべく水幅の広い地点を選ぶようにする。濁流時の徒渉は避ける。また，すぐ下流側が激流や滝になっている場所の徒渉も避ける。丸木橋を渡る時も注意を要する。足の踏むところだけを見て渡るのがよく，濡れているときは滑らないように一層の注意が必要である。滝壺などに誤って落ちても，ザックが一瞬浮き袋の役目を果たすことがある。あわてないことが肝要である（図1.4）。

③ やぶこぎ

やぶの中には視界がきかず迷いやすいため，勘に頼らず，磁石や太陽の位置などにより方角の確認を怠らない。数十m先の特徴的な大木などを目印にして歩くのがコツである。やぶが深くなり，もがいていると，ハンマーや携帯品を落としても気づかないことがあるため，しっかり体に固定しておく。尖った枝などが多い所では，目をついてしまうことがあるため，ゴーグルで保護しておくのが望ましい。また，調査着のポケットを突き抜け，ポケット内の小物が落ちてしまうことがあるので注意を要する。

図1.4　滝は格好の露頭
滝壺は意外と深いので注意が必要．

調査が終了した場合には，速やかに指導教員に調査終了の連絡をすること。また，調査日程を変更した場合は，直ちに連絡すべきである。「知らぬが指導教員」などのような状態があってはならない。

私の安全３カ条

本章では安全に野外調査を行うための，さまざまな項目を紹介した。このコラムでは，安全3カ条を紹介したい。簡単にまとめると以下の通りである。

（ｉ）現地主義　　地元の人と仲よく
（ii）二重の安全対策　　慎重の上に慎重
（iii）諦めも大切　　自然を甘くみるな

（i）通常調査をしていると地元の住民の方に会うことが多い。その際には是非挨拶すべきである。挨拶は2つの効果をもっている。1つめは,「自分は不審者ではないというアピールができる」ということである。一般の人にとって，ハンマーは危険な凶器と映る。見ず知らずの人間が，見たこともない凶器を持ち歩いている姿は尋常ではないと，警戒感をもたれてしまうのは当然であろう。ハンマーは凶器であること，そしてほとんどの人が，ハンマーの使用目的を知らないことを，調査する側も自覚する必要がある。人里離れたところで，ヘルメットをかぶった人間がハンマーを振り回していたら，それは危険人物とみなされてもしょうがない。挨拶で少しでも地元の住民の方の警戒感を解くべきである。そして，挨拶にはもう１つの効用がある。それは，挨拶のあと必ずといっていいほど,「何してんだ？」と聞かれる。そう聞かれたら，ここぞとばかり話し出そう。地質調査を理解してもらう絶好の機会である。相手の方が地質に興味あると，いろいろな情報を提供してくれることがある。たとえば，危険な動物や植物の情報から，化石産地や近道などの情報である。確かに順調に仕事が進んでいるときに，このようなことで時間をとられるのは痛いと思うかもしれないが，これはナチュラリストとして当然の義務と思ってほしい。

（ii）安全対策は十分にしてほしい。とくに一人で調査を行う場合，その行動のすべては本人の責任となる。些細なことのように思えるが，意外と難しいのが調査終了時刻である。当然少しでも調査時間を長く取りたいものであるが，その分山中では予想以上に早く暗くなり始める。その結果，道に迷ったりすると，あわてて怪我をするような事故が発生しかねない。また，沢調査をした場合,帰りが今きた沢を戻るのか(道がない場合)，あるいは沢沿いの道が使えるか否かでまったく時間の読みが変わってくる。ときには，地図には山道があるのになかなか道が見つからず，仕方なく今きた沢を下ることになったりする。そのような場合，予想以上の時間がかかるのはいうまでもない。私は，地形図上の山道は50％の信用と決めている。また，道が何の兆候もなく突然消えることはないことを経験上知っている。必ず近くにあるはずである。

ついでに筆者の安全対策に関する失敗談を披露しよう。山里近い調査でのこと，午後も３時をまわり１，２時間ぐらいで調査を終えるだろうと，水を持たないで調査に出かけた。その日は蒸し暑く，気温もかなり高く，30℃を越えていた。尾根道から手に取るような近さに民家も見える。いつでも下山できると思った。目的の調査を終えて，帰ろうときた尾根道を戻り始めると，いやに体が重たく感じる。だらだら尾根ということもあって，数十ｍ上り下りの繰り返しである。そのうち，50ｍ進むのがやっととなり，そのたびに５分間の休憩が必要となった。水はなく体全体が燃えるように熱く感じる。そして，体全体で呼吸をするといった感じである。いくらバテタとはいえ，呼吸数も多くなり，通常の疲労感とは違う。早く下山したいと思うが，休まないと進めない。幸いなことに，そのあと夕立がきて雨が降り出した。雨に濡れて体が少し冷えただけで，不思議と体が動きやすくなった。空に口を向けて雨水が口に含むと，それこそ，ホッとする感じである。事なく帰ることができたが，後でそれは軽い熱中症と知った。ちょっとした油断であったが，大事に至らずラッキーであった。

（iii）時には無理をせず，諦めることも大切である。地質調査の場合，雨天は最悪である。フィールドノートへの記入がしにくくなることはもちろんのこと，クリノメーターの磁針が濡れて動かなくなることさえある（図 1.5）。完璧な雨具を用意していれば別であるが，どうしても体が雨で濡れて，しかも風が吹けば，体温が下がってしまう。石は滑りやすくなり，転倒しやすくなる。また，強雨で沢にいる場合は，いつ増水するかわからない。最悪鉄砲水の発生も考えられる。ともかく地質調査にとって，雨天は最悪である。そのときは休養と決め，調査をしない，あるいは長雨になりそうであったら，調査撤退もやむを得ずといった気持ちがほしい。無理して，事故に遭っては本も子もない。

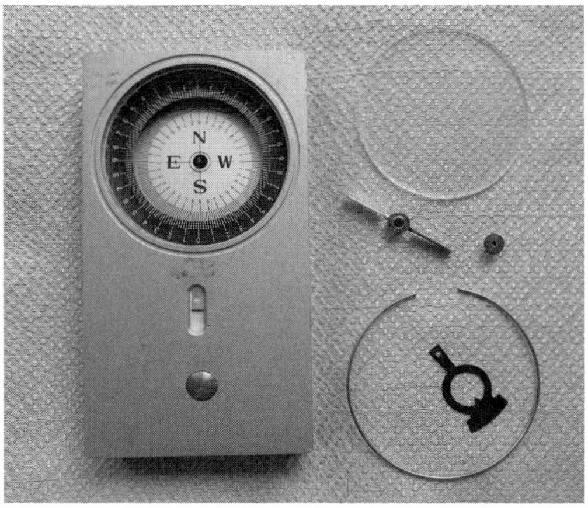

図 1.5.　分解したクリノメーター

雨などで濡れたクリノメーターは，分解して水気をふきとり十分に乾燥させる．

第Ⅱ章　大　　気

大気現象は時々刻々と変化し，日々の生活に大きな影響を及ぼしている。天気予報は実社会に不可欠な情報となっている。本章では，我々の頭上で日々繰り広げられている大気（atmosphere）の複雑な動態を把握し数理的に分析するためのエッセンスを紹介する。より詳細な観測手法や数値解析法に関する参考図書も巻末に紹介した。それでは，気象観測から解説を始めよう。

1．気象観測と野外実験

（1）正しい自然認識に向けて

複雑な自然現象の仕組みを定量的に理解していくためには，どうしたらよいだろうか。科学の分野では“**観測—解析—モデル**”という手順を通じて理論を一般化していく。新しい現象を発見し，データ解析により仕組み（メカニズム）を提案する（**仮説**）。仮説が正しいかを，物理モデルを構築して再現してみる。もし再現がうまく行かなければ，観測が不十分・不正確か，メカニズムが間違っているか，モデルが未熟かのいずれかであろう。ある程度物理モデルが再現性を確保すれば，**予測**に応用できる。これらを繰り返すことは大気科学でも定石であり，この定石のおかげで我々は自然現象に対する正しい認識を深めてきた。

現象把握の出発点は定量的な観測から始まる。数値モデルでは多くの**アルゴリズム**（Algorithm）で，観測結果に則したパラメータ化（parameterization）を行っている。数値モデルでは非常に細かい時空間分解能で繰り返し計算が可能だが，観測は同一の現象を再度測定することが不可能で，測定分解能も限られる。そこで現象を的確に観測するためには，測定技術の習得以外にもノウハウが必要となる。とくに，現象の発現を見越した入念な観測準備と測器の設置作業は気象観測の命ともいわれ，事前に現場の状況を把握することが成功の鍵を握る。気象観測といっても，ざっと考えただけで，接地境界層の水熱循環過程（乱流フラックス観測），都市や人工物の影響評価（都市気候観測），農業や生態学のための気象（農業生物気象），地域に卓越する平均的な気象場（小気候）の測定，衛星観測や数値シミュレーションに必要なパラメータの取得や推定結果の検証実験，測器開発・野外実験，気候・環境モニタリング，大気汚染や高層気象観測など，さまざまな種類がある。観測手法も，総観規模にはゾンデ観測，メソスケールには降雨レーダ，接地気象にはタワー観測など，スケールに応じて特徴がある。本章では大学の研究室単位で実施するうえで重要となる地上観測全般に関する基礎事項を解説する。

（2）気象観測の歴史

刻々と変化する天候は，昔から農耕や漁業に大きな影響を及ぼしてきた。大気を観測する時の難点は，**運動や状態が直接目で見えない**ことにある。**気圧分布**を用いて初めて天気図が描かれたのは18世紀のヨーロッパであり，これを数理的に処理して天気予報を試みた1922年の“リチャードソンの夢”は非常に有名な話だ。天気の把握に，なぜ比較的測定が簡単な風や気温ではなく気圧の測定が重要なのだろうか。それは，力の測定が大気運動を把握するために不可欠だからである。

野外に飛び出して刻々と変化する雲の様相を撮影したり，身近に体感する気象を野帳に記録して

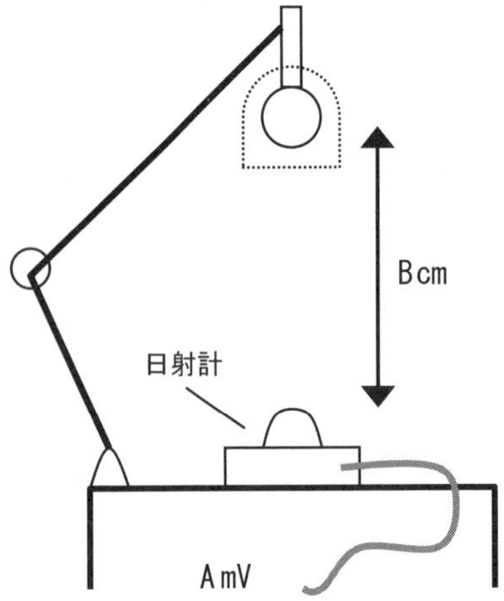

図 2.1　電気スタンドを使った放射の実験

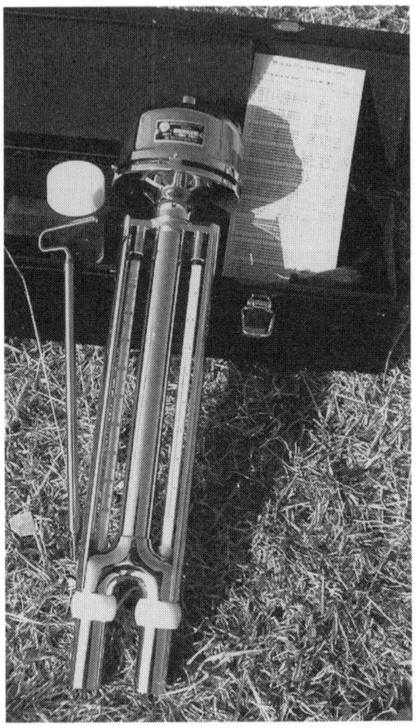

図 2.2　アスマン通風乾湿温度計

みよう。興味深い特徴が発見できたらしめたものだ。しかし，これらの定性的な情報をどのように定量化し，要因を分析していったらよいのだろうか？次の例題を考えてみよう。“図 2.1 のように電気スタンドの下に日射計を置いて電球からの放射量を測定した。日射計からは A mV の電圧が出力され，電球までの高さは B cm であった。電球のワット数を推定せよ。ただし，この日射計では X mv の出力が Y W/m^2 に相当する”。実験設定自体をよく理解することは第一に必要だが，いくら電気スタンドや日射計を観察しても答えは出てこない。まずは，放射過程を理論的に考えないと解けないのである。実は，気象の計測も物理学的な原理に立脚して行わないと，定量的な説明に結びつかないことが多い。そのためには，しかるべき機材の準備と気象学の予習が必要となる。

気象を野外で確実に計測するためのさまざまな工夫が測器を進化させてきた。たとえば，図 2.2 に示すアスマン通風乾湿計は，気温を正確に測定するために不可欠な強制通風と太陽放射を防ぐ機能を持ち合わせている。乾湿球公式から水蒸気量を算出する原理から，温度計の熱収支を理解することもできる。一昔前までは，このようなアナログ信号を記録紙（チャート）に自記させる方式で測器が構成されていた。これらは，測器間のばらつき（**器差**）や反応速度（**時定数**）が大きくデジタルデータに変換するまでに手間がかかったが，動作原理がわかりやすく，その場で気象変化を把握できるなど利点も多かった。一度は古典的測器を手にとって，仕組みを理解することを勧めたい。

定量的な気象観測は 19 世紀初頭に開始され，気象官署では各国で統一方式の**ルーチン観測**が継続されている。定時には天候・雲・特殊現象，生物気象なども**目視観測**され，蓄積されたデータは気候システムの監視に大きく貢献している。一方で，特定の目的で実施される**研究調査観測**では，新しい測定手法や測器開発のおかげで多くの現象が発見され，大気科学のさまざまな分野が発展してきた。1960 年代には**衛星観測**が開始され，電磁波を使った遠隔測定技術の進歩により，データの質や分解能は大幅に変化している。気象観測は環境計測や地球観測の一環としても重視されている。

(3) センサーとデータユニット

気象測器はセンサーとデータユニットから構成される。センサーは直接駆動したり電磁波を利用して遠隔的に現象を検知し，有線または無線により電気・パルス信号をデータユニット（データロガ）に送信し，デジタル値として記録される。放射伝達・分光・電磁波に関する物理も学習しておくと，遠隔測定の原理を理解するうえで役に立つ。

同じ気象要素でも測定原理に応じて出力特性は異なり（たとえば接点式3杯型風速計と超音波式風速計で測定された風速や，レーダと転倒マス雨量計で測定される雨量など），目的や必要精度に応じて測器を選択する必要がある。出力値の分解能や時定数はセンサーに依存するが，計測精度は計測システムの構造にも依存する。

たとえば放射観測ではドーム温度を測定して値を補正し，さらに結露防止用のファンを付けることで精度は上がるが，自ずとシステムは複雑になり高価となる。雨量計は風よけの有無や測定高度で降雪時の補足率が大幅に変化する。測定間隔，記録間隔，チャンネル数，データ容量，フォーマットなどはデータユニットに依存する。複数の気象要素から物理量を内部で計算したり，気象条件によって測器の稼働を制御するプログラマブルなデータロガもある。

センサーは野外で使用するほど劣化する。そこで，基準器との器差を基準化する校正・検定作業（**キャリブレーション**）や定期的な交換が推奨される。複数の測器で分布観測を行う場合はとくにキャリブレーションが必要となる。自前のセンサーを校正する場合はまず実験室で検定作業を行うが，市販品の場合は実際に使う現場で予備観測の一環で相互比較をする方が手っ取り早い。一方，データロガの天敵は水没と雷，さらに低温現象である。これらを防止するための密閉化（ハウジング）や加温機能，設置の工夫も必要だ。商用電源

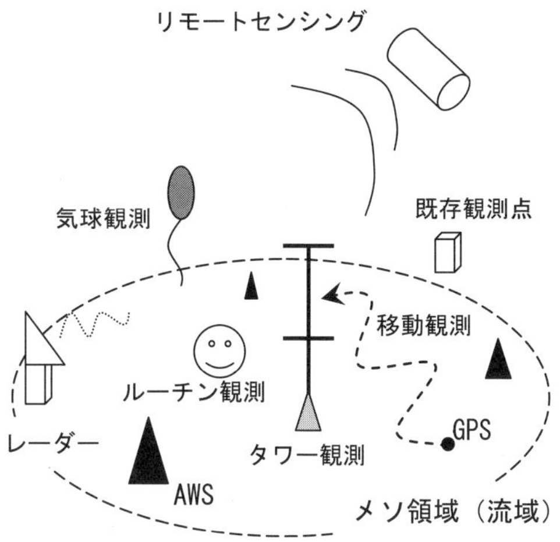

図 2.3　観測デザインの概要

の有無も測器の構成に大きく影響する。事前の試験観測を怠ったり，自動観測に頼って放置していると，思わぬ長期的な欠測を生む場合がある。“機械も人を見る”のである。

(4) 観測デザインとデータ回収

気象の醍醐味は現象が時々刻々と変化することにある。何の要素を，どこで，どのように測定するか，測定範囲をどこまで想定し，データ回収はどのように実施するか，といった観測デザイン（図2.3）は，観測の成功を大きく左右する。

研究調査観測では，複数のセンサーを1カ所に集中的に配備し一次元で大気の鉛直構造を把握する**定点観測**と，多数の安価なセンサーや**移動観測**により面的に同一要素の変動を測定する分布観測の形式が考えられる。集中観測期間を設定して目的に特化した資材と人員を集中的かつ効率的に配備する。例えば，夏の晴天時を狙って陸面熱収支観測とパイバルや係留気球を組み合わせ、大気境界層の日変化を観測する。自前で敷設する観測網の中に，現場の天候変化を長期監視している既存の観測所も含めるとよい。観測地点の選定は，その後の成果を大きく左右するため，代表地点の選定と借地交渉は重要だ。いずれも個人作業ではで

きないのでチームワークが必須である。移動観測時の精密な位置決定にはGPSが威力を発揮する。

本来の大気観測は上空のデータをゾンデ・プロファイラー・航空機などを利用して取得することが望ましいが，日本では電波法や航空機管制に関する許可の問題で，自前で上空の観測を行うことは現実的には難しい。その代用として，衛星データ・客観解析データを活用したり，第3節で解説のある数値モデルを使った実験が威力を発揮する。

複合要素を同時に測定し統合データを分析することで，現象に潜むメカニズムを判定できる場合が多い。たとえば，Automatic Weather Station（AWS）を併設すると，期間中の天候変化から総観場の影響を把握できる。観測で考慮すべき重要事項に電源の確保がある。多くのセンサーや通風装置は電源が必要な場合が多く，商用電源がない場所ではソーラーパネルで発電しバッテリーからの通電をデータロガでコントロールして長期運用する仕組みが一般的に利用される。

観測システムは野外で本番と同様に設置して稼動試験を行い，そのままそっくり現場に移動して本観測を開始しよう。観測開始・終了およびメンテナンス時には，観測者名，時刻，設置環境，センサーとの接続確認，天候変化などを野帳とデジタルカメラで記録する。これらはデータに不具合を発見した場合の原因解明や時系列の確認のときに必ず必要になる。気象はきまぐれだから，十分な余裕をもって観測期間を設定し，期間中は複合要素を同時に取得すべく全力をあげて観測態勢を維持しよう。とくに雪氷域，高山，海洋上，林内などでの観測は困難を極める。データは大容量のバッテリーを搭載したノート型PCにRS232Cケーブルでデータロガを接続し、現場で回収する。センサーの破損やデータ回収ができない時の対処も考えて現場に向かうと，欠測を防げたり作業効率が大幅に向上する。

(5) 気象観測から気候系の監視へ

大気運動は比較的早い時間スケールで地球上を伝播する。天気予報を行うためには，国境を越えて風上の情報をいち早く入手する必要性がある。そのために，古くから全球的な観測網を整備し気象データを共有する国際協力体制が築かれてきた。現在では，世界気象機関（WMO）のもと，日本では18カ所，全世界では900地点あまりで，統一時刻（UTC）に気球を使った**高層気象観測**（Aerological observation）が実施されている。データは，全球通信システム（GTS）でリアルタイムに各国の現業気象センターに配信され気象予報に利用されている。

国により独自の気象観測網も構築され，局地的な天気予報や防災に役立っている。日本ではレーダーアメダス（AMeDAS）やウィンドプロファイラー観測網（WINDAS）などが，ナウキャストに活用されている。これらのデータは気象業務支援センターより有償で入手可能である。一方，地球上の70%を占める海洋上や高標高・山岳域の観測地点は少なく，国政や財政事情で地点数やデータの質は経年変化している。国内でも一部のAMeDAS地点は廃止されており，地上観測地点数の変動や移動を考慮した気候値の分析が必要となる。一方で，ENSOや海氷監視のために観測を強化している領域もある。

不足する地上観測データを補い，国境や海域，国の情勢に左右されず，均一なデータを取得する手段として，衛星による**遠隔計測（リモートセンシング）**は気候系を監視する主軸となりつつある。地球上に卓越する電磁波の波長帯（周波数帯）に応じて，**可視・近赤外・マイクロ波**を使ったリモートセンシングに大別され，**吸収・散乱・射出**されならが伝播する電磁波の波長別分光特性を利用し，能動型・受動型のセンサーで対象物の状態を分離することが基本原理となっている。実は，天気予報や気象分析に使われるデータのかなりの部分が，現在は衛星観測に依存している。大陸規模の水循環過程を把握するためには，陸面水文観測（第Ⅲ章参照）や大気化学・同位体観測を気象観測と併用する。気候変化と極端な天候変化（集中豪雨，竜巻，落雷など）の関係も関心を集めており，マルチパラメーターレーダーなどによるメソ気象観測網の拡充が期待される。

2. 気象データの処理と解析

(1) 情報集約に向けて

気象・気候に関する物理量は時空間を合わせて4次元（x，y，z，t）で構成され，データ量が多いことが特徴である。さらに，これらを地球という球体の座標系上に図化してようやく現象を目にすることができる。いかに“多量のデータから情報集約し,いいたいことを1枚の図にまとめるか”がデータ解析作業の極意となる。平面図や断面図の他，ホフメラー図やホドグラフ解析のように伝播や循環場を表現する慣例的な図法もあり，論文や参考図書で採用されている図がどのような目的で描かれたかを調べると大変参考になる。

観測データの処理にあたっては，メモリーが十分あり，ある程度演算速度の速いノートPCを準備しよう。同じ構成の図を繰り返し出力する場合も多く，“1年分の10分間隔データから欠測処理を行った1時間値を計算する”などの単純な作業も苦労することになる。そこで，早いうちから**プログラミング言語**を修得することを勧める。図化にあたっては，極座標系で分布図を作成したり，矢羽根を使った鉛直断面図を作成するなど，気象特有の図法をサポートしている無料のソフトウェアー（たとえばGMT，GrADS）を利用しよう。

ただし，単純な作図作業では**表計算ソフト**で対応し，解析の効率化を図ろう（図書きに使う時間を節約し，結果の分析に頭を使うこと）。近年，カラー画像が頻繁に用いられるようになった。衛星画像やシミュレーション結果など，カラーが不可欠な図もあるが，最終印刷物はなるべく白黒で作成することをお勧めする。少ない色階調で結果を表現することも情報集約のテクニックだ。

(2) データセットの作成

観測にてデータを取得した場合，一番の醍醐味はデータそのものにオリジナリティがあることだ。自分が設置した測器の生データ（ここではこれを1次データとする）を初めて見るときワクワクするようなら，君は観測にむいている。生データには観測者本人にしかわからない貴重な情報が残されている。実は，この過程で新たな現象の発見を生む場合も多く，その見極めは観測経験がものをいう。その意味で，“無駄な観測”はない。観測者にとってデータ整理は既にデータ解析の一部で

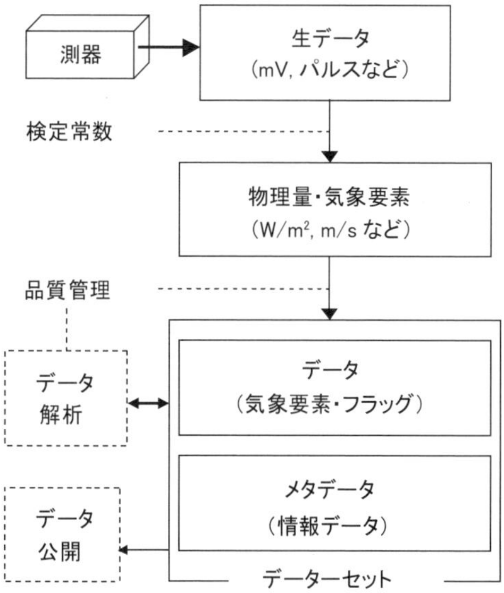

図2.4　データセットの作成

あり，疑問を感じたら生データや観測方法を見直す勇気が必要だ。同時に，観測データを自分だけではなく他人にも使えるよう整備していくことも重要である（図 2. 4)。

高額な測器を使い観測に多くの時間を費やすことや，大気科学の進展が過去の観測データの集大成に支えられていることを思い出し，是非，**データを公開する**ところまでが観測者の使命であるという意識をもとう。とくに大学では先輩の残した観測データを分析しつつ観測を継続し後輩にデータを残していくことが，観測技術の継承と研究室の活性化につながる。ただし，気象情報は人命にかかわることもあるので，無許可で予報目的のデータ配信行うこと（自前で勝手に気象台を名乗ること）はできない。

1 次データには，センサーの精度や現象の特異性などが原因の偶発的誤差（たとえば原因不明のシグナル，信号の中断，等）あるいは系統的誤差（たとえば常に値が大きく出力される，徐々に出力が低下する，等）が含まれる。系統的な誤差はデータ分析の過程で補正が効くが，偶発的誤差は修正が効かない場合が多い。観測の目的からみて致命的な偶発的誤差やエラーが生じている場合は，即座に観測を中断して対処を検討する必要がある。系統的誤差も基準器との比較観測で補正が可能な場合がある。測器を撤収してしまってからでは比較が困難となるため，観測と同時に初期解析を始めることが肝心である。

1 次データは，(1) 測器からの出力値を気象要素に変換する（たとえば電圧を W/m^2 へ変換)，(2) 欠測期間を検知し欠測値を入れる（たとえば -999 の代入)，(3) 明らかにおかしなデータは欠測とする(たとえば夜間の日射量は 0 である), (4) 系統的誤差を修正する（たとえば湿度センサーが劣化し 100％を出力しなくなる），などの品質チェック（QC：Quality Control）を経て 2 次データが作成される。多くの気象要素は単位時間・単位面積でエネルギーや物質量を評価する単位となっている。

3 次データでは，統一したフォーマットに変換したり，指定の時間間隔に間引いたり（リサンプリング）内挿したりする。目的に応じて気象要素を物理量に変換する場合もある（たとえば風向風速を東西成分に変換したり，相対湿度を比湿に変換するなど)。データには QC のレベルを示すフラッグを含める場合が多い。国際的なデータでは測定時間が**世界標準時**（UTC）なのか現地時間なのかの明記が不可欠だ。データとは別に，測定方法，データフォーマット，修正手順，使用にあたっての引用文献と連絡先，などが記載された**メタデータ**を準備する。これらは WEB を通じて公開される方式が主流となっているが，その時期や利用範囲（データポリシー）は観測者を尊重して決定される。観測者はデータセットのユーザーが多いほど観測に自信をもつべきであり，一方で，ユーザーは観測を尊重しデータの出典に関する引用を忘れるべきではない。

(3) データ解析の流れ

気象要素は母集団が正規分布をしていなかったり観測地点・季節によりデータ範囲が限定されている場合が多い（たとえば負の降水量は存在しないとか，風向が地形の影響で特定の範囲しか出現しないなど)。これを忘れてむやみに統計解析を始めるとおかしな解釈が生まれる。

そこで，まず頻度分布や極値など統計量の母集団に関する基本特性を把握してから統計処理に入る。欠測の存在で統計解析ができない場合は内挿して連続データを作成する。また，気象は時空間スケールに応じて支配する物理メカニズムが異なるので，着目したいスケールに応じた解析を行うために**フィルター操作**を行う。難しい操作を想像するかもしれないが，日平均や年平均を作成してから解析を始めること自体が既にフィルター操作である。定量的には，スペクトル解析によりデータに潜む卓越スケールを調べ，そのスケールの変動のみをバンドパスフィルターにより抽出してデータセットをつくり直す。長期のルーチンデータには，観測地点の移動・周辺環境（土地利用・植生・都市化など）の変化による影響や，測定方法や測器の変更による不連続・長期変化が含まれている場合も多く，不自然な傾向がみられないか確認しよう。

現象の傾向を把握するためには，データを平均場とそれからの隔たり（**偏差**，anomaly）に分離して解析することが多い。大気運動に潜む波動や振動を周期解析や相関解析で明らかにしたり，長期データからトレンド・ジャンプ・周期性などを検出する手法もある。特定の偏差が発現した日時や地域を指標としてデータを再合成し共通点を明らかにしたり（**合成解析**），平均場（または極端な偏差）が発生した事例を選出して細かく要因を分析する（**事例解析**）。4 次元データを統計的に分類したり卓越パターンを抽出する手法として，クラスター分析や主成分分析などの統計手法もある。いずれも物理数学・統計学の基礎を勉強したうえで，統計パッケージを活用すると便利である。

データを統計解析すると，情報量が集約され，現象の特徴が浮き彫りにされるが，メカニズムを理解するためには別途，物理法則に基づく数理解析が必要となる。大気運動を支配する熱力学法則から規定される物理パラメータ（たとえば温位，比湿，渦度，収束発散量，上昇速度，安定度など）を天気図上に分布させて天候を分析したり（**天気図解析**），格子点状に整備された**客観解析（再解析）データ**を利用して大陸・全球規模の水熱収支や非断熱加熱率の解析をする。気候システムの変動を解析するときには，境界条件となる海面水温（SST）や海氷・積雪・植生・土壌水分などの情報も重要な分析対象となる。天気図解析と予報解説技術の習得をめざす人には，気象予報士の試験に挑戦することもお勧めする。

一方，格子点スケール以下（サブグリッドスケール）では，海陸面と境界層・混合層の相互作用や降水システムの内部構造を把握する必要があり，放射・熱収支過程や雲物理過程に必要なパラメータ（たとえば顕熱･潜熱，可降水量，安定度など）を分析する。しかし，このスケールで面的な観測データを取得するのが困難な場合，領域数値モデルの出力データを診断解析することで，メカニズムを理解する手法も行われる。

(4) 統合データの活用

大気運動は複合的な要因で変動し，気象要素の変化も連動する。従来は地上観測データを利用する人は接地境界層，高層データは総観規模，客観解析データは全球規模など，スケールに応じて研究分野が別れ，利用するデータや調査方法もそれぞれの現象で解説されることが多かった。

しかし近年では，地球環境をシステムとして**統合的**に観測し，刻々と連動するスケール間の様相を迅速に分析・評価することが期待されている。**観測データの同化**（assimilation）や計算機能力の向上で，客観解析データの質や分解能も飛躍的に変化することが予想される。将来予想される気候変動に応じてより狭域（地域）の気候はどのように影響を受けるか，逆に海陸面状態が変化した場合，上空および近傍の大気循環場はどのように変化する可能性があるだろうか。このような相互作用を分析するために，たとえば地点観測結果をシミュレーション結果や衛星推定値と比較したり，モデルの境界条件となる海水温・雪氷や植生状態が観測条件や利用するデータによってどのくらい異なるものかを調べるなど，積極的に質の異なるデータを比較分析することが期待されている。

観測データに立脚した論文作成は完成までに時間がかかり敬遠されがちだ。しかし，自分でデータを取得し，図表化し，公開する作業は非常にクリエイティブな仕事である。現場に立脚した発想は，実社会でもきっと役立つものと期待している。

3. 数値実験・室内実験

(1) 大気科学における実験

大気科学における実験には，第1節で紹介した野外実験(野外観測)のほかに，**数値実験**(numerical experiment) と**室内実験**(laboratory experiment) がある。数値実験も室内実験もその目的は大きく2つに分けられる。1つは，数値モデルや実験装置を用いて現象を再現し，野外実験で得ることが難しい詳細な情報を得ることである。もう1つは，**感度実験**とよばれる手法を用いて現象の支配要因を調査することである。

(2) 数値モデルと数値シミュレーション

自然科学では，現象の再現や要因分析を目的として，数値モデルが広く利用されている。大気科学で用いられる**数値モデル**(numerical model) は，大気の流れを支配する運動方程式(運動量保存の式)，連続の式(質量保存の式)，熱力学第一法則の式(熱量保存の式)，水物質量の保存式などの**基礎方程式**(basic equation) または**支配方程式**(government equation) から構成される連立方程式(**基礎方程式系**)に**初期条件**(initial condition) や**境界条件**(boundary condition) を与えて，大気の状態を表す変数である風の3成分，気圧，気温，水物質の混合比等の3次元分布の時間変化を計算するためのプログラムコードである。数値モデルというソフトウエアをコンピュータ上で動かす(**基礎方程式**を数値積分する) ことにより，時間的に変化する大気の現象をコンピュータ上で再現することができる。数値モデルを用いたこのような再現手法は**数値シミュレーション**(numerical simulation) とよばれている。

大気科学で用いられる数値モデルは，取り扱う現象の空間スケールに応じて，地球規模の現象を再現する**全球モデル**(global model，図2.5) と，ある地域の現象を再現する**領域モデル**(regional model，図2.6) に分けられる。また，時間スケールに応じて，数時間先から数日先までの天気の変化や気象の変化を再現する**気象モデル**(meteorological model) と長期的な気候の変化を再現する**気候モデル**(climate model) に分けられる。たとえば，地球規模の気候変動を再現するものは**全球気候モデル**(global climate model) とよばれている。

基礎方程式を解くことができれば，大気のふるまいを知ることができる。しかしながら，大気の流れを表す基礎方程式は非常に限られた条件の下でしか解析解を得ることができない。また，地，

図2.5 全球気象モデルNICAMによって再現された2004年6月2日21時の雲の分布
(田中ほか，2010，日本流体力学会誌29巻1号32ページ掲載の図6より引用)

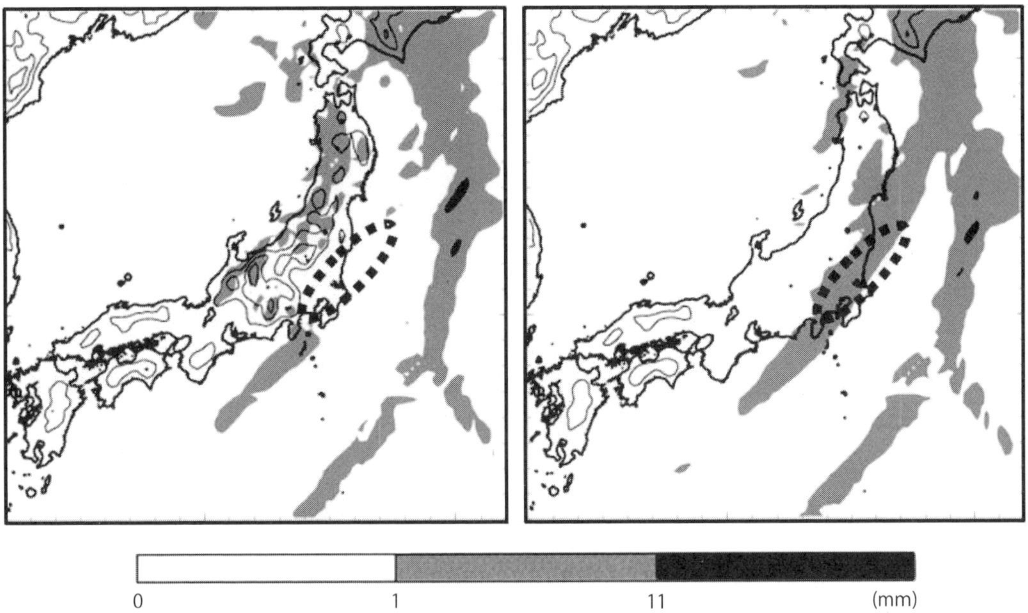

図 2.6　降水のジャンプ現象に対する数値実験（山岳除去実験）の結果

領域気象モデル WRF によって計算された 2004 年 11 月 27 日 0 時における前 1 時間降水量．左図は基準実験（山岳がある場合の計算），右図は感度実験（山岳除去実験の結果）．太い破線は基準実験で降水ジャンプが発生した地域．細い実線は地形高度．（北畑，2008 より引用）

球温暖化のように実験ができない現象，台風の内部構造のように観測が難しい現象もある。数値モデルを用いて現象をコンピュータ上で再現する数値シミュレーションは，理論・観測研究で理解することが難しいこれらの現象に対して，定性的あるいは定量的な洞察を与えてくれる。数値シミュレーションの手法は**計算科学**（computational science）の手法とよばれており，新しい手法として注目されている。これまで実験室，風洞，野外で行っていた実験の一部は，近年，数値シミュレーションに置き換えられつつある。

数値モデルには，研究対象領域で発生した実際の現象を再現することを目的とするものもあれば，ある理想化した条件下のもと，現象の基本的な振る舞いを再現することを目的とするものもある。前者のモデルは，ある地域で発生する具体的な現象を対象に，野外観測では得ることが難しい風・気圧・気温・水蒸気・降水量などの時空間分布を詳細に再現・予測することができる，数値実験によりその現象に大きな影響を及ぼしている要因を定量的に把握することができるという長所をもつ。一方，後者のモデルは現象の基礎的な特徴やメカニズムを理解しやすいという長所をもつ。それぞれ，目的に応じて利用する必要がある。

(5) 数値予報

数値シミュレーションの手法は過去の現象の再現だけでなく，これから起こる現象の予測にも応用できる。現在の天気予報や地球温暖化予測などはみなこの数値シミュレーションの手法に基づいている。天気予報のための数値シミュレーションは**数値予報**とよばれており，地球温暖化のような気候変動の将来予測のための数値シミュレーションは**気候予測**とよばれている。

数値予報や気候予測の信頼性は観測事実や理論解との整合性によって担保されるため，数値シミュレーションの結果と観測結果の比較は不可欠である。また，いくつかの数値モデルの結果を相互比較することにより信頼性を議論することも重要である。数値モデルは完璧ではないし，その初期条件や境界条件にも誤差がある。気象庁の予報官や民間気象会社の気象予報士は，数値モデルがもつ系統的な誤差やカオスの振る舞いなどを十分に理解したうえで，最終的な予報を出している。読者にも，数値モデルの誤差や限界をよく認識したうえで利用していただきたい。

（6）数値実験

数値実験は数値シミュレーションの手法を応用した実験手法である。ある現象の支配要因を特定することを目的に行われることが多い。身近で有名な例として**地球温暖化実験**がある。たとえば，過去の気候変動に対して人為的な温室効果ガスを入れた場合と入れない場合の再現計結果を比較することにより，気候変動に対する温室効果ガスの影響を調べることができる。温室効果ガスを入れた実験は現実の気候再現を目的とした実験なので**再現実験**あるいは**基準計算**（control experiment），温室効果ガスの影響を調べる実験は**感度実験**（sensitivity experiment）とよばれている。図 2.6 は，寒冷前線通過時に発生する降水のジャンプ現象（北陸地域で雨が降った後，関東平野の内陸部で雨が降らず，関東東海上で再び雨が降る現象）とよばれる興味深い現象に対する山岳の影

図 2.7　建物周りの流れに関する風洞実験の結果
（東京大学，加藤信介教授から提供）

響を調べた数値実験の結果である。山岳がある場合は，観測事実同様に降水ジャンプ現象が明瞭に再現されるものの，数値モデルの中で山岳を除去した場合，このような現象は現れない。このことから，降水のジャンプ現象に山岳が大きな影響を及ぼしていることがわかる。地球温暖化実験や山岳除去実験のような実験を野外・室内実験で実施することはできない。数値実験は，近年，さまざまな現象に適用されている。

（7）室内実験

室内実験は，理想化モデルによる数値実験同様，現象の基本的な性質を理解するのに貢献してきた。大気科学における室内実験の有名なものの１つ

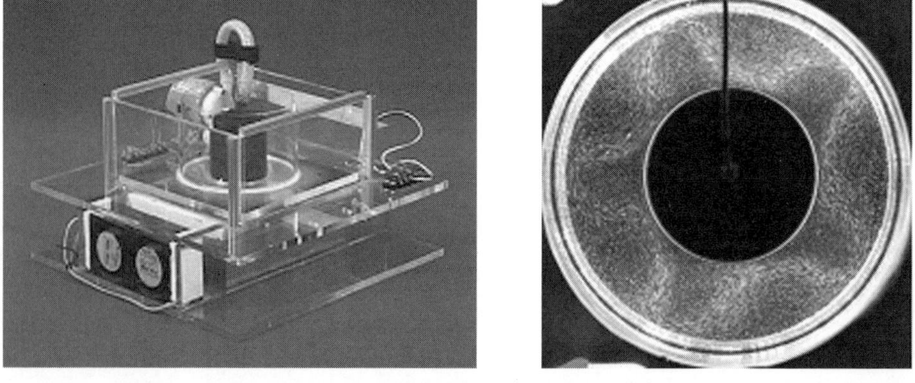

図 2.8　傾圧不安定波の室内実験の結果（京都大学，酒井敏教授から提供）

に，**風洞実験**がある。風洞実験とは，**風洞**（wind tunnel）とよばれる人為的に風を吹かす装置や施設の中に地形や建物などの模型を置き，それらの周囲の気流や大気汚染物質の拡散などを再現し，気象条件とこれらの関係等を調査するための実験である。図 2.7 は，サンシャイン 60 というビルの周囲の流れを把握するために実施された風洞実験の結果を可視化したものである。気流がサンシャイン 60 を迂回している様子がよくわかる。このように，風洞実験は，野外実験では得ることが難しい複雑な流れ場の情報を与え，現象の理解を助けてくれる。

その他の室内実験として，大気中に存在するさまざまな波の再現と**可視化**（visualization）があげられる。図 2.8 は**回転水槽**を用いて発生させた傾圧不安定波を可視化したものである。波数 5 の傾圧不安定波が発生している様子がよくわかる。この実験装置では，内側を冷却，外側を加熱することにより地球の緯度による温度の違いを模している。基本的に回転数があがるにつれ波数は増加する。しかしながら，同じ回転数でも初期条件の違いにより異なる波数で安定することもある。このことは，傾圧不安定波が多重解の性質をもっていることを意味している。室内実験は，パラメータを変えた実験を重ねることにより，着目している現象の基本的な性質を調べることができる。

(8) 最後に

数値実験と室内実験は，実際にやってみると，どちらも大変おもしろいものである。自分でつくった数値モデルや実験装置で身近な現象が再現できたとき，感度実験によって現象の性質がより深くわかったとき，きっと感動をおぼえると思う。実験の授業や卒業研究で少しでもその楽しさを感じてもらえれば嬉しく思う。

［演習］ 数値天気予報の原理とカオスの発見

問題設定

自然現象に限らず，すべての現象には因果関係があり，その因果を厳密にたどることで，この世のすべての現象が予測できると信じられた時代があった。そんな物理帝国主義とよばれた時代に終わりを告げたのが，気象学者エドワード・ローレンツ（E.Lorenz）による「**カオス**（chaos）」の発見であった。気象学の分野では流体力学の運動方程式の非線形性に伴うカオスの性質によって，時間的発展系の決定論的予測が不可能であることが証明された。

天気予報とは数日先までの天気変化を予報することであり，その主流をなす数値予報技術は過去 50 年間に急速に発展した。大気という流体を支配する物理法則（モデル）に初期値（気象観測値）を与えて，時間積分する（微分方程式を解く）。この手法により，計算機を用いて将来を予測するのが数値予報である。それ以前の統計的天気予報に代わって，将来の天気の変

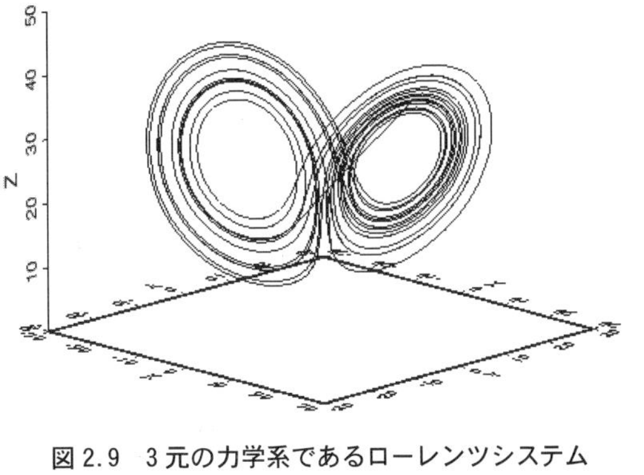

図 2.9　3 元の力学系であるローレンツシステム
ローレンツシステムは，与えられた初期値のもとで決定論的に解軌道が確定する．しかし，わずかでも誤差を認めると，決定論的カオスとなり将来が定まらない．

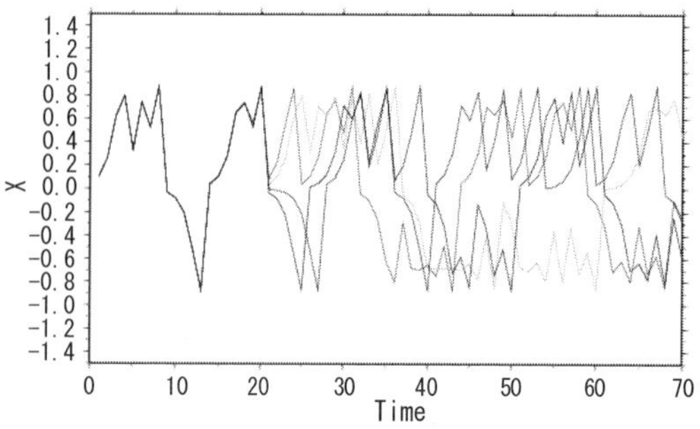

図 2.10　1 元の力学系の小倉モデル
小倉モデルは，離散系の決定論的システムでありながら，初期値の誤差により将来の値がばらばらになる．

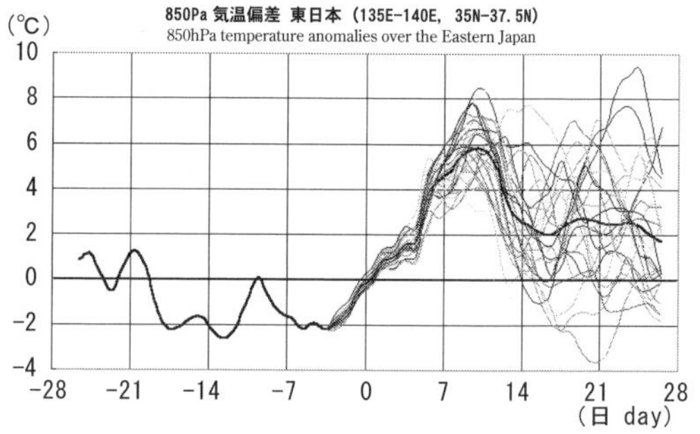

図 2.11　多次元の力学系である数値予報
決定論的システムでありながら，カオスの存在により初期値の誤差で将来の値が大きく変わる．これは川に流される数枚の木の葉の挙動と等価である．

化を決定論的に予測できるという数値予報技術を知った我々は，その延長線上として，長期予報モデルの向上と観測精度の向上を図れば，1カ月先や半年先の長期予報もいつしか可能になるであろうとの夢を抱きながら研究を行ってきた。

しかし，そのような決定論的長期予報への夢は，20 世紀中ごろのカオスの発見により無残にも打ち砕かれてしまったのである。この長期予報の前に立ちふさがるカオスの壁とはいったい何のことだろうか。カオスは 20 世紀最後の大発見ともいわれるが，これを発見したローレンツは数学者でもあり気象学者でもあった。彼は，カオスの基本的な特徴の 1 つである鋭敏な初期値依存生を「バタフライ効果」という名でわかりやすく説明したが，このバタフライ効果とは何のことだろうか。

本演習では，数値天気予報が実際にどのような原理に基づいて行われているのかを，簡単な力学系の数値積分を例に体験する。そして，カオスとは何かについて考察し，長期予報がカオスにより原理的に不可能であることを理解してもらう。

カオスの定義

本来は予測可能な決定論的な系の解を求めるとき，その初期条件に含まれるわずかの誤差が時間とともに指数関数的に拡大するために，ほんのわずか先の将来しか予測できない系の性質のことをカオスとよぶ。

演習問題

力学系とは，変数 v の時間微分が外力 f で与えられ，$dv / dt = f$ とあらわされるシステムをいう。ある決められた力学系に初期値 v_0 を与えると，変数の将来が決定論的に確定する。

1. 運動方程式 $F = ma$ が力学系となることを示せ。
2. 力学系を差分で近似することで，予報方程式 $v(t + \Delta t) = v(t) + f\Delta t$ を導け。
3. 振り子の鉛直軸からの角度 x と，角速度 y に対し，2 元のベクトル $v = (x, y)$ を定義して力学系を導け。ただし，摩擦は無視し，振り子の長さは $l = 9.8\,\mathrm{cm}$，重力は $g = 9.8\,\mathrm{ms}^{-2}$ とする。
4. その力学系を摂動法で線形化し，初期値 $v_0 = (-2, 0)$ として解析解を求め，x −y 平面における周期解の解軌道を描け。変数を座標としたこの $x - y$ 平面のことを位相空間(phase space) という。
5. 同じ線形方程式を差分で表わし，$\Delta t = 0.02\,s$

とした予報方程式を1周期について計算機を用いて数値積分し，位相空間におけるその数値解を上の解析解と比較せよ。

6. 変数 z を導入し，3元のベクトル $v=(x, y, z)$ に対し，カオスの説明で用いられるローレンツシステムが決定論的力学系となることを示せ。
7. ローレンツシステムを計算機を用いて数値積分し，位相空間における解軌道（trajectory）の図を作成せよ。
8. 数値天気予報では，地球大気を水平鉛直グリッドで区切り，各グリッドでの変数に対して与えられた外力の下で数値積分を行う。変数 $v=(x_1, x_2, \cdots\cdots, x_n)$ の次元は1,000万程度となる。プリミティブ方程式系に従う大気大循環モデルが力学系となることを示せ。よって，ある初期値 v_0 のもとで，モデル大気の将来は決定論的に確定することを確かめよ。
9. 上のローレンツシステムを異なる複数の計算機で数値積分し，差が出ないか確認せよ。
10. 簡単な予報方程式として1元の小倉モデル $v(t+\Delta t)=(21v(t)-28v^3(t))/8$ を考える。この初期値を $v_0=0.1$，また $\Delta t=1$ として複数の計算機で時間積分し，差が出ないか確認せよ。

まとめと考察

上の演習問題では，決定論的な力学系の将来予測が，計算機に依存して変ってしまうことを体験する。カオスとは，位相空間において無限小に接近する解軌道の束が，近い将来においてまったく異なる方向に発散して行くシステムの特徴をいう。その背後には，解軌道の束に必ずフラクタル構造がみられることも重要な特徴である。たとえていえば，カオスは川の流れに落とした数枚の木の葉が，やがてまったく別々の方向に流れて行くように，初期の位置の微妙な違いにより将来の位置が大きく別れしまう特徴をいう。この木の葉の位置を延々と予測することは不可能なのである。このカオスにより，決定論的長期数値予報が原理的に不可能であることをローレンツシステムのバタフライ効果を例に考察せよ。

データの確からしさについて

フィールドで得られたデータがどのくらい確からしいかを認識していると，その後の解析指針に役立ち，結果を提示する際の説得力が増す。観測値や実験値には，想定される真値からのずれ（**誤差**，error）が必ず含まれる。これらを基に計算した結果も，当然，誤差を含むことになる（**誤差伝播**）．複数の数値を用いた計算では，使用した数値の中で最も悪い精度に結果の精度は依存し，数学的には有効数値により四則演算の誤差伝播を評価する。

有効数値は加減計算では最小桁で決まる。たとえば，以下のような有効数字3桁（小数点以下1桁）と7桁（同4桁）の加算で得られる結果は7桁（小数点以下4桁）あるが，有効数字は小数点以下1桁までである。

$$\left[\begin{array}{r} 86.2\text{g} \\ +137.2491\text{g} \\ \hline 223.4491\text{g} \end{array}\right] + \left[\begin{array}{r} 86.2\text{g} \\ +137.2491\text{g} \\ \hline 223.4\text{g} \end{array}\right]$$

また，乗徐計算では全体行で決まる。たとえば，以下のような有効数字5桁と3桁の間の除算の結果の有効数字は3桁までである，

$$\left[8.3504\text{kg} \div 135\text{m}^2 = 0.61854814\text{kg/m}^2\right] \rightarrow$$

5 桁　　3 桁

$$\left[8.3504\text{kg} \div 135\text{m}^2 = 6.19 \times 10^{-1}\text{kg/m}^2\right]$$

3 桁

一方,“絶対温度（K）を T（℃）+273.15 とする”など，定義により決めた数値には誤差はないと考える。表計算ソフト等を使うと膨大な桁数の数字が簡単に算出されるが，これを鵜呑みにして有効数値を無視した結論を出さないように注意しよう。

多量のデータ処理に含まれる誤差の数学的な表記に関しては，本書の第XI章にも解説があるが,データ（標本）の分布が理想とする真値（または母集団）や推定値とどれだけずれているかを誤差として評価する方法が一般的である。このずれ（差）が偶発的に発生するのか系統的に発生するのか，を知ることで誤差を小さくしたり補正する方法も変ってくる。前者の場合は防ぎようのない**偶発的誤差**と考え，測定するサンプル数を増やし，発生する確率以上でデータを平均化することで誤差を軽減することができる。一方，後者の**系統的誤差**は，原因を特定して次回の測定方法を改善したり，ずれの傾向を統計的に把握しデータを補正する場合がある。そもそも野外観測で生じる誤差は使用する機材（測器）や方法に大きく依存するため，取り扱い次第で系統的誤差を軽減することができる。測器には固有の測定（検出）限界や出力の遅れ（**時定数**）がある。新品の測器ではこれらを**精度**としてカタログやマニュアルに明記している。アナログの測定機材では最小目盛りの 10 分の 1 を測定限界と定義して計測する場合もある。

一方，同一の物理量を複数の測器で測定すると異なった値を示す場合がある。これが**器差**である。器差は，測器の使用頻度・年数など劣化の状態や，測定原理の違いに応じて生じる場合が多い。データ間に差があることを主張したい場合，誤差の範囲を越えていることが前提であり，それを証明する技法としては統計学的な**有意検定**の方法を参考にしよう。貴重な観測データを説得力のあるデータに磨き上げるためのヒントが得られるはずだ。

第Ⅲ章　水　　文

天（＝宇宙）に関する現象を天文とよぶように，水にまつわる諸現象を水文という。ここでは，地球表層における水のありようや性状に関する調査解析法について述べる。まず，第1節では水文調査の基本となる水収支の考え方と各要素の評価法の概略を示す。第2節では野外における初歩的な調査法を物理的手法に焦点を当てて説明し，第3節では化学的な調査手法の中心となる水質分析について，関連基礎知識や実用上の留意点などを踏まえつつ概説する。

1．水収支解析

（1）水文循環と水収支

自然界における水の循環を英語で hydrologic cycle といい，日本語では水文循環あるいは単に水循環と訳される。**水文循環**を中心概念とする科学として**水文科学**（hydrologic science）があり，地球科学の一分科と位置づけられている（筑波大学水文科学研究室，2009）。

水文循環はさまざまなストック（貯水体）とフロー（水の流れ）で構成される。このうち，河川や湖沼は直接目にすることができるが，地下水や大気中の水蒸気などは見ることができない。このため，水文循環の全体像をつかむことは容易でなく，古くからさまざまな想像がなされてきた（詳しくは Brutsaert，2008 参照）。たとえば古代ギリシャでは，大地によって吸い上げられた海水がろ過されて泉として湧き出ると考えられていた。また，地下の水蒸気が凝結して泉となるといった説もあった。

現代の知見からすればこれらは明らかに間違った認識であり，泉や河川などの陸水の起源はほぼすべて降水と考えてよい。しかしながら，雨が降らなくとも泉が枯れないといった経験的事実や，滔々（とうとう）と流れる河川の流量が実際以上に多く見える印象から，降水だけを泉や河川の起源とする考え方に否定的な知識人も多かった。正しい認識が広く普及したのは，降水量・蒸発量・河川流量などの測定が行われ，降水が泉や河川を維持するに足る存在であることが収支計算によって実証されるようになった17世紀後半以降である。

このような歴史的経緯は，水文循環を正確に理解するうえで**水収支**（water balance）の評価が基本的に重要であることを物語っている。なお，本章では水収支の解析方法について述べるが，具体的な水収支の算定例については市川（1992）に詳しい。

（2）水収支の基本式

任意の領域を対象とした水収支式は次式で表される。

$$I - O = \Delta S \qquad (3.1)$$

ここで，I は流入量，O は流出量であり，それぞれ複数の要素に細分化することもできる。また，ΔS は当該領域内の貯留量の変化である。各項の次元は［$L^3\ T^{-1}$］（L は長さ，T は時間）であるが，単位時間で評価する場合は［L^3］としても差し支えない。このとき，日・月・年など期間の取り方は任意である。$I=O$ のときには貯留量の変化は起こらない（すなわち $\Delta S=0$）。このような状態を定常状態という。

水平方向に一様な土層の水収支（図 3.1a）を具体例にとると，鉛直1次元の水の流れのみを考

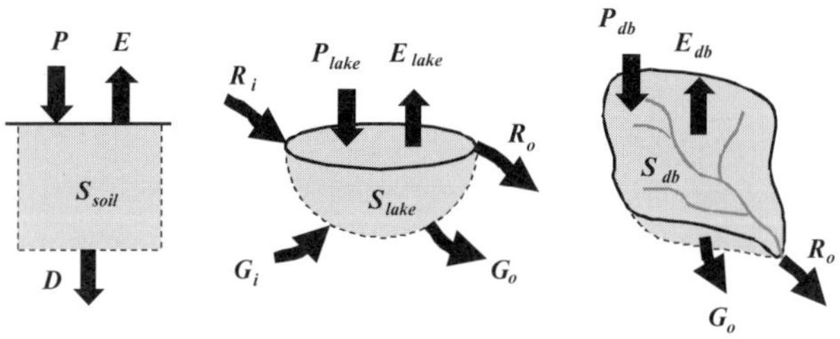

図 3.1　さまざまな領域における水収支の概念図
記号の意味は本文参照.

えればよいので水収支式は次のように表現される。

$$P - E - D = \Delta S_{soil} \tag{3.2}$$

ここで，P は降水量，E は蒸発散量（＝蒸発量＋蒸散量），D は深層土壌への降下浸透量であり，ΔS_{soil} は対象とする土層内の貯留量変化である。地下水面より上にある土層（土壌水帯あるいはベイドスゾーンとよばれる）を対象とすれば，D は地下水涵養量を意味することになる。鉛直 1 次元で考えているので，(3.2) 式中の水文量は単位面積当たりの値とすることができ，このときの次元は $[L]$（単位は通常 mm）となる。

湖沼の場合（図 3.1b）は 3 次元的に考える必要があるため，水収支式は次のようにやや複雑となる。

$$P_{lake} + R_i + G_i - E_{lake} - R_o - G_o = \Delta S_{lake} \tag{3.3}$$

ここで，P_{lake} は湖面への降水量，R_i は河川流入量，G_i は地下水流入量，E_{lake} は湖面からの蒸発量，R_o は河川流出量，G_o は地下水流出量，そして ΔS_{lake} は湖沼の貯水量変化である。左辺第 1 項～第 3 項は (3.1) 式中の I に，同じく左辺第 4 項～第 6 項の絶対値は (3.1) 式中の O に対応する。

陸域の水収支は人間社会にとって利用可能な水資源量を評価するうえで重要であるが，どのような領域で収支を考えるかという点が問題となる。たとえば，降水量や蒸発量は単位面積あたりの値として測定されるため任意の領域で評価することができるが，河川流量はある固有の領域の積分値が測定される。そこで，河川がどのような領域の水を集めてくるかを考え，その範囲，すなわち**流域**(drainage basin)で収支を考えるのが適切である。

流域水収支（図 3.1c）は一般的に次式で表される。

$$P_{db} - E_{db} - R_o - G_o = \Delta S_{db} \tag{3.4}$$

ここで，P_{db} は流域への降水量，E_{db} は流域からの蒸発散量，R_o は河川流出量，G_o は地下水流出量，そして ΔS_{db} は流域内の貯水量変化である。各項の次元は $[L^3T^1]$ もしくは $[L^3]$ であるが，流域面積で除算することによって次元を $[L]$ として表現することも多い。この場合，流出量は流出高とよばれる。なお，峡谷部などを流域の末端と設定し，そこで河川流出量を測定することで，G_o を無視することも多い。

水文量は年周期で変化することが多いので，評価期間を 1 年にすれば ΔS_{db} は他の項と比較して相対的に小さくなり，無視できる場合がある。ただし，期間の区切りの時期に水文量の変動が大きいと ΔS_{db} を無視できなくなる。このため，降水量の季節変化を考慮して ΔS_{db} が最小となるように，日本では 4 月 1 日～ 3 月 31 日，アメリカでは 10 月 1 日～ 9 月 30 日を評価期間とすることが多い。こうした 1 年の区切り方を**水年**（water year）とよぶ。

(3) 降水量の評価法

ある地点における単位時間・単位面積あたりの**降水**（precipitation）の量（すなわち地点降水量）は**雨量計**（rain gauge）を用いて測定される。貯留型雨量計やはかり型雨量計などいくつかのタイプがあるが，日本で最も普及しているのは転倒ます型雨量計である。寒冷地ではヒーターを取り付け，雪は融かして測定する。通常，測定値は水深で表わし，1 mm は 1 kg m^{-2} に相当する。

湖面全体への降水量（P_{lake}）は，地点降水量に湖面面積を乗じることで求められる。また，小規模な流域であれば，流域への降水量（P_{db}）も同様に求められる。しかし，流域の規模が大きくなると，1 地点の測定値だけで流域全体を代表させることが困難となる。そのような場合は，降水量分布の空間的不均質性を考慮して，流域全体の積分値あるいは平均値を求める必要がある。そのような値を**面積降水量**（areal precipitation）とよぶ。面積降水量を求める方法として，算術平均法，ティーセン法，等降水量線法，雨量－高度法などがある。また，近年では，クリギング法や逆距離加重法などの地球統計学的な手法を用いることも多い。これらの手法の詳細（算定法や利点・不利点など）については筑波大学水文科学研究室（2009）を参照されたい。

誰にでも入手できる降水量データとして，気象庁アメダスによる観測データがある。気象庁のHP（http://www.jma.go.jp/jma/menu/report.html）で公開されており，平年値などの統計情報も知ることができて大変便利である。また，国土交通省河川局による降水量観測値は「水文水質データベース」（http://www1.river.go.jp/）として公開されている。地方自治体や電力会社などが独自に観測を行っている場所もあり，所定の手続きを踏むことでデータを提供してもらえる場合がある。

面積降水量を求めるうえで有用なものとして，レーダー・アメダス解析雨量データがある。これは，気象レーダーとアメダス等の地上観測を組み合わせて降水量分布を 1 km（ただし 2005 年以前は 2.5 km，2001 年 3 月以前は 5 km）メッシュの解像度で解析したものであり，（財）気象業務支援センターを通じて CD-ROM／DVD を購入することができる。しかしながら，山岳域は地上観測値が少ないため，精度については注意が必要である。

(4) 蒸発散量の評価法

液態の水が気化する現象を**蒸発**（evaporation）というが，植物体内の水が気化する現象はとくに**蒸散**（transpiration）とよばれ，土壌面や水面からの蒸発と区別される。しかし，水収支の評価の際にはこれらを区別せず，**蒸発散**（evapotranspiration）として一まとめで取り扱うことが多い。

微気象学的な蒸発散量の測定法として，渦相関法，バルク法，プロファイル法，熱収支ボーエン比法などがある（詳細は筑波大学水文科学研究室，2009 を参照）。しかし，高価な観測機器や高度な専門的知識が必要となるため，誰もが簡単に適用できるわけではない。また，隣接した区画でも地表の状態が異なれば蒸発散量は大きく異なり，測定値の空間代表性が低い。このため，一部の研究機関を除き，蒸発散量の定常観測やデータ公開はほとんどなされていない。

一般に，土壌水分量がある程度以下に減少すると蒸発散量もそれに対応して低下するが，十分に水がある条件下では蒸発散量はおもに気象条件によって決まる。このときの値を**可能蒸発散量**（potential evapotranspiration）あるいは蒸発散位などとよぶ（厳密にはさまざまな定義があるが，ここでは詳しく述べない；筑波大学水文科学研究室，2009 を参照）。日単位以上の可能蒸発散量については，比較的容易に得られる気象データを用いて推定することができる。代表的な推定法として，ソーンスウェイト法やペンマン法などがある。可能蒸発散量に経験的な係数を乗じることで実蒸発散量を推定する試みもなされているが，あくまでも目安にすぎないと心得るべきである。むしろ，可能蒸発散量は対象地域の水文気候学的な指標として意味がある。

以上で述べたように，水収支要素の中でも実蒸発散量の評価は特に難しい。このため，他の水収支要素をそれぞれ独立した手法で算定し，残差として蒸発散量を評価することも多い。流域水収支法はそのようにして流域規模での実蒸発散量を推定する手法である。評価期間の最初と最後の河川流量が等しい場合，流域内の貯水量も最初と最後でほぼ等しいと考えれば，(3. 4) 式中の ΔS_{db} を無視できるので，流域蒸発散量の推定精度を向上させることができる。このような仮定に基づいた流域水収支法をとくに短期水収支法とよぶ。空間平均（あるいは積分）された蒸発散量を求める手段としては，現在のところ最も信頼できる手法である。

(5) 河川流量の評価法

河川流量の測定法として，容積法，堰による方法，浮子法，流速・面積法，トレーサー法，水位－流量曲線法などがあり，測定対象となる河川の規模や状況によって使い分ける。

容積法は，全水流を直接容器（バケツやビニール袋）に採取し，単位時間あたりの水量をもって流量を求める。最も直接的で確実な方法であるが，流量がかなり少ない時（0. 01 m^3s^{-1} 未満）にしか適用できない。

堰による方法は，水路を堰板で堰止めた際に越流水深と流量との間に一定の関係が成り立つこ

a）直角三角堰

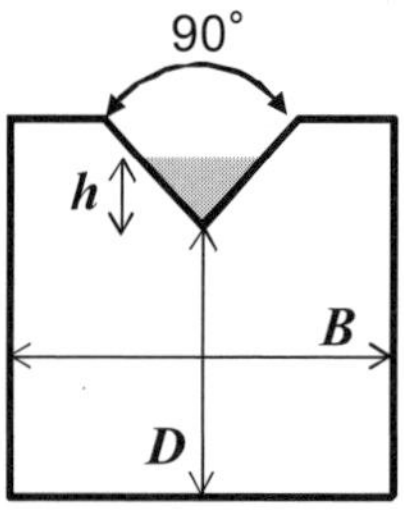

$$Q = Kh^{\frac{5}{2}}$$

$$K = 81.2 + \frac{0.24}{h} + \left(8.4 + \frac{12}{\sqrt{D}}\right)\left(\frac{h}{B} - 0.09\right)^2$$

適用範囲: $B = 0.5 \sim 1.2$ m, $D = 0.1 \sim 0.7$ m, $h = 0.07 \sim 0.26$ m ($h \leqq B/3$)

b）四角堰

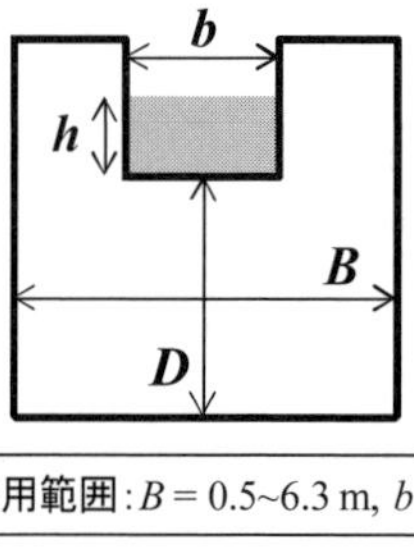

$$Q = Kbh^{\frac{3}{2}}$$

$$K = 107.1 + \frac{0.177}{h} + 14.2\frac{h}{D} - 25.7\sqrt{\frac{(B-b)h}{DB}} + 2.04\sqrt{\frac{B}{D}}$$

適用範囲: $B = 0.5 \sim 6.3$ m, $b = 0.15 \sim 5$ m, $D = 0.15 \sim 3.5$ m, $h = 0.03 \sim 0.45\sqrt{b}$ m ($bD/B^2 \geqq 0.06$)

図 3. 2　流量堰による流量算定式（JIS B 8302：2002）
Q は流量（$m^3\ min^{-1}$），K は流量係数.

とに基礎を置くもので，JIS 規格（B 8302：2002）に特定の構造の堰を用いた場合の流量算定式が定められている（図 3.2）。ただし，容積法を併用するなどして流量と越流水深の関係を独自に求めるのであれば，必ずしも JIS 規格にこだわる必要はない。土砂流出の多い渓流などでは，堰の代わりにパーシャルフリュームとよばれる樋を設置して，その上流側の水位を測定する場合もある（JIS B7553：1993）。堰による流量測定範囲は 0.002 ～ 10 m^3s^{-1} 程度，パーシャルフリュームによる測定範囲は 0.002 ～ 2.5 m^3s^{-1} 程度である。堰やフリューム内の水位は，折尺を用いて直接測定することもできるが，圧力センサーや静電容量式水位センサーをデータロガーに接続して自動で連続測定を行うことも可能である。

浮子法，流速・面積法，およびトレーサー法については第 2 章で詳しく述べるが，いずれの手法もある時期・時刻における河川流量が求められるに過ぎない。流量の測定範囲が広いため，とくに中下流域で威力を発揮するが，流量の時間変化を把握するには大変な労力を要する。

しかし，複数回これらの手法で流量の測定を行い，同時に河川水位を測定して両者の関係式を求めておけば，堰による方法と同様に，河川水位のみをモニタリングすることで流量の時間変化を知ることができる。このような方法が水位 - 流量曲線法である。水位を H で，流量を Q で表すことが多いので，水位－流量曲線のことを H-Q カーブとよぶこともある。河川の水位は，橋脚などに取り付けられた量水標で目視測定することもできるが，圧力センサーや静電容量式水位センサーなどを用いて連続測定することが多い。水位と流量の関係は一般に指数関数的であるため，流量が多いときの実測値がないと誤差が大きくなる。また，大規模な出水で河床形状が変化したり，農業用の堰で水位が変動したりする場合には，水位と流量の関係も変化してしまうため注意が必要である。

1 級河川の流量は国土交通省河川局によって観測されており，降水量や水質測定値とともに「水文水質データベース」（http://www1.river.go.jp/）で公開されている。また，2 級河川以下については地方自治体等で観測されていることが多く，申請すればデータを入手できることも多い。

（6）地下水流量の評価法

単位時間・単位断面積あたりの地下水流量（q）は，一般に次のダルシー式（ダルシーの法則ともいう）によって算出できる。

$$q = -k_s \frac{dh}{dl} \tag{3.5}$$

ここで，k_s は飽和透水係数，h は水理水頭，l は断面に直交する長さである（詳細は筑波大学水文科学研究室，2009 を参照）。しかし，流域界を横切る地下水流の総量（(3.4) 式中の G_o）をこのような方法で評価することは難しく，通常は無視されるか，流域水収支の残差として議論される程度である。一方，飽和透水係数の代わりに不飽和透水係数（土壌水分量の関数となる）を用いれば，地下水面より上の土壌水流量を求めることができる。**地下水涵養**（groundwater recharge）の量はこのような方法で推定可能である。

湖底での地下水流入量（湧出量）はシーページメーターとよばれる特殊な機器を用いて測定することができる。しかし，その値は空間的に不均一であり，面的な平均値を求めることは一般に難しい。1 つの湖沼でも，ある場所では地下水流入が起こり，またある場所では地下水流出が生じるというケースもある。このような場合でも，正味の地下水流入出量を湖沼の水収支の残差として評価することは可能である（たとえば，山中ほか，1996）。

(7) 貯水量の評価法

土壌中の水分量は，炉乾法・TDR 法・キャパシタンス法・ヒートプローブ法などで測定することができる（詳細は開發，2001 を参照）。地表面から地下水面までの土壌水分量分布を測定できれば，土壌水の総量が求められる。また，地下水の総量（賦存量）は，地下水位と帯水層の構造（厚さ・間隙率）から求められる。しかしながら，これらの値は空間的に変化するため，流域規模で貯水量を正確に評価することは難しい。このため，定常状態が仮定できるように評価期間を設定することが一般的である。

これに対し，湖沼などの地表水体における貯水量はかなり正確に求めることができ，次のような手順で評価する。まず湖盆調査によって湖盆図（等水深線図）を描き，各等水深線によって囲まれる部分の面積を測定する。次に，各深度帯における区間容積（ΔV）を次式で求める。

$$\Delta V = (A_u + A_l) \times \Delta z / 2 \quad (3.6)$$

ここで，A_u と A_l は各区間の上面と下面の面積であり，Δz は深度間隔である。これを深層から積算してゆくことにより，湖水位と湖盆容積の関係を求めることができる（何らかの関数で近似した式を水位－容積曲線という）。なお，深度と面積の関係を表した図を**ヒプソグラフ**（hypsometric curve）といい，湖沼の形態的特徴を示す基本資料となる。

2. 野外調査

(1) 水文科学における野外調査

水文科学分野における野外調査の対象は降水・土壌水（あるいは土壌そのもの）・水蒸気・河川・地下水・湖沼など多岐にわたる。野外調査なしに水文循環の実態に迫ることは不可能であるし，水収支解析や数値シミュレーションなどを行う際にも野外調査によって取得される実測データは入力用・検証用として貴重である。

野外での水文調査は，物理的なものと化学的なもの（すなわち水質分析）の 2 つに大別される。本節では，おもに河川・地下水・湖沼を対象とした物理的手段による基本的な調査法について述べる。

(2) 河川の調査

河川の調査として最も基本的なものは流量観測である。河川流量は，治水・利水の両面で重要な基礎情報であると同時に，物質輸送量（＝ 流量×物質濃度；負荷量ともいう）を評価するうえでも必要となる量である。第 1 節 5 項に示されたように，河川流量の測定法にはさまざまなものがあるが，山岳渓流などの一部を除いて最も多く用いられるのは流速・面積法である。これは流速と河道断面積の積として流量を求める方法であるが，断面内で流速は一様ではない。一般に流速は川岸付近で小さく，中心部で大きい。鉛直方向で見た場合，河床に近いほど小さく，また水面では空気との摩擦によって若干減速されるため，流速の最大値は水面よりやや下がったところに現れる。そこで，河道を横断する方向にいくつかの区間に分け，各区間の平均流速（V_i）と断面積（A_i）から次式によって流量（Q）を求める。

$$Q = \sum_{i=1}^{n} V_i A_i \quad (3.7)$$

ここで，添え字 i は区間番号であり，n は区間の総数である。

流速・面積法を適用するにあたっての詳細は

a) JIS1点法

$$V_i = \frac{v_{i-1} + v_i}{2}$$

$$A_i = \frac{(H_{i-1} + H_i) \times B}{2}$$

b) JIS2点法

$$V_i = \frac{v_{i-1}^U + v_{i-1}^L + v_i^U + v_i^L}{4}$$

$$A_i = \frac{(H_{i-1} + H_i) \times B}{2}$$

c) 簡易法

$$V_i = v_i$$

$$A_i = \frac{(H_{i-0.5} + 2H_i + H_{i+0.5}) \times B}{2}$$

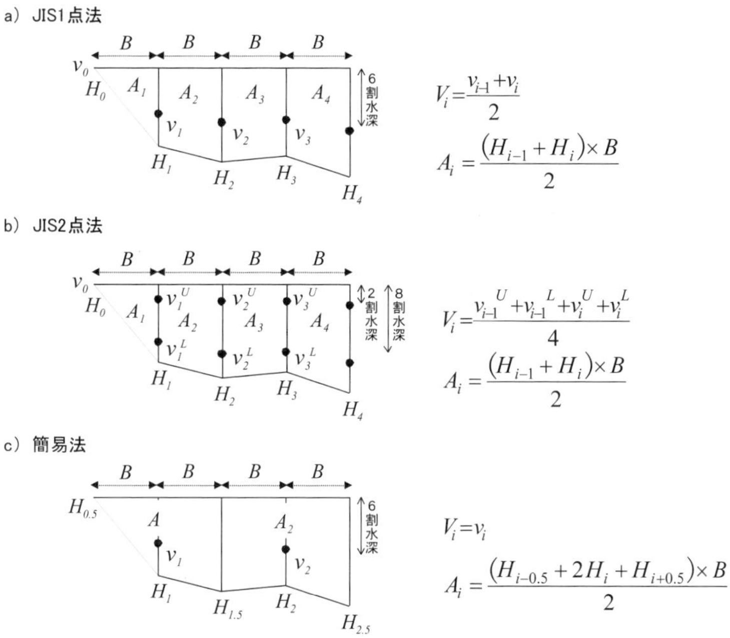

図3.3 流速・面積法による流量の計算方法
V：区間平均流速，v：流速測定値，A：区間断面積，H：水深，B：水深測定の水平間隔．

JIS規格（K 0094：1994）に定めがあるが，作業効率を高めるための簡易法（新井，1994）もしばしば用いられる（図3.3）。JIS規格では，測定点の数を通常15以上とするものの，川幅や流況によって増減させてよいとしている。ただし，隣り合った点の流速が小さいほうの流速に対して20％以上変化する場合は，測定点の間隔を狭くする。流速計は単位時間あたりの回転数から流速を求めるタイプ（プライス式流速計，広井式流速計，三映式流速計など）のほか，電磁流速計，電気流速計，超音波流速計などがあり，流速範囲や水深などに応じて適切なものを選ぶ。流速の測定範囲は通常 0.02～8 ms^{-1} 程度である。水深が深く流速が大きい場合は危険を伴うので注意が必要である。

小さな河川では，流速計の代わりに浮子を流して表面流速（＝流下距離÷流下時間）を測定し，これに経験的な係数（狭い渓流で 0.6～0.7，狭い水路で 0.8，広い川で 0.8，広い水路で 0.9 程度）を乗じて平均流速を求める。これを浮子法とよぶ。

1回の測定では誤差が大きいため，通常，複数回の測定値の平均をとる。川幅が広い場合は，左岸側・中央・右岸側などいくつかのコースで測る。こうして求められた河川全体の平均流速に断面積を乗じることで流量を算出する（区間ごとに流速と断面積を乗じて積算することはしない）。浮子としては，落ち葉，枯れ枝，リンゴ，水を入れたフィルムケースなどが用いられる（新井，1994）。

流速・面積法や浮子法は，河道が直線的な場所にしか適用できず，川幅が一定しない場所や障害物（橋脚・大石・水草など）がある場所も適さない。しかし，山岳部の渓流などではそうした条件が満たされないケースが多い。そのような場合はトレーサー法が有効である。トレーサーとしては化学溶液や色素などが用いられ，その移動速度や希釈率から流量を算出する。安価かつ検出が容易で環境への悪影響が少ないトレーサーは食塩で，塩水流しなどともよばれる。新井（1994）は，瞬間的に塩水を投入して下流部での濃度ピークの到達時間から平均流速を求める方法のほか，連続定量注入希釈法や瞬間投入希釈法といった手法を紹介している。測定に適した流量は0.2～0.3 m^3s^{-1} 程度以内とされている。

(3) 地下水の調査

水位を測定することを一般に測水とよぶが，地下水を対象とした測水調査ではもっぱら井戸水位の測定を指す。井戸内の水位は，水理水頭を反映しており，水位の高いところから低いところへ地下水は流れる（3.5式参照）。また，地層の透水性が一定であれば，単位距離あたりの水位変化量が大きいほど流動速度も大きくなる。このため，測水調査は地下水の流れる方向や速度を知るうえで不可欠なものであり，また地下水賦存量（ある地域に存在する地下水の総量）を推定する際にも必要となる。

井戸内の水位は水面計を用いて測定する。これは，先端に電極のついた巻尺のようなもので，水面に達するとブザーが鳴ったりランプが点灯したりするしくみになっている。通常，水面計では井戸枠上端（天端（てんば）とよぶ）から水面までの深さを測定し，天端高を差し引くことで（地面からの）水面深度を求める（図3.4参照）。これに地盤高（地面の標高）を加えれば水面標高が得られる。すなわち，(水面標高）＝（地盤高）＋（天端高）－（水面計測定値）である。地下水面図とは，不圧地下水を対象とした場合の水面標高の等高線図を指す。また，地面から井戸底までの深さを井底深といい，水面から井戸底までの高さを堪水深という。井戸水位という言葉は，水面深度，水面標高あるいは堪水深のいずれを意味しているかわかりにくいので，誤解を避けるためには用語を適切に使い分ける必要がある。水面標高は一般に海抜高度で表し，距離単位がメートルであればm a.m.s.l.（above mean sea level）などと表記する。一方，水面深度はm b.g.l.（below ground level）などと表記して水面標高と区別することがある。

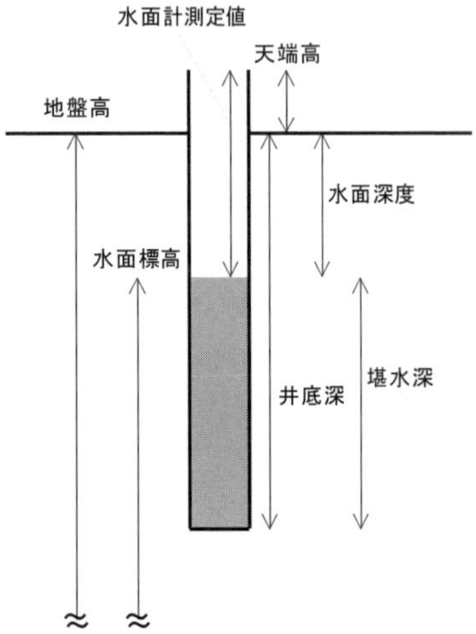

図3.4　地下水測水調査関連諸量

特定の井戸で月単位あるいは季節単位で繰り返し測水調査を行う場合，井戸ごとに一葉の井戸調査票を作成しておき，これに結果を記入するとよい。こうすると各井戸での測定値の時間的変化を把握しやすい。一方，同時期に多数の井戸で一斉調査を実施する場合，全井戸の測定値を記入できるデータシートを用意しておくと便利である。勿論，野帳などに測定値をメモしておき，後から表計算ソフトなどに入力してもよいが，現場で測定項目の漏れがないように注意する。

測定結果は地図上に重ね合わせて表示することが多い。そのような場合に用いられる基となる地図をベースマップといい，国土地理院発行の地形図や各市町村が発行している都市計画用白図などが使用される。これらの地図は地盤高を求める際にも用いられ，大縮尺であるほど読み取り精度が向上する。最近では数値標高モデル（DEM；Digital Elevation Model）をもとにGISソフトウェアでベースマップを描くことも多い。

調査対象となる井戸は，官公庁が掘削した観測井だけでなく，一般の民家の井戸であることも多い。私有井戸の所在地については，自治体等が作成した井戸台帳などの資料で調べることもできるが，個人情報保護の観点から近年では入手が困難なケースも多い。そのような場合は，聞き取り調査などによって井戸を探し当てる必要がある。上水道の普及により民家の井戸も減少しつつあるが，地域によっては水道と併用する形で保存されていることも少なくない。

測水調査結果を解釈する際の補助資料として，地質柱状図などのボーリングデータは極めて重要である。地質柱状図をある測線に沿って配列すれば，帯水層や難透水層などの水文地質構造を可視化することができる。全国どこででもボーリングデータが入手できるわけではないが，官公庁が取得したデータについては閲覧可能なことが多い。また，近年では公共財産として Web 上での公開が進められており，「地盤力学情報データベース」(http://www.kunijiban.pwri.go.jp/jp/denshikokudo/)，「関東平野の地下地質・地盤データベース」(http://riodb02.ibase.aist.go.jp/boringdb/)，「ジオ・ステーション」(http://www.geo-stn.bosai.go.jp/jps/) などがある。

地下水測水調査の際には，水質の測定を併せて行うことが一般的である(第 3 節参照)。そのほか，物理的手法による地下水関連調査としては，電気探査・揚水試験・孔内温度プロファイル測定などがある。電気探査とは，地中に微弱な電気を流して地層の電気抵抗などを測定することで地下構造や水分状態を推定する手法であり，類似の手法として弾性波探査や電磁探査がある（詳細は本書第Ⅳ章 3 節 3 項もしくは島ほか，1995 を参照)。**揚水試験**（pumping test）は，揚水に伴う井戸周辺の水位降下量の空間分布あるいは時間変化から，帯水層の透水性や貯留特性を推定するもので，どのような理論式で現実の地下水流を近似するかによってさまざまな方法がある（詳細は榧根，1980 を参照)。孔内温度プロファイル測定は，深井戸内の水温の鉛直プロファイルを測定することで地下水の鉛直流向を把握したり，帯水層の広域的な透水性を推定したりすることができる（たとえば，谷口ほか，1984，1989)．

ところで，湧水とは地下水が地表に湧き出したものを指し，地下水調査の一環として調査対象に含めることも多い。調査内容は，流量観測や水質分析が主で，湧出地点の微地形や利用状況に焦点を当てることもある。湧水は水質が比較的良好であり，人々の暮らしと密接に関係していることも多いため，市民団体等による調査事例も多い。

(4) 湖沼の調査

湖沼を対象とした水文科学的調査としては，湖盆調査，湖流調査，および透明度測定などがある。

湖盆調査は，湖盆図（＝等水深線図；おもな湖沼については，国土地理院が 10,000 分の 1 湖沼図を発行している）の作成を目的として行われる。まず，湖沼を横断するよう，あるいは湖心から放射状になるよう必要数の測線を設定し，その端点の位置を三角測量などで求める。次に，ボートで測線に沿って湖上を移動しながら一定間隔で水深を測定する。水深の測定には測量用のポールや先端に錘をつけた巻尺などを用い，乗船の際は救命胴衣を着用する。また，魚群探知機で水深を測定することも可能で，GPS と組み合わせることで簡単に高密度の水深データを取得できる。この手法では，沈水植物の草丈や底質の層厚などを測定することが可能な場合もある。

湖流調査では，目印となる旗や発信機からの信号をもとに，GPS を搭載した船で浮子を追跡する。これにより，湖沼内で生じる特有の流動系を明らかにすることができる。

湖沼の**透明度**（transparency）は，セッキー円板あるいは透明度円板とよばれる直径約 30cm の白色円板を用いて測定する。最初は円板を少しずつ沈めてゆき，見えなくなった深さを記録する。次に，さらに沈めてから徐々に持ち上げ，見え始める深さを記録する。最後に，再び沈めて見えなくなる深さを確認する。測定値は見えなくなる深さと見え始める深さの平均とする。透明度は，測定原理が簡単であるため古い時代の測定値の信頼性が高い。また，**富栄養化**（eutrophication）に伴う水質汚濁の進行状況や湖内での生物活性の目安となり，植物プランクトン量や懸濁物量と逆相関がある。透明度の深さでの明るさは水面直下の15%程度で，透明度の2～2.5倍が補償深度（光合成量≒呼吸量となる深さ）に相当する。

3. 水質分析

(1) 水質項目の基礎知識

水質（water quality）という用語は，水に含まれるさまざまな物質の濃度を指すことが多いが，以下で述べるように水温・透視度などの物理的性状や電気伝導度などの間接的指標も水質項目に含まれる。

水温（water temperature）は，気体・固体の溶解度や植物・微生物の活性を規定する最も基本的な水質項目であり，水の起源や流動経路などを知るうえでも有益な情報になる。日変化や年変化を伴うので1回の測定によって得られる情報は限定的だが，水質項目の多くが温度依存性をもつため基本要素として常に測定しておくことが望ましい。

pH（近年では“ペーハー”ではなく，“ピーエイチ”と読む）は水素イオン濃度指数（$\equiv -\log[H^+]$）のことで，溶存成分の質や量の目安になるとともに，溶存状態を規定する重要な要素でもある。25℃の純水はpH＝7であり，pH＜7の場合を酸性，pH＞7の場合をアルカリ性とよぶ（ただし25℃の値に補正した場合）。大気中の二酸化炭素が純水に溶け込むとpHは5.6程度になるが，通常は汚染物質がさらに加わるため日本の雨水の平均的なpHは4.7程度である。雨水は土壌・地下水帯において緩衝（中和）作用を受けるため，河川水や地下水のpHは6.6～7.2程度と雨水よりも高くなる。ただし，pHは地質条件にも依存し，塩基性岩（玄武岩や斑レイ岩）・石灰岩地域で高く，酸性岩（流紋岩や花崗岩）地域で低い。また，都市部の浅層地下水は汚染の影響でpHが低くなる傾向がある。種々の水が混合された結果，海水のpHは8.2～8.3でほぼ均一となる。地中では二酸化炭素分圧が大気中よりも高いため地下水に炭酸ガスが溶け込みやすく，その量によってpHは変化する。十分に通気することにより溶存炭酸ガスを追い出して測定された値をRpH（Reserved pH）といい，地質条件の影響が反映されやすい。

電気伝導度（electric conductivity）は，水中での電気の通りやすさのことで，溶存物質総量の指標となる。岩石の溶けやすさ，接触時間，人為的汚染，あるいは海水の混入の程度などによって値が変化する。日本の大きな河川における平均的な値は12.5 mS/m（＝125 μS/cm）程度である。地下水の値は一般にこれより3割程度大きい。雨水は2～3 mS/m，海水は4,000 mS/m程度である。

陸水の主要溶存イオンである陽イオン4種（Na^+，K^+，Mg^{2+}およびCa^{2+}）と陰イオン4種（Cl^-，NO_3^-，SO_4^{2-}およびHCO_3^-）の濃度　あるいはそれらの組成を一般水質とよぶ。Na^+は，風送塩，人為汚染，岩石・土壌からの溶出，あるいは海水・温泉水の混合によっておもに供給される。K^+は，岩石・土壌からの溶出や肥料によって供給され，植物体に濃縮されている。Mg^{2+}は，岩石・土壌からの溶出によって供給され，海水中にも多量に含まれる。Ca^{2+}は，岩石（特に石灰岩）や土壌からの溶出によって供給される。海水中にも多量に含まれる。Cl^-は，風送塩，人為汚染あるいは海水・温泉水の混合によっておもに供給され，岩石・土

表 3.1　濃度の表現方法と単位換算

種　別	単　位	換　算
体積濃度	mg/L	
重量濃度	ppm（≡ 10^{-6} kg/kg）	1 ppm ≒ 1 mg/L
	ppb（≡ 10^{-9} kg/kg）	1 ppb ≒ 10^{-3} mg/L
モル濃度	mmol/L	1 mmol/L = X mg/L
当量濃度	meq/L（me/L）	1 meq/L = X/Y mg/L

X：原子量，分子量，式量
Y：価数

壌からの溶出は極めて少ない。NO_3^- は，生物の遺骸や糞尿に含まれるタンパク質が分解されて生じるが，肥料による供給も多い。SO_4^{2-} は，風送塩，海水・温泉水の混合，排煙，排水，肥料，岩石（硫化物鉱床，硫酸塩堆積物）などから供給される。HCO_3^- は，おもに岩石・土壌からの溶出によって供給され，他の炭酸物質との間で状態変化する。このほか，溶存イオンではないがケイ酸（SiO_2）も陸水の主要成分である。なお，表 3.1 に示すように濃度の表現にはさまざまな方法がある。

一般水質に関連した水質指標である硬度は，もともと石鹸の泡立ちにくさ（硬水ほど泡立ちにくい）によって測定され，各国で定義・表現方法が異なる。日本ではアメリカに倣い，単位体積の水中に含まれる Ca^{2+} と Mg^{2+} の総量を炭酸カルシウム（$CaCO_3$）濃度に換算した値を用いる。これは，**全硬度**（TH；Total Hardness）ともよばれる。目安として，硬度が 50 mg/L 以下の水を軟水，100 mg/L 以上の水を硬水とよぶ。日本の水道水基準では 300 mg/L 以下とされている。

窒素は，さまざまな形態で水中に存在しており（図 3.5），公共用水域の富栄養化や地下水の硝酸性窒素汚染など，環境問題とのかかわりが深い。生物の遺骸や糞尿に含まれるタンパク質は，分解・酸化されることでアンモニア・亜硝酸を経て硝酸に変化するが，硝酸イオン濃度は天然ではそれほど高くない。しかし，肥料や生活排水などによる汚染があると劇的に高くなる。硝酸イオンは植物にとって重要な無機養分であり，多すぎると藻類が大量発生する（富栄養状態）。また，人間が硝酸イオン濃度の高い水を摂取し続けると，（とくに乳幼児で）メトヘモグロビン血症が生じやすくなる。日本の環境基準・水道水基準では，硝酸性および亜硝酸性窒素濃度は合計で 10 mg/L 以下と定められている。

リンも，窒素同様に植物の無機養分として重要な成分であり，水域の富栄養化の原因物質である。濃度レベルは窒素に比べてはるかに低く，霞ヶ浦で 0.01 ～ 0.1 mg/L 程度であるが，わずかな増減が藻類の成長を左右するともいえる。リンは懸濁物質に吸着されやすいが，リン酸イオン濃度が低

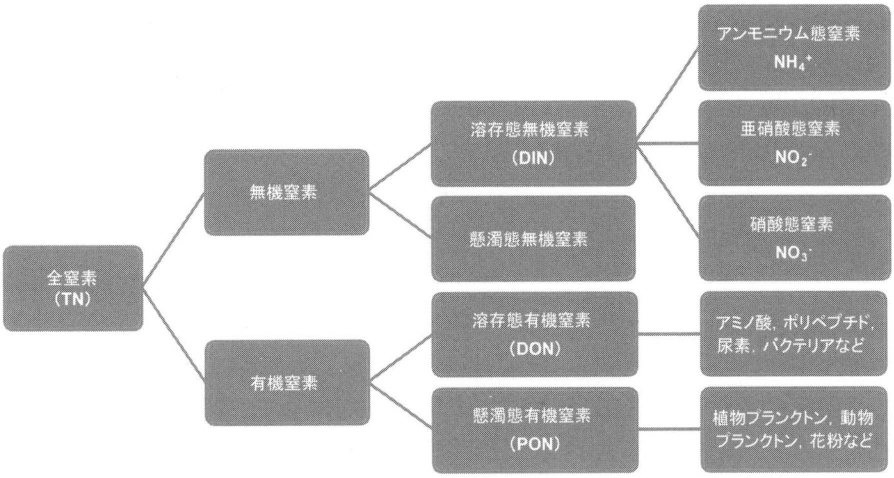

図 3.5　水中における窒素の存在形態（ただし，溶存窒素ガスは除く）
括弧内は英語での略称（TN=Total Nitrogen，DIN=Dissolved Inorganic Nitrogen，DON=Dissolved Organic Nitrogen，PON=Particulate Organic Nitrogen）．懸濁水態無機窒素はほぼ無視できる．

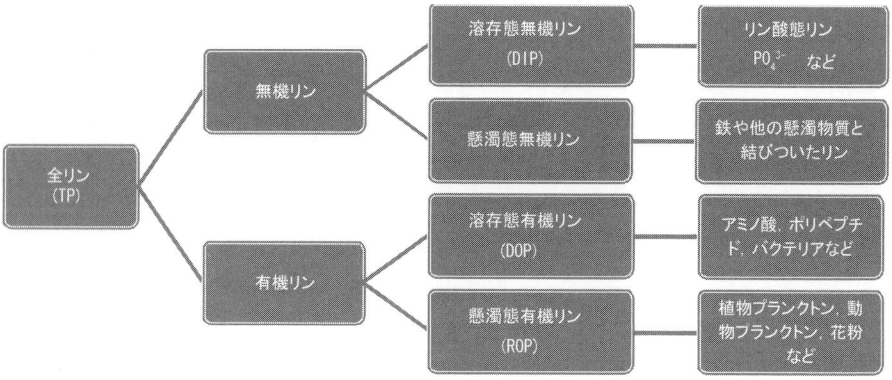

図 3.6　水中におけるリンの存在形態

括弧内は英語での略称（TP=Total Phosphate，DIP=Dissolved Inorganic Phosphate，DOP=Dissolved Organic Phosphate，POP=Particulate Organic Phosphate）．リン酸態リンとしては，ほかに HPO_4^{2-}，$H_2PO_4^-$，H_3PO_4 などの形態がある．

下したり，pH が上昇したりすると，放出される。また，鉄化合物とともに共同沈殿するが，還元環境下では鉄分が可溶化するため，底泥からリンが溶出することも多い。リン酸態リン濃度は，藻類が活発に生産活動を行うとむしろ低下することもあるため，富栄養化の指標としては全リン濃度のほうが適している。しかし,全リンの構成要素(図 3.6）を知っておくことは重要である。なお，溶存態成分と懸濁態成分は粒子の大きさによって分けられ，孔径 0.5 ～ 1 μm のフィルターを通過する成分が溶存態，通過しない成分が懸濁態と定義されている。

富栄養化に関わる総合的な水質指標として，**COD**（Chemical Oxygen Demand；化学的酸素要求量）や **BOD**（Biochemical Oxygen Demand；生物化学的酸素要求量）がある。COD は，単位体積の水中に含まれる（溶存態＋懸濁態）有機物を化学的に酸化させるのに要求される酸素量として定義される。窒素やリンなどの無機養分が多い（すなわち富栄養）状態では，有機物の生産も多くなるため COD が高くなる。湖沼では 3 mg/L 以下を貧栄養湖とよび，これを超える場合は汚染の影響が考えられる。BOD は，単位体積の水中に含まれる有機物を従属栄養細菌によって分解させるのに消費される酸素量として定義される。日本では湖沼・海域については COD を用いるが，滞留時間の短い河川についてはより現実の有機物分解に近い BOD を用いる。化学的に酸化できる有機物でも微生物によって分解できないものもあるため，BOD は COD よりもやや低くなる。なお，光合成色素であるクロロフィル（とくにクロロフィル a）の量は植物プランクトンの総量を表すよい指標となる。また，富栄養化を表すより直接的な指標として，**全有機炭素**（TOC；Total Organic Carbon）を測定することも多い。

上述した水質項目の他によく測定されるものとしては，種々の**重金属**（heavy metal）や有機化合物，**溶存酸素**（DO；Dissolved Oxygen）ならびに他の溶存ガス，**酸化還元電位**（ORP；Oxidation-Reduction Potential），透視度，濁度，**浮遊物質**（SS；Suspended Solids），大腸菌群数などがある。

水質分析を正確に行い，その結果を適切に解釈するためには膨大な知識が要求されるが，本章では基本的な事項の解説にとどめる。詳細は，半谷・小倉（1995），西條・三田村（1995），日本分析化学会北海道支部（2005）などを参照されたい。また，水文科学における水質データの解析・解釈は，筑波大学水文科学研究室（2009）に詳しい。

(2) 現地での測定

基本的に現地で測定する水質項目は，水温・pH・電気伝導度の3つである。

水温の測定は棒状温度計やデジタル式温度計（サーミスタ温度計・白金抵抗温度計など）を用いて行う。直接水体に浸して測定する際は，直射日光が温度計感部に当たらないようにする。バケツなどの容器に採水して測定する場合は，容器の温度が水温に馴染むまで待つ。また，採水後しばらくすると気温や日射に影響されてしまうため，測定値が安定したら速やかに読み取る。複数の測器を使用して地点間比較を行う際は器差に注意し，場合によっては補正を施す。これは，後述するpHや電気伝導度の場合も同様である。

pHの測定は，比色測定器・比色試験紙またはpH計を用いて行う。前二者は比色法，後者はガラス電極法ともいう。比色法の場合は温度補正の必要がある（pH計は通常自動補正機能がある）。pH計の場合は，当日もしくは前日にpH標準液（4.01，6.86，9.18）を用いて校正を行う。現地では，pH計を水体に直接浸さず，小さなポリ容器に水をとってから測定すると値が安定しやすい。

電気伝導度は，電導度計を用いて測定する。頻繁な校正の必要はないが，測器によって表示単位が異なることがあるので注意が必要である。たとえば，従来はμS/cmという単位がよく用いられたが，近年ではSI単位系に則ってmS/mやS/mで表示する測器も多い。1 mS/m=10 μS/cmであるので，μS/cmを用いた場合は数値が10倍大きくなる。

pHと電気伝導度のいずれの場合も，測定前に容器や測器自体を共洗い（測定しようとする水で洗浄すること）する。また，測定後は精製水で洗浄しておくのが望ましい。

以上の基本要素のほかに，溶存酸素・酸化還元電位・透視度・濁度などについては，携帯型の測定機器を用いて現地での測定が可能である。また，近年ではさまざまな水質項目に対応した測定キットが市販されており，現地での測定項目も多様化しつつある。とくに，パックテスト（(株）共立理化学研究所の登録商標）は，操作が容易で試薬の処分も簡便・安全であり，測定項目も多岐（60種類以上）にわたるため，市民団体による調査や環境教育などさまざまな場面で用いられる。ただし，開封後長期間（保存状態によるが1年程度）経つと劣化して正しい結果が得られなくなるので注意が必要である。また難点として，測定値の分解能が粗かったり，読み取りに個人差があったりする点が挙げられるが，これらの問題はLED光源を用いた吸光光度法に基づくデジタルパックテストを用いれば解消される。しかし，より高い測定精度が要求される場合には，実験室に持ち帰って精密な機器分析を行うする必要がある（本節4項参照）。

(3) 試料水のサンプリング

分析試料とする水を採取することをサンプリングあるいは採水と称す。実験室で分析する項目はもとより，pHなどを現地で測定する場合も一度採水してから測定することが多い。

河川水のサンプリングは河岸あるいは橋の上から行うが，バケツなどをひもで吊るして採水することが多い。また，温度計付きのペッテンコッヘルを用いると温度の測定が精度よく行える。採水時の留意点は，淀んだところを避け，流れのあるところで新鮮な水をとることである。

地下水のサンプリングは井戸を用いて行う。開放井戸（井戸の上端が開放されていて，水面を見ることができるもの）の場合は，バケツやペッテンコッヘルを使用して採水する。特定深度の水を採取したい場合には，ベーラーサンプラーを用いる。また，特殊な水質項目を分析する場合は，ポンプで汲み上げて採水することもある。閉鎖井戸の場合は，蛇口から水が採れるようになっていることが多い。その際，水道管や貯水槽に滞留していた水を数分～10分程度排水してから採水する。

湖水のサンプリングは，表層水の場合は河川水と同じであるが，下層水の場合はベーラーサンプラーやポンプを用いる。目的の深度の水を確実に採取するには，北原式（絶縁）採水器を用いるとよい。これは，開放状態の容器を所定の深度までロープで降ろし，メッセンジャー（ロープに沿って移動する錘）を投下することでその場で密栓して採水する仕組みになっている。どの採水器具を用いる場合でも，ロープやチューブが伸びて深度が不正確になる可能性があることに注意する。

得られた試料水はなるべく冷暗所で保存する。光が当たると藻類の繁殖を招き，温度が高いと試料水の蒸発濃縮のリスクが高まる。試料水を低温で輸送したい場合には，クーラーボックスやクール宅配便が利用できる。

重金属分析用の試料水の場合は，塩酸添加でpH＝1程度にして沈殿を防ぐ。栄養塩・有機物分析用の試料水はメンブランフィルターやガラス繊維濾紙を用いてろ過したのち，冷凍保存する。防腐剤としてクロロホルムや塩化水銀を用いる場合もある。クロロフィル分析用試料やケイ酸分析用試料は凍結させないほうがよい。

試料水の保存容器としては，一般にポリエチレンびんが用いられる。そのメリットは，軽く，割れにくく，一般水質成分の溶出がほとんどないことである。一方，デメリットとしては，ある種の有機物・重金属が吸着されやすいことや，成型の際に使用された重金属などがわずかに溶出することがある点である。また，わずかに通気性があるため溶存ガス分析には向かず，長期保存の場合には蒸発濃縮の影響もあり得る。このため，有機物・重金属・溶存ガス分析の場合は，ガラスびんを用いる。ただし，ガラスびんは重く，割れやすく，アルカリ類（Na，K）やホウ素（硬質ガラスの場合）が溶出しやすいという欠点がある。

保存容器には，ビニールテープを胴体に貼って，採水時に地点番号や日時などをマジックで書きこむ。容器に直接記入した場合は除光液などで落とすことができる。紙製ラベルは濡れると破れるので使わないほうがよい。なお，当然ながら，採水時には保存容器の共洗いが必須である。

（4）実験室での分析

実験室で行う精密な水質分析手法として，重量分析法，容量分析法，吸光光度法，比濁法，原子吸光法，炎光光度法，誘導結合プラズマ発光分光分析法（ICP-AES），誘導結合プラズマ質量分析法（ICP-MS），高速液体クロマトグラフ法，イオンクロマトグラフ法，ガスクロマトグラフ法，フローインジェクション分析（FIA），キャピラリー電気泳動法，およびイムノアッセイなどがある（詳細は，日本分析化学会北海道支部，2005を参照）。近年では，一般水質の陰イオン測定にはイオンクロマトグラフ法を用いることが多い。陽イオンはイオンクロマトグラフ法かICP-AESが用いられることが多いが，一般にICP-AESのほうが測定精度は高く，同時に重金属測定も行える利点がある。

（5）洗浄と精製水

水質分析を行う際には，試料水の保存容器や分析器具を常に清浄に保たなければ正確な測定値が得られない。一般的な洗浄方法は以下の通りである。

まず，水道水で洗浄し，比較的落ちやすい汚れやゴミを洗い流す。次に，洗浄用ブラシを用いて沈殿物などを機械的に除去する。その後，大きめの容器に洗浄剤を入れ，容器・器具を漬け置く。時間を短縮したい場合は超音波洗浄機を用いる。仕上げとして，水道水で十分濯ぎ，さらに精製水で3回程度洗い流したあと，自然乾燥させる。

洗浄や試料水の希釈などに精製水を用いるが，これにはいくつかの種類がある。蒸留水は比較的容易かつ大量に製造できるが，金属製蒸留器を用いた場合には金属の溶出がわずかに認められる。また，残留塩素から生じたCl^-や揮発性有機物を含む場合もある。脱イオン水（イオン交換水）も容易に短時間で大量の水を精製できるが，イオン交換樹脂によって電解質を取り除くことができても非電解質は残存する。超純水は逆浸透膜・活性炭・イオン交換樹脂・メンブランフィルターを通した非常に純度の高い水で，とくに微量成分や有機物の分析を行ううえで必須である。しかし，製造の時間・コスト・手間が最も多くかかる。したがって，これらの差異に留意したうえで，用途に応じて使い分ける必要がある。

水は天下の回りもの

“水惑星”とよばれる地球にはおよそ140京トンにも及ぶ膨大な量の水が存在する。しかし，そのほとんどは塩分を含んだ海水や，人間にとって利用しにくい極域の氷あるいは地下深くの地下水として存在しており，比較的利用しやすい河川・湖沼などの地表水資源は全水量の0.0075％に過ぎない。一方，20世紀末の世界の水消費量(3.7兆トン／年)をもとに考えると，約16年分の水消費量と地球上の地表水資源の総量がほぼ釣り合うことになる。それでは，このまま水を使い続けると，16年で地表水資源は枯渇しまうのであろうか？無論そうはならない。なぜなら，水は循環しているからである。

大気中の水蒸気が雨や雪として陸域に降ると，その大部分は一度地中に浸み込む。そして，土壌面からの蒸発や植物による蒸散活動で大気中に戻ることのなかった残りの水が地下水となり，やがて地表に湧き出し，河川となって海へと流れ去ってゆく。海に辿り着いた水はそこで蒸発し，陸域での蒸発・蒸散によってもたらされた水蒸気と混ざり合って，再び地表に降ってくる。人間は飲料水や農業用水・工業用水として地表や地下の水を利用しているが，使用後の水も最終的には海に辿り着いてそこで蒸発するか，その途中の陸地のどこかで蒸発することで，自然界の水循環の環（わ）に戻ってゆく。このため，石油や石炭などの再生不能資源とは異なり，水をいくら使っても地球上の水が減るわけではないのである。

しかしながら，水は一度使うと汚れたり温度が変わったりして利用価値が低下する。そのような水は使いにくいというだけでなく，人間社会や生物圏に悪影響を及ぼすことがある（たとえば，富栄養化や各種の水質汚染)。蒸発から降水に至るプロセスは蒸留水の製造原理と同じなので，水は自然界を循環することによって常に再生されているといえるが，利用速度が再生速度を上回れば環境は悪化する。金は天下の回りものといえども，後先考えずに使ってしまえば破産してしまうのと同じである。

大規模な灌漑は蒸発散の速度を高めるが，降水量がそれによって増えるとは限らないので，その地域の淡水資源の量は減少してしまう。有名なアラル海の悲劇はこうして起こった。また，大陸諸国で主要な水源となっている深部帯水層の地下水は，地質時代スケールでみれば循環しているとはいえ，現在の循環速度はとても遅いので石油や石炭同様に枯渇してしまう危険性がある。アジアの大都市が立地する脆弱な沖積平野では，地下水の過剰揚水に伴う地盤沈下の被害も深刻である。

地球を人体になぞらえるとすれば，水資源の枯渇は脱水症状，富栄養化はメタボ，人為に由来するさまざまな水質汚染・水災害は生活習慣病といえるかもしれない。つまり，地球の健康を維持するためには，水循環の速度や質的変化について深く正しい理解を得ることが大切である。もっとたくさんの人々が水循環に関心をもち，自らの手で調べてみようという気になってもらえればと思う。

第Ⅳ章 地 形

ここでは地形とその形成プロセスの調査法を中心に，前半では地形図や空中写真を利用した室内での調査法，後半では測量，土壌・岩盤の観察，物理探査などの野外調査法について概説する。

1. 地形図と空中写真

(1) 地形図の読図

地形図（topographic map）は，地図の一種であり，一定の図式（等高線，記号，地名，数値など）にしたがい，一定の縮尺のもとで地形や地表に存在する物体を真上からみた外形として紙面に描いたものである。縮尺とは，地図上の 2 点間の水平距離と実際の距離の比であり，2 万 5000 分の 1 地形図（以下，「2.5 万分の 1 地形図」と略称）であれば，地図上の 1cm は実際の 250m に相当する。地図の縮尺を分類する際，大縮尺の地図，小縮尺の地図という表現が使われる。この場合，大縮尺というのは縮率が大きいということではなく，地図上に表現されているものの大きさが大きいということを意味する。たとえば，1 万分の 1 地形図と 100 万分の 1 地形図を比較すると，1 万分の 1 地形図の方を大縮尺の地図とよぶ。

日本では，国土地理院が種々の縮尺の地形図を発行している（表 4.1）。購入には日本地図センターのウェブページからオンラインで購入できるほか（http://www.jmc.or.jp/），各地図販売店，すなわち全国のほとんどの市町の大きな書店で，その付近の地形図を購入できる。必要な地域の地形図幅名は「国土地理院発行地形図一覧」もしくは国土地理院のウェブページで検索できる（http://www.gsi.go.jp/cgi-bin/zumei/zsrch.cgi）。また，国土地理院のホームページにて全国のほとんどの地域の 2.5 万分の 1 地形図が試験的に公開されているため，パソコンの画面上のみであるが閲覧可能である。さらに現在では，紙面地形図体系からデジタルデータ化された地理空間情報体系へ移行され始めている。しかし，地球学を学ぶうえで紙面地形図において図上作業することは非常に重要なことであるため，初学者は必ず紙面地形図を手に取って欲しい。ここでは紙面地形図のことを地形図とよび，取り扱う。

表 4.1 国土地理院発行のおもな地形図

種類	縮尺	主曲線間隔	発行範囲（面数）
地形図	1/10,000	2m，5m	主要都市域（307）
	1/25,000	10m	全国（4,342）
	1/50,000	20m	全国（1,295）
地勢図	1/200,000	100m	全国（130）
地方図	1/500,000	200m	全国（8）
日本	1/1,000,000	200m	全国（3）
沿岸海域地形図	1/25,000	1m	主要な内海・内湾の沿岸

国土地理院 HP 参照.

各種の地形図のうち，全国を同一の図式と縮尺でカバーし，かつ最も高精度のものは，国土地理院発行の 2.5 万分の 1 地形図である。平野や丘陵で開発の進んでいる地域では，2,500 分の 1 ないし 5,000 分の 1 国土基本図や市町村の都市計画図がかなり広範囲に整備されつつある。また，山地については，林野庁が 5,000 分の 1 森林基本図を発行している。

地形図に描かれている事柄の理解ばかりではなく，直接的には描かれていない事象を推論し，任意の土地の過去，現在，将来の状態を地形図から予察的に読み取る作業を**読図**（map reading）とよぶ。読図という言葉は，単に地形図ばかりでなく，地質図や土地利用図，土地条件図のような各種の主題図（thematic map）を読むことにも使用される。

読図の成果は，あくまで予察的であり，多くの場合は定性的であるため，必要に応じて現地踏査や地形計測，空中写真判読，地質図などの既存資料の解析，さらにはボーリングや物理探査などによって検証されなければならない。しかしながら，これらの調査結果が地形図上に正確にプロットされて初めて生きたデータとなる。そのために，まず地形図が正しく読み取られていなければならない。こうした意味でも，地形図の読図は最も基礎的で重要な手段といえる。

地形断面図

地形図を読むためには，等高線や，記号，数字，地名などの図式を理解する必要がある。とくに初学者にとって難しいのは等高線を理解することである。等高線を理解するためには，まず**地形断面図**（topographic profile，geometric section）を作成してみるとよい。地形断面図は，地形を鉛直方向に切り取ったときの断面を図として示したものであり，土地の起伏や地形面の連続性などのほか，野外での調査成果や地層の対比など，対象地とする調査地の地形・地質条件の理解に有益である。

一般的に，ある地域の地形の特徴を理解するためには，その地域の最大傾斜方向とそれに直交する方向との少なくとも 2 方向の断面図が必要である。たとえば河成段丘の場合，その段丘面の縦断方向（段丘面を形成した河川の上流から下流への方向）と横断方向（背後の斜面・段丘面・段丘崖・現成低地を通る方向）の 2 方向である。

地形断面図を書くには，まず水平縮尺を決める（要は断面図を描く方眼紙の大きさを決める）必要がある。その決め方の原則は，断面図全体を一目で見渡せる大きさにすることであり，通常左右 10 ～ 30 cm 程度の長さにおさめる。次に，垂直縮尺を決める。地球表面の起伏は面積に比べると一般にきわめて小さい。地球全体でも 1 つの山脈でも，広範囲を遠くから眺めるほど，スカイラインと同様に，平滑に見えるのはそのためである。したがって，広範囲の場合には，水平縮尺よりも垂直縮尺を大きくした方が地形を実際に見ているような状況を再現できる。すなわち，地形の特徴が理解しやすくなる。逆に狭い範囲（例：実際の水平距離が数百 m 以下）の場合には，垂直縮尺：水平縮尺 =1:1 でもよい場合がある。

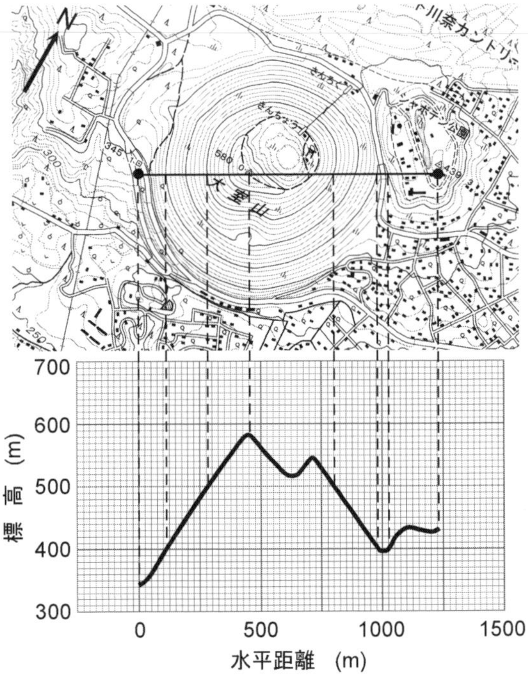

図 4.1　地形断面図の書き方

2.5 万分の 1 地形図「天城山」を一部改変.

次に図上で水平距離を計測し，標高の値を断面図にプロットしていく。具体的には断面図を描きたい測線と各等高線の交点について，測線の端からの距離を定規などではかり，その地点の標高を用意した座標にプロットする（図 4.1）。この際，最初からすべての主曲線（2.5 万分の 1 地形図では 10 m ごとに表示される細い等高線）を順にたどるよりも，まずは計曲線（2.5 万分の 1 地形図では 50 m ごとに表示される太い等高線）をプロットしてだいたいの傾向をつかみ（図 4.1 の破線），次にその間の主曲線をプロットする。

最後にプロットした点を結んで断面を描く。これには高度の読図力が要求される。各点を直線で結んではいけない。点と点の間，すなわち 2 本の等高線の間の空白部がどのような断面形であるか。それを等高線配置から認定された地形境界や土地利用状況などから判断する。詳しい描き方は，鈴木（1997）などのより専門的なテキストを参照してもらいたい。また，断面図にはこれまで説明した普通の地形断面図とは異なる投影断面図（projected profile）や回転投射断面図や片対数グラフ断面図なども存在するが，その説明は他に委ねる。

水系図

陸上の水は必ず高所から低所に向かって流れる。**谷線**（valley line：河谷については水系ともいう）の配置は地表面の微細な高低分布すなわち地形を忠実に反映している。日本の山地のような湿潤地帯では，岩石が風化して生じた砕屑物はおもに水流によって侵食されるが，その侵食されやすさは岩石や土壌の性質の影響を強く受ける。したがって，ある地域の谷線の分布・配置状態を知ることは，地形を構成する岩石や土の性質，地質構造などを知る手がかりになる。また，変動地形の抽出に役立つこともある。

河川および谷線だけを抜き出して描いた図を**水系図**（map of drainage network）または**河系図**（map of river system）という。ここにいう水系とは，恒常的に流水のあるところ（地形図に水線記号のあるところ）ばかりでなく，雨が降ればそこに水が集まって線状に流れる谷線のすべてを指す。

水系を描く前に**分水界**（divide, drainage divide）を描くと水系が描きやすくなる。分水界とは，**尾根線**（ridge line）を結んで閉曲線となる地形境界線である。尾根線は，周囲よりも標高が高くなっている部分を結んだ線であり，等高線が斜面下方へ向かって凸となる点を認定し，隣り合う等高線上で同様な凸部を結べば描ける（図 4.2）。

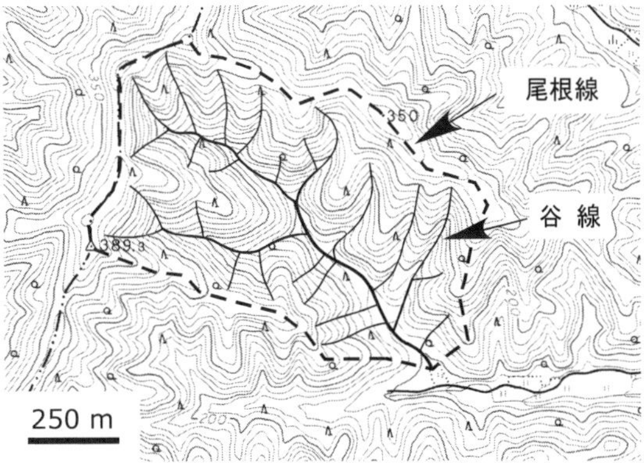

図 4.2　尾根線と谷線の例
2.5 万分の 1 地形図「栃木」を一部改変.

図 4.3　水系次数のよび方（Horton-Strahler 法）

谷線は尾根線とは逆に，周囲よりも標高が低くなっている部分を結んだ線であり，等高線が下流に向かって凹部になっている点を認定し，隣接する等高線上で同様な凹部を結べば描ける。水系を描くには，分水界（尾根線）近くの上流端から下流へ向かって谷線を追跡する。まず尾根沿いのすべての小さな谷の谷線を下流に追跡し，最初の合流点までの谷線を順に描く。そのようにして，最後にその流域で最も大きな本流を描くようにする（図 4.2）。

水系の規模の区分法にもいろいろあるが，図 4.3 に最も一般的方法であるホートン・ストレーラー法（Strahler, 1952）を示す。すなわち，支流のまったくない水系を一次の谷（First-order stream：1 次谷または 1 次水流ともいう，以下同様）とよび，1 次と 1 次の合わさった水系を 2 次谷，さらに 2 次と 2 次の合わさったものを 3 次というように，しだいに高次の谷を区別する。ただし，高次の谷（本流）にそれより低次の谷（支流）が合流しても，次数を増やさない。たとえば，4 次の谷に 3 次の谷が何本合流しても，4 次のままとする。1 つの流域では本流が最大次数になる。このように，水系の合流の程度を表す数字を水系次数（stream order）とよぶ。

谷密度の計算

個々の流域の形態的特徴を定量的に表現するために，丘陵・山地の全域ではなく，1 つの流域を計算単元として，種々の地形量が地形図上で計測される。たとえば，単位面積あたりの谷線の発達程度を**谷密度**（drainage density）または水流密度とよぶ。谷密度は重要な地形量の 1 つであり，その相対的な差異は表 4.2 のように，気候条件，地形物質，地形場などの制約を受ける。

谷密度の計測方法には，(1) 流域を 1 つの計測単元として求める流域法と，(2) 一定面積の方眼をかけ，各方眼について計測する方眼法がある。いずれの場合も，谷密度は谷線の総延長を計測して，それぞれの面積で割ることにより得られる。地形図上で距離を測定するにはキルビメーター，面積を測定するにはプラニメーターを用いる。最近では，グラフィックソフトや地図用ソフトを使ってパソコン上で同様の作業ができる。しかし，自分の手で水系図を書き，じっくりと地図と向き合うことが初学者には非常に重要である。

表 4-2　谷密度とその制約要因の関係

制約要因		谷密度		
		高	中	低
気候	降水量	多い		少ない
	雪氷被覆	無雪氷	多雪	氷河
地形物質	力学的強度	軟岩		硬岩
	透水係数	低い		高い
	堆積物の粒径	細粒		粗粒
	節理密度	大		小
	風化程度	強風化		弱風化
地形場	地形の大区分	山地	段丘	低地
	起伏量	小	中	大
	斜面長	小	中	大
	斜面傾斜	大	中	小

鈴木，2000 を一部改変.

(2) 空中写真

空中写真（aerial photograph）とは空中の一点から撮影した写真のことであるが，地球学の分野で使用するものは，極めて精密，高解像度で画角を高くして計画的に撮影されたものである。おもに地形図の作成や地形・土地利用の判読などに利用されるが，その他にも植生状況などの情報が盛り込まれており，国土の利用，保全，防災計画といった行政分野をはじめ，研究・教育分野など幅広い領域で活用されている。また，国土の様子を時系列で記録保存するという面でも大きな役割を果たしている。

日本における最も古い空中写真は，横山徳三郎氏が，1877 年に気球を飛ばして撮ったものであるという記録がある。その後，明治時代，大正時代と徐々に軍用の目的で写真撮影が行われたが，第二次世界大戦後に破棄された。現在，日本で手に入る空中写真は，米軍が 1946 ～ 47 年にかけて日本全土のほとんどを撮影したものと，前身の地理調査所時代を含む国土地理院が地図作成のために定期的に撮影したものである。その他には林野庁やいくつかの省庁，地方自治体や航空測量会社などでも手に入る。国土地理院の空中写真は順次補正され数値化され，「国土変遷アーカイブ 空中写真閲覧システム」としてインターネット上で公開されている（http://archive.gsi.go.jp/airphoto/）。また，1970 年代以降のカラー空中写真の一部は，国土交通省国土計画局のウェブサイト「国土情報ウェブマッピングシステム」（http://w3land.mlit.

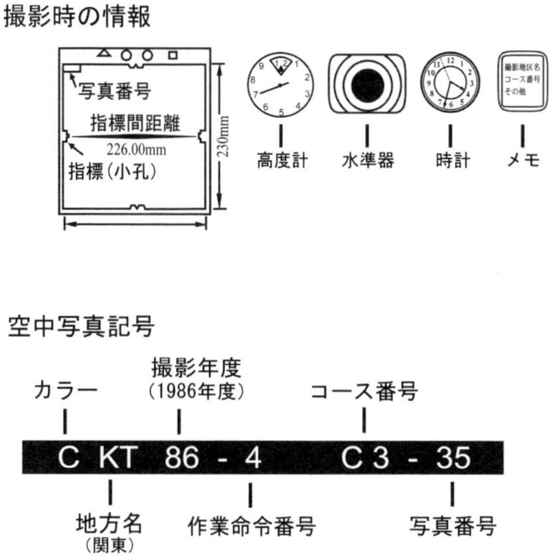

図 4.4　空中写真の記号の見方

go.jp/WebGIS/）にて公開されている。さらに，海上保安庁のサイト（http://www1.kaiho.mlit.go.jp/）でも海図を作成するために撮影した写真が閲覧できる。他にもさまざまな機関や企業で空中写真を取り扱っているので，検索してみてほしい。

印刷された空中写真は大きく分けて 3 つの部分から成り立っている。第一に影像が写っている写真画面，第二に写真画面の中心を決めるための指標，第三に撮影状況を示す計器部である。計器部には，高度（差）計，時計，水準器，写真番号などが記録されている（図 4.4）。ウェブ上の写真は，計器部の内容がよりわかりやすく記載されているため便利である。

実 体 視

空中写真は移動しながら約 60％重複させて撮影されているものが多いため，2 枚並べてみたとき，奥行きのある立体的な画像として見ることができる。このようにして空中写真を見ることを**実体視**（stereoscopy）という。空中写真はそれだけでも多くの情報を与えてくれるが，実体視によりさらに多くの情報を与えてくれる。人間が物を

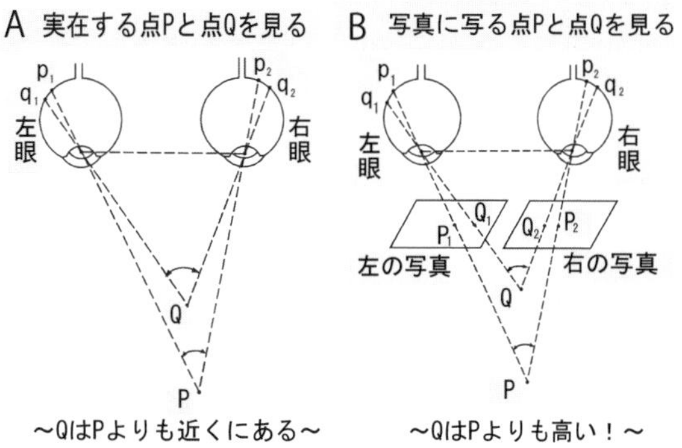

図 4.5　実体視の原理（尾崎，1968 を一部改変）

立体的に感じるのは，左右の目が離れていて，その離れた 2 点から物を見ているからである（図 4.5A）。このことを利用して，連続する 2 枚の空中写真を左右に並べて，左右の眼でそれぞれ左右の写真を別々に観察しつつ両方の像を合致させることで，立体像が得られる（図 4.5B）。肉眼による実体視は，視線をうまく分離できるようになることに訓練を要するが，**実体鏡**（stereoscope）を用いると誰にでも容易に立体感を得ることができる。肉眼実体視の練習法は種々の参考書で詳しく記載されているため，参照されたい（尾崎，1968；日本地図センター，1993）。

一般的に空中写真の立体像は高さが誇張されて見えるので，観察の際は注意が必要である。また，写真を実体視する場合，隣接する 2 枚の空中写真を撮影時の航空機の航跡を再現するように並べる必要がある。この作業を写真の標定とよんでおり，標定が悪いと正しい実体像が得られない。標定方法も先に述べた参考文献に詳述されている。

空中写真の判読

地形図の読図と同様の目的をもつ作業として，**空中写真判読**（photo interpretation）がある。これは，空中写真に写っている土地の情報（たとえば，土地利用，地形，植生，災害など）を読み取る技術である。写真から地図をつくり，あるいは写真地図を作製するのは，機械や設備を必要とするの

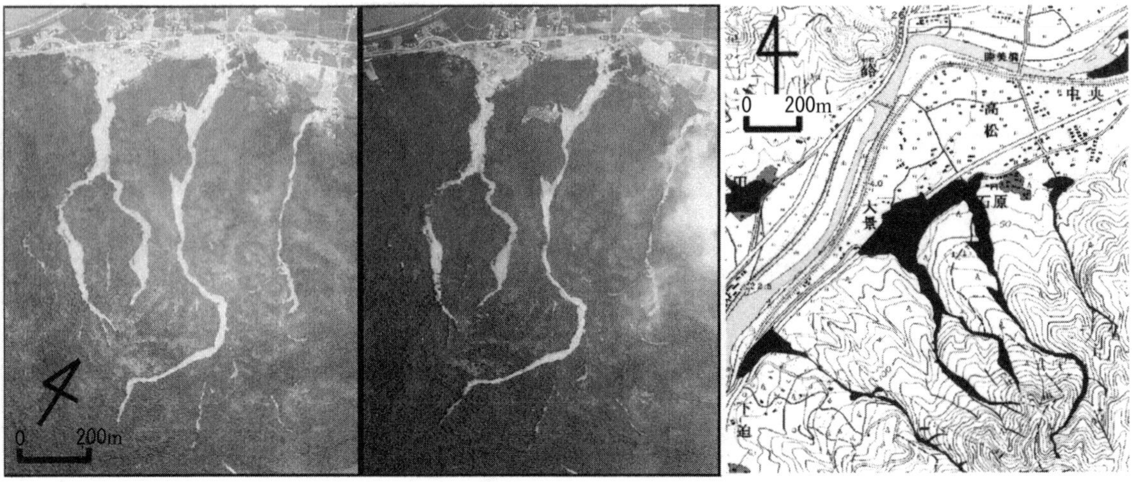

図 4.6　土石流の空中写真判読例

若月・石澤，2010；撮影：国際航業株式会社・株式会社パスコ．右図の黒色部分は土石流が移動した範囲を示す．

で専門機関に依頼するより仕方ないが，写真の内容を判読理解することは，とくに設備を必要としない。それぞれの専門分野に応じて，必要な事象の大きさ，形，陰影，色調，色彩，きめ，模様などを読み取ることができる。このほか，樹種の同定や標高などの植生情報，土地利用など人文現象，そして，土砂崩れなど地形情報も読み取ることができる。山地・丘陵地の地形分類をする場合は傾斜，位置，谷密度など，平地の場合は，形態，広がり，傾斜，斜面形，比高，構成物質，地理的位置などから成因的な地形単位に分類する。いずれも実体視をすることで多くの情報を読み取ることができる。

また，現地踏査するには時間がかかり，地上では測量・調査が困難な場所が多い災害の予兆となるような地域（たとえば，土石流，線状凹地，地すべり，崩壊，河川の洪水範囲など）の発見や急を要する災害現場の実態把握などに役立てられている（図 4.6）。

2．測量と土壌・岩盤の調査法

(1) 測　量

測量とは

測量（land survey）とは，地球上の各点の位置関係を求める作業であり，一般的には建築・土木などの分野で多用されている。地球学の研究を進めるうえでも，地表や上空にある物体の位置を求めるためにしばしば測量を行う必要が生じることがある。地形学では測量が野外調査の基本となることはいうまでもない。異なる時期に繰り返し測量を行うことで，地形の変化や氷河の流動をとらえることもできる。他の分野でも，たとえば 2.5 万分の 1 地形図では表現できないような狭い区画内で野外観測を行う場合，観測設備の位置関係などを地図に示すために，測量が必要になることがある。本節では，とくに地形すなわち地表面の形態を対象とした測量の方法について紹介する。

地形測量の成果は，断面図あるいは等高線図により表現される。断面図はある基準点からの水平距離と高さの情報により作成される。等高線図では距離と高さのほか，水平角の情報が必要となる（図 4.7）。測量器具は 2 点間の斜距離や鉛直角，

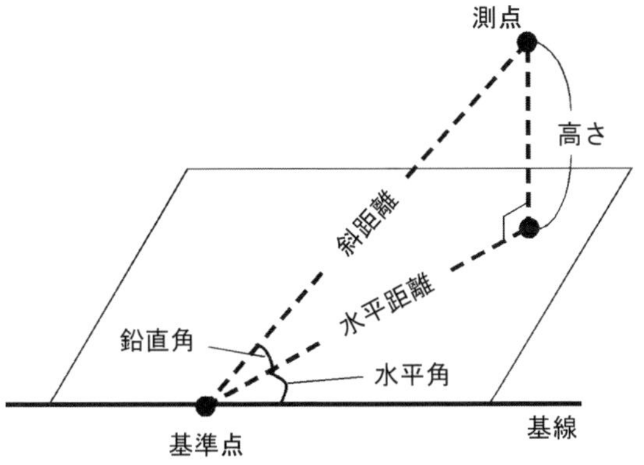

図 4.7　測量の基本要素

水平角のいずれかあるいはすべてを測定するものがあり，ここでは測定項目別に紹介する。

距離の測定

距離の測定にはいくつかの方法がある。器具を使用せずに簡易的に距離を測る方法として，**歩測**（pacing）がある。歩測を行う際には，事前に一定距離の区間（たとえば 30m）を何歩で歩くかをカウントし，自分の 1 歩の距離を計算しておく必要がある。精度は低いが，他の装置は不要であり，どこでも距離を測ることが可能である。また，かつては距離の測定に巻尺がよく利用されていた。巻尺とは 1cm ごとに目盛のついた長さ 50m あるいは 100m のテープを巻いたものである。しかし，測定距離に限界があることや，張力による伸び，障害物によるたるみなどの影響を受けるため，労力がかかる割には精密な測定が難しい。

近年，距離を測定する用具として**レーザー距離計**（laser range finder）が安価で手に入るようになり普及している。測器からレーザー光のパルスを発振すると，標的で反射し再び測器に戻ってくる。レーザー距離計から標的までの間の距離 D は，光速 C，移動時間 t を用いて，次式であらわされる。

$$2D=Ct$$

左辺が $2D$ となるのは，レーザー光のパルスが測器と標的の間を往復しているためである。光速 C は 3×10^8m/s であるため，たとえば 5m 離れた位置の標的（D=5 m）をレーザー光が往復する時間 t は 33 ナノ秒と極めて短くなる。実際は，測器が最初のレーザー光パルスを発振してから，それが標的で反射して戻ってくるまでの間のパルスの発振回数をカウントし，それをもとに時間 t を求めている。また，高額でより精密な測定機器や短距離を測定する機器の場合は，レーザー光の位相差測定に基づき距離を求めているものもある。

多くの普及型レーザー距離計は原理的には数百 m 先の標的までの距離を測定できる。実際の測定精度は使用する機器に依存するが，普及型レーザー距離計を用いて 100m 先の標的を測定した場合，50cm 程度の誤差が生じると考えておくほうがよいであろう。また，標的としては，反射板を利用することが理想的であるが，レーザ光を反射しやすい白色の物体でも十分に測定可能である。一方，水面ではほとんど反射しないため，注意が必要である。

鉛直角・高度差の測定

簡単に鉛直角を測定する場合，地質調査でよく利用されるクリノメータを使用する方法がある。精度は低いが，簡易的に傾斜を測定するには便利である。また，レーザー距離計に付随するデジタル傾斜計の機能を利用して，鉛直角を求めることもできる。

断面図を作成するためには，測定した斜距離 L と鉛直角 θ を水平距離 X と高さ Z に換算する必要がある。両者は図 4.8A で示すような位置関係にあることから，次の三角関数で換算が可能である。

$$X = L\cos\theta$$
$$Z = L\sin\theta$$

図 4.8A のように測器の地上からの高さと標的

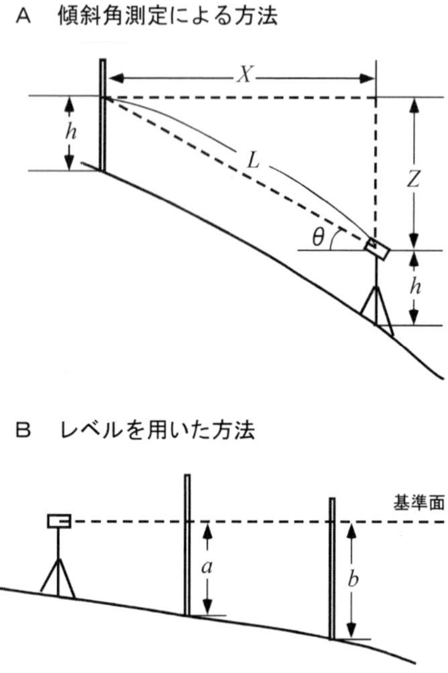

図 4.8　地形断面図の作成のための測量方法

の地上からの高さ h が同じあれば，高度を補正する必要はないが，両者に差がある場合は，高度差を補正しなければならない。

一方，低地や砂浜などでは傾斜がほとんどなく，鉛直角が極めて小さい場合，図 4.8A のように鉛直角を測定しても測定精度を期待できないことがある。そのような条件に適した測量方法として，レベル測量（図 4.8B）がある。この方法では，オートレベルなど水平面上の位置の高さを測定できる測量機器を使用し，基準となる水平面からの高度差（図 4.8B の a や b）を測定することで，断面図を作成する。

水平角・方位角の測定

等高線図あるいは地形図を作成するためには，対象地点が平面上のどこに位置するかを決定する必要がある。そのためには，基準点から測定対象地点を結ぶ直線の方位角か，基線からの水平角を測定する必要がある。方位角を測定するためにはコンパスが用いられる。かつてはポケットコンパスなど簡易的なコンパスが用いられていたが，最近はデジタル式のコンパスを用いることが多く，レーザー距離計に装着されている場合もある。一般的に方位角は北を 0°，東を 90°，南を 180°，西を 270° とし，時計回りに表現する。コンパスを使用した場合，北（0°）は磁北を意味するが，磁北と地図上の北（真北）は異なるため，測量成果を地図に表現する際には注意が必要である。磁北と真北の角度差を偏角とよび，日本周辺の磁北は真北より 5° から 9° 西へ偏っている。詳しい値は国土地理院のウェブページ上でも公開されている。

基線からの水平角を精度よく測定する機器として従来からセオドライト（theodolite，トランシットとよばれることもある）がよく利用されてきた。近年では電子セオドライトを高精度のレーザー距離計と組み合わせた**トータルステーション**（total station system）が利用されるようになった。トータルステーションは高額であるが，それ 1 台で測量に必要なすべての項目を精度よく測定できるため，土木・建築分野の測量業務でしばしば利用されている。

方位角あるいは水平角の測定により平面上の位置を決定するための方法は，以下に示すようにいくつかある。

（A）放射法（図 4.9A）

測定対象地域の中心付近で比較的見通しのよい地点に測量機器を設置し基準点とし，その基準点から各地点の斜距離，方位角，鉛直角を計測することにより，位置を決定する方法である。

（B）前方交会法（図 4.9B）

最初に基準点 O を設置し，測点 P の位置の方向角と距離を正確に測定する。次にこの 2 点を結ぶ直線 OP を基線として，この基線の両端から対象地点の方位角を計測する。この場合，各測点の位置は O，P の 2 つの地点から伸ばした直線の交点だけから求められる。距離を測定することなく，位置を決定できるという特徴がある。

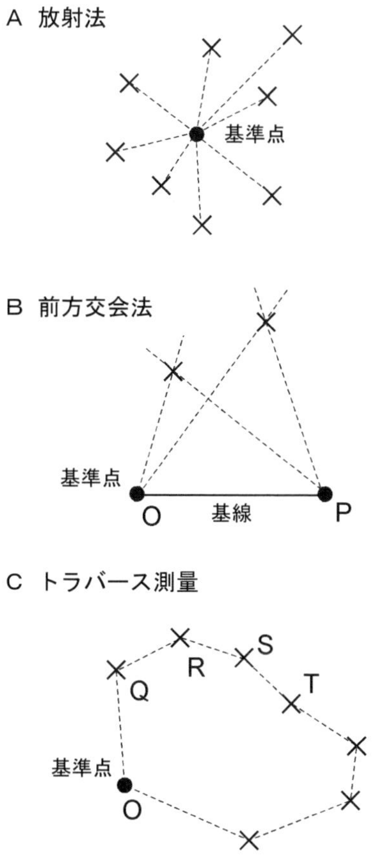

図 4.9　コンパスを用いた測量法

(C) トラバース測量（図 4.9C）

最初に基準点 O に測器を設置し，測点 Q の位置の方向角と距離を測定する。次に測点 Q に測器を移動し，そこから測点 R の方向角と距離を正確に測定する。これを測点 S.T へと繰り返しながら順に位置を求めていく方法である。最終的に元の基準点 O に戻るまで測定する（閉合トラバースとよばれる手法）のが理想的である。調査地域が広範で，見通しが悪い場合に利用される。

GPS 測量

GPS（Global Positioning System，汎地球測位システム）測量とは，GPS 衛星からの電波を受信して観測点の位置を測る方法である。得られる座標は，地球の重心を原点としている。前述のレーザー距離計やトータルステーションを用いた測量では，距離を測る 2 点間の見通しの確保が必要であったが，GPS 測量では，観測点同士の見通しは必要としない。衛星電波を安定して受信できるよう上空が開けていれば，24 時間観測可能であり，天候に左右されにくい特徴をもつ。ただし，受信機の数と解析方法によって，座標の精度は大きく異なる。1 台の受信機で観測点の座標を求める観測方法を単独測位，複数の受信機を使用する方法を相対測位とよぶ。単独測位は，フィールド調査中に大まかな位置を記録（地図上にプロット）したい場合などに利用され，その誤差は数十 m である。車や船舶などのナビゲーションにも用いられており，一般社会でも広く普及している。相対測位は，さらにディファレンシャル測位（DGPS）と干渉測位に細分される。DGPS は，座標が既知の場所において単独測位を行い正しい位置との差から観測誤差を求め，それを未知点で測った単独測位の観測値の補正量とする方法である（誤差 1m ほど）。DGPS は軽量かつ比較的安価のため，フィールドにおいて大縮尺地形図を作成したい場合に活用されることが多い。一方干渉測位は，複数の受信機で同時に電波の位相差を測定することにより，高精度（誤差 10mm ほど）の測量が可能となる方法で，地殻変動の検出や地すべりの変位観測などに利用されている。

(2) 土壌・岩盤の基礎調査

土壌調査

土壌調査の基本的な作業の 1 つとして，土壌断面の観察がある。通常**ソイルピット**（soil pit）あるいは**トレンチ**（trench）とよばれる穴を掘り，その断面を観察する（図 4.10）。土壌や風化土層の構造をみる場合は，斜面の山側に垂直な断面を作成するように掘ることが多く，マスムーブメントなどによる変形構造をみる場合は，最大傾斜方向に直交する方向に垂直な断面を作成する。根が

図 4.10　ソイルピットの例

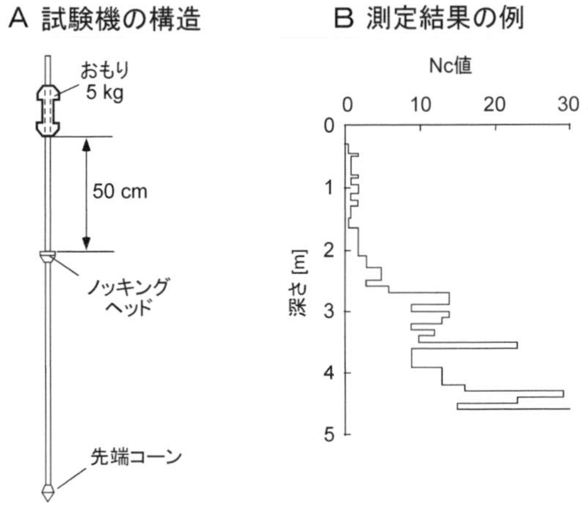

図 4.11　簡易貫入試験の構造と測定結果の例

あることが多いので，スコップのほか，のこぎりやはさみなどを準備しておくとよい。穴が 1m 以上の深さになると手前に階段をつける必要が生じ，作業は大がかりなものとなる。また，崩壊地の滑落崖やガリー壁に土壌断面がみられる場合は，地表付近の根などを切りとり，断面の表層を薄く削り取るだけで断面観察が可能な場合がある。

断面が完成したら，土壌層位の判別を行い，その状態や各層の厚さなどを記載する。森林の場合には地表面付近に未分解の落ち葉，枝などからなる有機物層があり，とくに新鮮なものはリター層（L 層）とよばれる。その下位の鉱物質層は上位から順に A 層，B 層，C 層の 3 つに分類する。A 層は通常腐植物に富む黒色の層であり，B 層は腐植物のほとんどない赤褐色～黄褐色の層である。C 層は岩盤がその場で風化して形成された層であり，風化岩盤あるいはサプロライト（saprolite）ともよばれる（図 4.10）。さらにその下位には新鮮な岩盤がみられることもある。ソイルピットの作成には手間がかかるが，簡易的な調査では得られない情報が得られることもある。また，断面から直接不撹乱試料を採取することも可能である。

ところで，地下構造の空間分布を把握するために，何度も図 4.10 のようなピットを掘っていると労力がかかる。このような場合，検土杖とよばれる棒を用いて土壌に小さな穴をあけて内部の状況を概略的に把握したり，土壌サンプラーにより簡易的に土壌のサンプルを入手したりすることがある。サンプルを採取する場合，地中の土が圧縮されることがしばしばあるため密度の変化に注意する必要がある。

地表面から基盤岩までの深さ，すなわち土層深を空間的に把握したい場合，簡単に土層深を測定する方法として，**簡易貫入試験**（cone-penetration test）を行うことがある。その試験機は図 4.11A のような構造をしている。試験機上部にある 5kg のおもりを 50cm の高さから自由落下させてノッキングヘッドを打撃し，その衝撃により先端コーンを地中に貫入させる仕組みである。図 4.11B は筑波丸東式簡易貫入試験機により，ある斜面で簡易貫入試験を行った結果の例である。Nc 値は先端コーンが 10cm 貫入するために必要な打撃回数である。なお，簡易貫入試験機には，土研式と筑波丸東式の 2 種類があり，両者は類似した方式ではあるが微妙に規格が異なるため，試験結果を公表する際はどちらの機器を使用したかを明示する必要がある。筑波丸東式の場合 Nc 値が 30 以上になった深度を基盤岩とみなし，その値を示すまで試験を繰り返して行う。

岩盤調査

土壌よりも下位にある風化岩盤や新鮮な岩盤の状態を記載することも重要である。ひとくちに風化岩盤といっても，鉱物の一部が化学的風化を受けて変質したようなものから，一見新鮮なようでも内部に節理とよばれる亀裂が入った岩盤もある。このような多様な岩盤の状態を表面の肉眼観察と岩石ハンマーの打撃に基づいて定性的に分類する方式として，電力中央研究所が提案する電研式岩盤分類がある。この分類では，新鮮で節理が密着した岩盤を A 級，鉱物に多少風化が認められるものの節理が密着している岩盤を B 級，ハンマーでたたくと剥離し剥離面には粘土層が形成されるほど風化している岩盤を C 級，風化が進みわずかな打撃でも崩れる岩盤を D 級と区分する。さらに分類 C の区分では風化の進行状況に応じて CH 級，CM 級，CL 級の 3 区分に細分される。

一方，節理の状態を記載する手段として節理密度を測定することがある。一定の長さの直線あるいは円形の測線を岩盤にあてて，その測線に交差する節理の数を数えることにより測定ができる。ただしこの方法では，節理の密着度を表現することができないため，次節で述べる P 波速度の測定に基づき，節理の状態を評価することも多い。

岩盤を構成する岩石の強度（硬さ）も風化状態を把握するうえで重要である。たとえば，シュミットロックハンマーとよばれる特殊なハンマーを使用すれば，岩石強度を現地で評価することができる。岩石強度の測定法については松倉（2008）が詳しくまとめているので，参照されたい。

(3) 物理探査

地球学の研究を進めるうえで，広範な地域を対象として，土壌や岩盤などの地下の内部構造を把握する必要が生じることがある。前述のように実際に掘って肉眼で観察することが最も直接的であり重要であるが，空間的な広がりを把握したい場合には労力がかかる。このような場合には，物理探査が威力を発揮する。地形学で多用される物理探査には，弾性波探査，電気探査，地中レーダー探査などがあるので，以下ではこれらの手法を簡単に紹介する。

弾性波探査

弾性波探査は地中を伝わる**弾性波**（elastic wave）を利用して，地下の内部構造などを把握する手法である。弾性波は地震波ともよばれ，P 波（縦波）と S 波（横波）の 2 種類がある。**P 波速度**（P-wave velocity）は S 波速度よりも常に大きいため，弾性波探査では P 波速度を利用することが多い。野外で P 波速度を得るには，震源で弾性波を発生させ，弾性波発生の瞬間から観測点で最初に P 波を検知するまでにかかった時間，すなわち走時（travel time）を観測する。

P 波速度は物質によって異なる。土や砂，レキなどの非固結地盤の場合は 0.1 ～ 2 km/s と小さく，亀裂のない岩盤の場合は 2 ～ 6 km/s と大きい。ただし，亀裂の多い岩盤では 1km/s 程度まで低下する場合もあり，開口した亀裂が多いほど P 波速度は小さくなる。このため野外の岩石の亀裂状態を表わす指標として，野外で測定した岩盤の P 波速度と実験室内で測定した亀裂のない試料中の P 波速度の比を利用することがある。

地下構造を把握する手法としては**弾性波探査屈折法**（Seismic refraction method）がよく利用される。この方法では，地表直下の P 波速度の小さい層の下位に，P 波速度の大きい層が存在することを仮定している。通常，地表付近に P 波速度の小さい未固結の堆積物や風化層があり，その下位に P 波速度の大きい固結した堆積物や岩盤があるこ

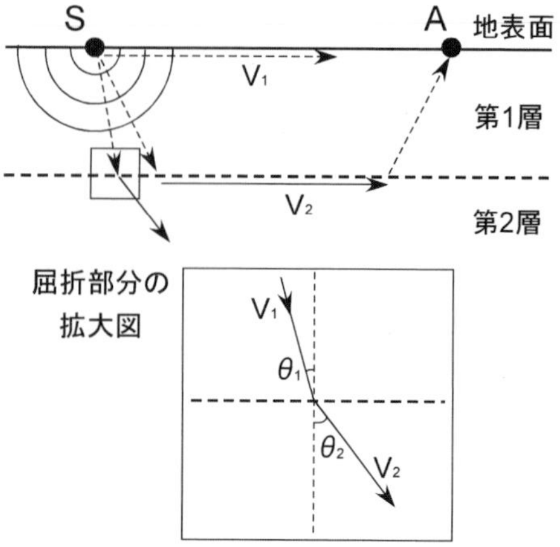

図 4.12　水平 2 層構造の場合の弾性波の伝播

とが多いため，多くの場合この仮定は成り立つであろう。ここでは最も簡単な条件として，第 1 層と第 2 層の境界面が水平である場合を考えてみよう（図 4.12）。震源（点 S）でハンマーなどを使って弾性波を発生させると，そこから放射状に P 波が広がる。ところが，第 1 層と第 2 層では速度が異なるため，両者の境界面で以下のスネルの法則に従って P 波が屈折する。

$$V_1/sin\theta_1 = V_2/sin\theta_2$$

ここで V_1, V_2 は第 1 層と第 2 層の P 波速度であり，θ_1 は境界面への入射角，θ_2 は境界面での屈折角である（図 4.12）。入射角がある程度小さくなると θ_2 が 90 度となり，境界面上を第 2 層の速度で P 波が速く伝播するようになる。この境界面を伝播した P 波は第 1 層にも伝わるため，震源からある程度離れた位置にある観測点 A では，第 2 層との境界面を通過して再び地表に戻ってきた P 波が，第 1 層を通過して直接到達する P 波を追い越して，先に到達することになる。屈折法では，震源と観測点の間の距離を増加させながら，繰り返し走時の測定を行うことにより，この現象をとらえる。

図 4.13 は筑波大学構内で実施した弾性波探査の結果であり，震源と観測点までの距離と走時の関係を示している。この探査では，震源から観測点までの距離を 2.5 m の間隔で増加させ，震源では地面に置いた金属板をハンマーでたたくことにより人為的に弾性波を生じさせた。図 4.13 では，距離 7.5 m までは直線の傾きが急であり，距離 10 m 以上では直線の傾きが緩やかになっている。このことは，距離 7.5 m までは第 1 層の表層付近を通過した P 波が先に到達し，距離 10 m 以上では 2 層目との境界面で屈折し反射した P 波が先に到達していることを意味する。1 層目の弾性波速度は原点から点 Q までを結ぶ直線の傾きの逆数として求められる。2 層目の弾性波速度も同様にして直線 QR の傾きの逆数から求められる。さらに，これらの情報を元に 1 層目の厚さを求めることができる。1 層目の厚さの計算方法や，境界面が傾斜している場合など複雑な条件の解析方法などは，佐々ほか（1993）を参照されたい。

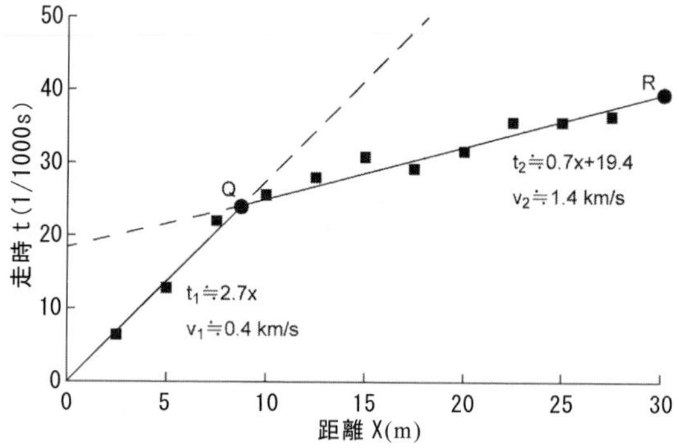

図 4.13　弾性波探査屈折法の解析例

電気探査

地盤の電気的性質を利用する物理探査のことを電気探査とよぶ。よく利用される手法の 1 つに電気比抵抗法あるいは**直流比抵抗法**（Direct-current resistivity method）がある。この手法は，2 本の電流電極から地中に電流を流すと同時に 2 本の電位電極間の電位差を観測し，地中の電気比抵抗の構

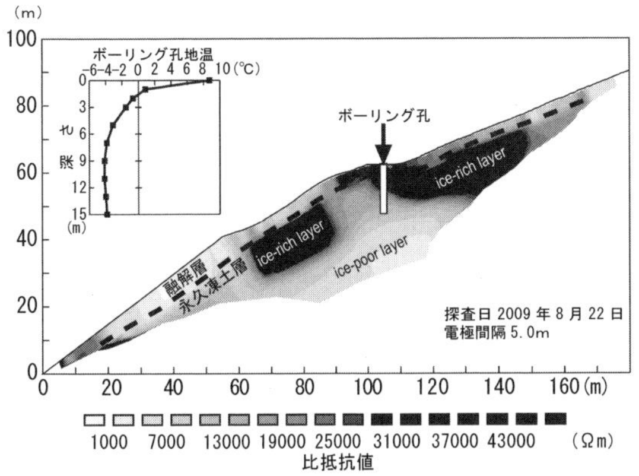

図 4.14　スピッツベルゲン島の岩石氷河で実施した電気比抵抗法の解析例

造を把握するものである。

一般に，電気抵抗 R はオームの法則により電位差 V，電流 I を用いて $R=V/I$ で表現できる。一方で，電気抵抗 R は断面積 A に反比例し，長さ L に比例することから，物質に固有な電気抵抗の値は，単位断面積中の単位長さあたりの電気抵抗という指標で表現する必要がある。この指標が電気比抵抗 ρ であり，$\rho=RA/L$ と表現できる。電気比抵抗の単位はΩ・m である。

電気比抵抗は物質の状態によって変化し，深成岩などの緻密な岩石では 10^3 〜 10^5 Ω・m 程度と大きく，堆積物では 1 〜 10^3 Ω・m 程度と小さいとされている。さらに土壌の間隙率，粘土含有量，水分飽和度は電気比抵抗値に大きく影響を与える。とくに水分に富むほど電気比抵抗値は小さくなるため，低比抵抗の土は水分を多く含むと判断することが一般的である。一方，凍結した土の電気比抵抗は 10^3 〜 10^7 Ω・m 程度と大きいことから，永久凍土層の分布を探る場合にも有効である。

図 4.14 は北極圏スピッツベルゲン島の岩石氷河を対象に，電気探査で永久凍土の構造を調査した結果である。この探査では，多数の電極を 5 m 間隔で配列して，電極間の電位差を自動制御で計測し，得られたデータをもとに 2 次元断面図（図 4.14）を作成した。図 4.14 をみると，地表面付近は概ね 1 × 10^4 Ω・m 以下の値を示すのに対し，深さ 2 m 以深では，4 × 10^4 Ω・m 以上の高比抵抗値を示す。現地の状況から，深部の高比抵抗部は永久凍土層，地表付近の低比抵抗部は融解層とみなせる。また，5 m 以深では永久凍土層でありながら次第に比抵抗値が小さくなっており，凍結構造の変化を捉えている。

地中レーダー探査

近年，高周波の電磁波パルスを利用した探査手法である**地中レーダー**（Ground-penetrating radar）も利用されるようになった。その探査原理は弾性波探査に類似する。送信アンテナから地中に向けて電磁波を発信すると，地下の土壌と岩盤の境界面，地層の境界面，地下水面など，電気的性質（おもに比誘電率）が変化する部分で反射・屈折が起こる。地上に戻った反射波を受信アンテナで捉えることにより，地下構造を把握する。地下レーダーの測定は，送受信アンテナを一定間隔に保ったまま測線上を移動し，測線下の反射面の形状を時間断面として記録して地下構造を直接把握していくプロファイル測定が一般的である。時間軸を深度に変換するには，電磁波伝搬速度が必要であるが，伝搬速度は媒質や含水率によって異なるため注意が必要である。地中の電磁波伝搬速度分布は，アンテナの送受信間隔を変化させて同じ反射面を捉えるワイドアングル測定により求めることができる。一般に，周波数（分解能）が高くなるほど，地中を伝搬する電磁波は媒質から大きな減衰を受け，最大探査深度は低下する。そのため，探査目的・深度に見合った周波数の選択が重要である。

レーザを使った地形測量の技術革新−航空レーザ測量−

従来，地形図は空中写真の実体視を応用した手法により作成されてきた。野外調査でよく利用される2.5万分の1地形図も，同様な手法で作成されたものである。しかし，近年，**航空レーザ測量**（airborne laser mapping）という手法が開発され，従来とはまったく異なる新しい方法でより精密な地形図を作成することが可能になった。図4.15は筑波大学井川演習林の一部の2.5万分の1地形図と航空レーザ測量で作成した同じ地域の陰影図である。2.5万分の1地形図（図4.15A）でははっきりと読み取れない古い斜面崩壊跡の地形も，航空レーザ測量で作成した同じ範囲の陰影図（図4.15B）では鮮明に表現されている。

この新しい測量法はライダー（LiDAR, Light Detection And Rangingの略）とよばれるリモートセンシング技術を用いている。ライダーとはレーザ光パルスを用いて対象物をスキャンし，対象物までの距離や対象物の性質などの情報を得る技術である。航空レーザ測量は，航空機搭載型のライダーにより，上空からレーザ光パルスを地上に向けて発射し，地表面の形態を測量する手法である。移動する航空機の位置や姿勢，加速度などの情報はGPSやIMU（慣性計測装置）によって正確にとらえることができる。さらにライダーで捉えたデータから森林の樹冠や建物の屋根で反射したパルスを除去する（この操作をフィルタリングとよぶ）ことが可能となったことから，1mメッシュなどの精密なデジタル標高地形図（DEM, Digital Elevation Model）が作成できるようになった。

現在，航空レーザ測量は地形学を含む地球学のほか，砂防学，地盤工学，考古学などの幅広い分野で利用されている。航空レーザ測量の成果図は容易に入手できるものが少ないが，国土地理院が発行する「1：25,000デジタル標高地形図」は誰でも簡単に入手することが可能である。このシリーズの地形図は航空レーザ測量によって作成されたものであり，2010年8月時点では東京都心など大都市部を中心に6枚発行されている。通常の2.5万分の1地形図では建物の表示に隠されてしまう台地や低地などの微地形がよく表現されているので，ぜひ手にとって見てもらいたい。

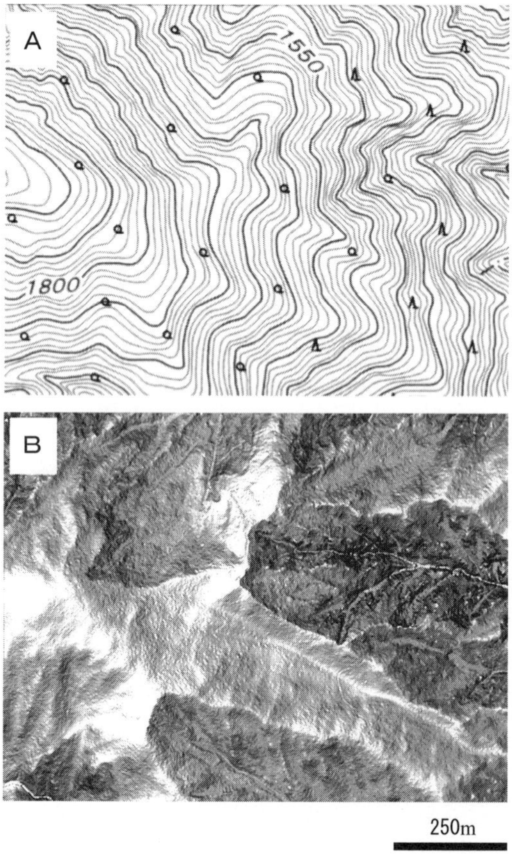

図4.15　2.5万分の1地形図（A）と航空レーザ測量で作成された同範囲の陰影図（B）の比較
航空レーザ測量データは筑波大学農林技術センター井川演習林が所有するものである.

第Ⅴ章　地質調査

地質学とは，いかにして地球は誕生したのか，それからどのように進化してきたのか，そしてこれからどのように進化していくのかを研究する学問といえる。「地球の歴史は堆積物（地層）に記録されている」という考え方から，本章ではおもに堆積岩地域の地質の調査法について，そしてその結果作成された地質図について解説する。

1．地質図と露頭観察

地質図とは，対象とする地域がどんな地層や岩石でできているのか，それらがいつ頃できたのか，地層や岩石がどのような構造になっているのかを地形図上に色や記号を使って表現したものである。

私たちは地質図を学術資料，トンネルの掘削やダム・橋の建設などの土木・建設の資料，活断層・斜面崩壊・火山などの防災の資料，金属鉱山・地熱発電・石灰石鉱山・石材・天然ガスなどの資源開発の資料として，そして地球環境の変遷・環境汚染の把握・廃棄物対策などの地球環境対策の資料として利用することができる。

地質図を作成するということは，その地域の地質を理解することである。地質を十分に理解してこそ，地質図が描けるということである。地質図の作成の第一歩は，露頭観察から始まる。

地層や岩石が露出する場所を露頭という。人工的につくられた切り通しや，海岸や川岸なども露頭になり得る。露頭では，以下のような作業を行うことになる。

（ｉ）岩相を調べる。

（ⅱ）走向・傾斜を測定する。

（ⅲ）地層の上下を調べる。

（ⅳ）化石の有無を調べる。

（ｖ）断層や褶曲・不整合を調べる。

（ⅵ）前の露頭との関係を調べる。

それぞれの露頭をもとにルートマップがつくられ，ルートごとのデータの蓄積で地質図ができあがる。

2．調査道具

野外調査に出かける前に，地質調査に必要な道具を確認しておかなければならない。

ハンマー　　ハンマーには木製の柄のハンマーや，ヘッドと柄の部分が一体化した金属ハンマーがある。木製ハンマーはどうしてもヘッドと柄の接合部から水がしみ込み，その部分から弱くなることがある。一体化したハンマーの方が丈夫といわれている。いずれのハンマーにも先が尖ったピックと先が平べったくなったチゼルがある（図5.1）。チゼルは一般に堆積岩の採集や標本のトリミング，化石の掘り出しなどに向いているといわれている。ピックハンマーは，それ以外の岩石用となる。ピックは持ち運びには注意が必要で，ハンマーとして使用しないときには，サックをはめておく必要がある。なお，通常800～900 gのハンマーが岩石を採集しやすくまた使用しやすい。

両手を常に自由にしておくことは，急峻な山岳地域や，あるいは河川・海岸地域の調査では必須である。そのような場合には，ハンマーケースが必要である。ハンマーケースは調査用ベルトに装

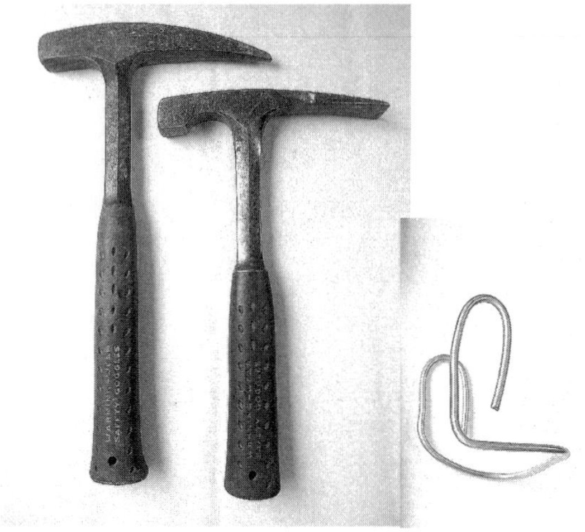

図 5.1　ピックハンマー（左）とチゼルハンマー（右）
右図は太い針金でつくったハンマーケース．縦のフックにベルトを通し，上から下へハンマーの柄を通す．

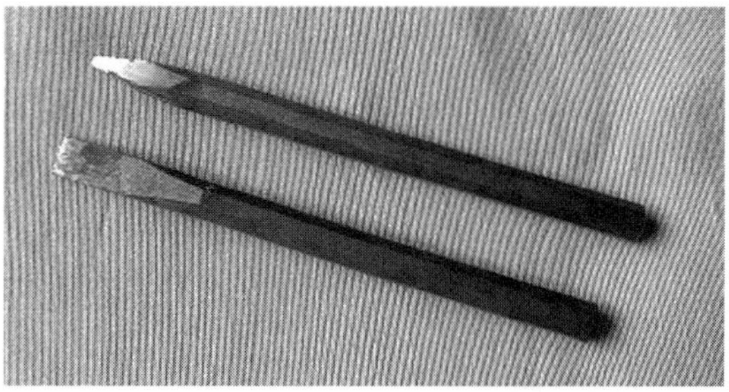

図 5.2　トガリタガネ（上）とヒラタガネ（下）

着して（ベルトに通す），ハンマーをぶら下げることになる。ハンマーケースは，市販のもの，大工用品の代用，太めの針金で自作のもの（図 5.1）などがある。なお調査用ベルトには，体正面にクリノメーター，右利きの場合には右側にハンマーを携帯することになる。

タガネ　タガネには，ハンマーと同じように先の尖ったトガリタガネと先が平べったいヒラタガネの 2 種類がある。タガネは，岩石中の小さな割れ目を利用して塊を採取する際に使用する。また，化石を壊さないように岩盤から採取する際にも使用する。前者では，比較的大きく長いタガネを利用するが，後者の場合は 10cm 内外の細いタガネを利用することが多い。なお，タガネの代わ

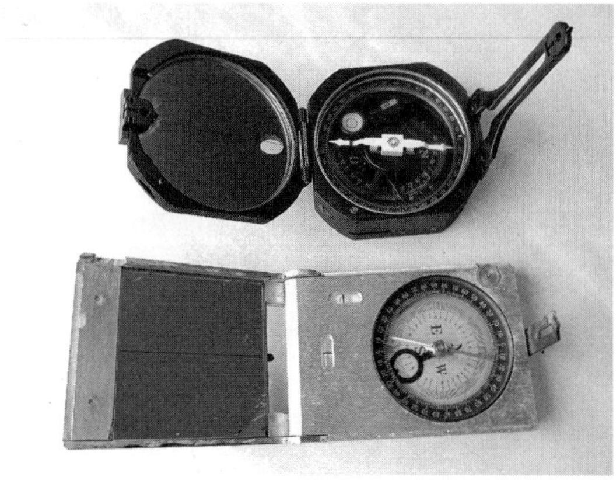

図 5.3　ブラントンコンパス（上）とクリノコンパス（下）
クリノメーターは図 1.5（コラム内）

りにハンマーを利用（合わせハンマーという）している人を見かけるが，これは絶対にしてはいけない。ハンマーがハンマーを強打することで，ハンマーのかけらが飛散する可能性があり，大変危険である。

クリノメーター　クリノメーターは水準器と方位磁石からつくられている。国内で市販されているクリノメーターは，7 ページの図 1.5 のように，方位磁針と傾斜計の振り子を内在した磁石と 1 つの水準器からできている。一方，欧米で使用されているブラントンコンパス（図 5.3）は，方位磁針と，中央円内に気泡がくるように水平を保持する水準器，そして傾斜角を測定するための水準器のついた傾斜器から構成される。このようにブラントンコンパスは精密に走向・傾斜角を測定することができる。また，大きな偏角に対応できるように，文字盤が回転できる。日本ではクリノコンパス（図 5.3）が使用されている。また，いずれも簡易測量ができるようになっている。蓋代わりの鏡と立てられたスリットを利用して，目標物の方位を調べることになる。なおその際クリノメーターの裏側にあるねじ穴に，カメラ三脚を装着することができる。

クリノメーターの使用法　面構造の走向・傾斜を測定するため作業は 3 段階に分かれる。第 1

段階は**走向**（strike），第 2 段階は**傾斜の向き**（dip direction），第 3 段階は**傾斜の角度**（dip angle）の測定となる。

第 1 段階　走向の測定（図 5.4 上図）

（ｉ）測定する斜面（水平や垂直の場合もある）に対して，水平面との交線が走向となる。まずクリノメーターの上面を水平にしながら，クリノメーターの長辺を斜面に当てる。その際，水平であるかどうかを確認するために，水準器を使用する。気泡が中心線上に乗るように，クリノメーターの長辺を測定する斜面に当てながら，回転させる。

（ii）クリノメーターが水平になったら，磁針の方位を読み取る。読み取りは，目盛板の東西（目盛版では逆表示）より北側に入った磁針のさきの数字を読む（図 5.4 下図①）。日本では，北を中心に走向を表示するので，磁針が N から E 側に振れているか，W 側に振れているかを確認したうえで，「N ＋読み取った数字＋ E か W」で表現することになる。これで走向測定が完了となる。次に傾斜の向きを調べることになるが，（ｉ）を測定した状態（斜面にクリノメーターを当てた状態）で，そのままにして置くことが肝要である。

第 2 段階　傾斜の向き（図 5.4 上図）

（ｉ）第 1 段階の状態で，磁針に着色された先を確認する。着色された（赤色や青色）先が北である。磁針から東西南北を確認する。

（ii）傾斜の向きは，斜面上で水が流れ下る向きと同じになる。その向きを，東西南北で表現する。その際，「ひとつの走向に対して，傾斜の向きはふたつ」であることから，傾斜の向きはおおよその向きで充分である。たとえば，8 方位（北（N），北東（NE），東（E），南東（SE）など）を使用して，表示することになる（図 5.4 下図②）。

第 3 段階　傾斜の角度（傾斜角）（図 5.4 中図）

（ｉ）この段階で初めて，クリノメーターを斜面からはずすことになる。傾斜角はその斜面の最大傾斜角である。走向に対して直交方向に，クリノメーターの長辺を当てる。その際文字盤上でブランコのようなハート型の針が自由に回転することを確認する。

（ii）続いてハート型の針（内側）の先の数字を読む。これが傾斜角となる（図 5.4 下図③）。

（iii）第 2 段階で得られた傾斜の向きとあわせて，たとえば「N60°W，30°S」というような表示となる。

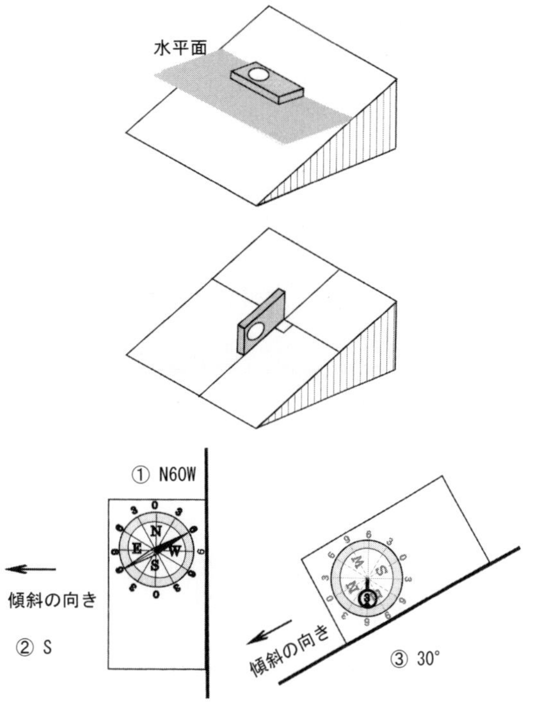

図 5.4　クリノメーターの使い方
上図；斜面と水平面の交線の方位が走向となる．この状態で走向と傾斜の向きを調べるとよい．中図；走向に対して直交方向（斜面の最大傾斜角の方向）に置く．
下図；走向・傾斜の測定．①，②，③は第 1，2，3 段階に対応．

ルーペ　ルーペは岩石や化石の鑑定に使用される。通常は 10 倍程度であるが，岩石の構成鉱物や微化石の内部構造を観察する際には，20 倍程度の倍率が必要となる。ルーペは 2 枚のレンズからつくられており，レンズの収差を小さくするように工夫されている。通常は，ルーペにひもを

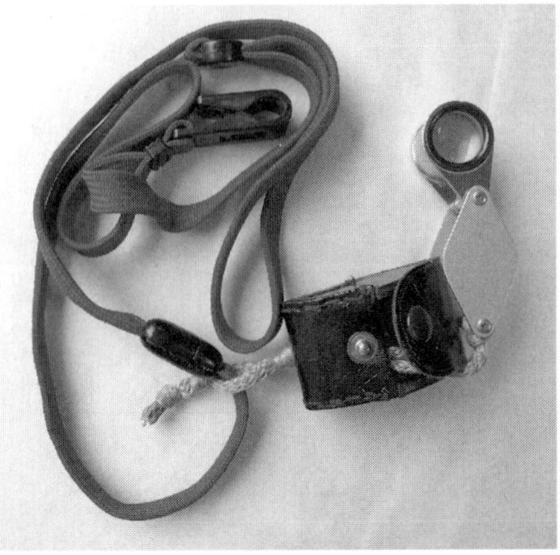

図 5.5　ルーペと首からぶら下げるひも

付けて，首からかけるようにする。ルーペで観察するときは，目とルーペの距離を固定し（通常数 cm），観る試料を回転するなどして観察する。市販のルーペを購入した場合，皮ケースに穴を開け，首からぶら下げられるように工夫するとよい（図 5.5）。

つるはし・ねじり鎌　風化が進んだ新生代の地層から，有孔虫化石用泥岩試料をサンプリングする場合，表面からある程度深く掘る必要がある。また，新鮮な泥岩はある程度固結が進んでいるので，つるはしのような道具が必要となる（図 5.6）。

図 5.6　つるはしでサンプリング

図 5.7　ねじり鎌

つるはしは取っ手の木製部分と金物の部分は，分離して運搬することが可能である。また，第四紀の砂層や泥層のような場合，表面は変色したり，表土に覆われる場合がある。そのような場合，新鮮な地層を観察するために表土などを取り去る必要がある。そのとき役に立つのがねじり鎌である。ねじり鎌は，砂層や泥層などの未固結層の断面など平面をつくりあげるのに便利である（図 5.7）。

走向板　表面が完璧な平面でできた露頭では，地層面自体を観察することはできないので，地層の走向・傾斜を測定することはできない。そこでわずかな露頭表面の凹みを利用して，地層面の仮想平面をつくることがある。そのとき仮想平面を

図 5.8 アクリル板で作成した走向板

図 5.9　マップフォルダー（表紙の有無），フィールドノート，走向板

つくるのに役立つのが走向板である（図 5.8）。フィールドノートサイズの走向板（長方形のアクリル板などの一隅を切り取って作成）（図 5.9）を，凹みに当てて仮想平面をつくり出す。そのとき左右上下から露頭の地層面と一致していることを確認することが重要である。そして，走向板上で，走向・傾斜を測定する。

マップフォルダー　野外で調査を行う場合，地形図で頻繁に現在位置を確認することは，調査記録の記入はもちろんのこと安全のうえでも重要である。その際，マップフォルダーを携行すると便利である。このフォルダーは，クリップフォルダーで代用できるが，蓋となる表紙があると都合がよい（図 5.9）。野外では急な降雨やほこりをかぶることがある。そのような場合，地図をきれいに守ることを考えることは大事であり，表紙のついたクリップフォルダーはマップフォルダーの役目を果たす。

フィールドノート　野外で観察記録やスケッチを書き留めるのがフィールドノートである（図 5.9）。一般に地質用フィールドノートは，表紙の厚紙と本体の方眼紙でできており，各ページの上端枠外には月日の記入欄がある。ルートマップの作成にも便利である。また走向板として代用できる。

調査かばんあるいは調査ベスト（チョッキ）

調査かばんには地質調査時に必要な小物やクリノメーター・フィールドノートなどを収納する。ただし，藪こぎのような場合肩から下げた調査かばんや調査ベルトにつけた調査かばんは，枝などに引っかかるなどして結構わずらわしい。そのような場合，調査ベストを着用するとよい。最近では，ホームセンターなどでポケットが多くついた仕事着としてのベストを販売しており，安価に購入できる。購入後，自分専用に改良している地質研究者も多い。

折り尺・メジャー　地層の厚さを測定するのに使用される（図 5.10）。また露頭の写真撮影の際，大きさを示すスケールとなる。その場合，メジャーはストッパーで延ばした状態にしておけると便

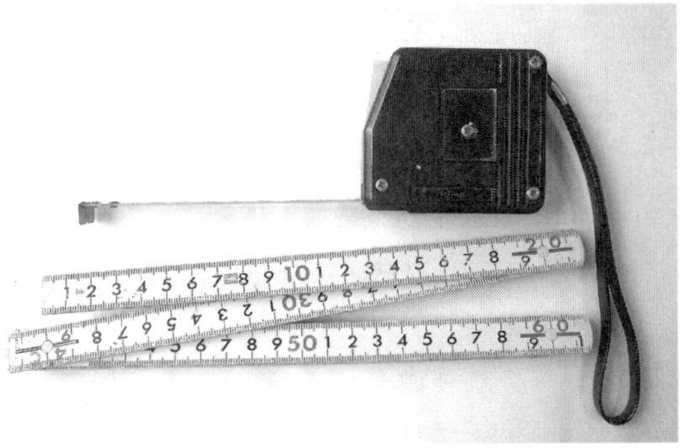

図 5.10　折り尺（下）とメジャー（上）

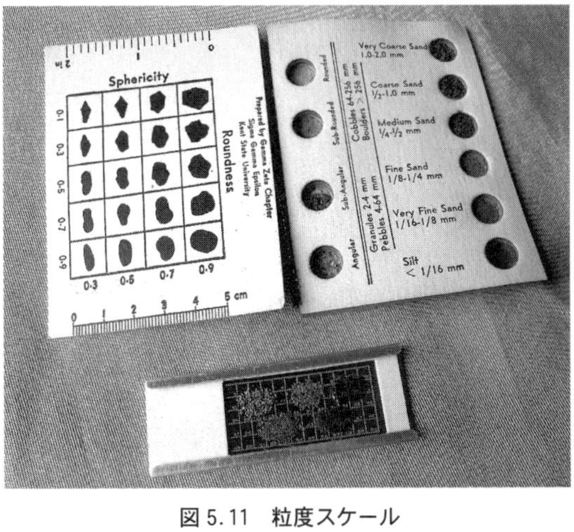

図 5.11　粒度スケール

利である。

粒度スケール　写真（図 5.11）の上は，アメリカ製の粒度スケールで，その他に円磨度や球形度の表示がついている。下は，自家製の粒度スケールで，有孔虫スライドに篩にかけた砂を糊で固定したものである。砂粒子の 5 段階（極粗粒，粗粒，中粒，細粒，極細粒）やシルトなどを見本として固定しておくとよい。

このほかに，分度器＋三角定規（スケールプロトラクターで代用），色鉛筆，筆記用具，簡易鉛筆削りなども必要である。

3. ルートマップの作成

現地では，最初にルートマップの作成から取りかかることになる。ルートマップは，あるルート（道筋，川筋，海岸線など）に沿って，地質を調査した結果を記入した図である。露頭の多い（露出のよい）ルートを選んで，それぞれの露頭で地質の観察を行い，その結果をまとめて，岩石・地層の種類と分布，露頭番号，走向・傾斜，断層・節理（図 5.12）の方向，化石産地，標本採取地点などを一定の記号（図 5.13）や略語（表 5.1）で記入したものである。

ルートマップには，地形図を利用して作成する場合と，ルート自体を作図（実測図）しながら作成する場合がある。観察記録は，直接地形図や実測図に書き込むこともあれば，フィールドノートに記入することもある。通常，国土地理院発行の 5 万分の 1，2.5 万分の 1 の地形図を利用する。また拡大コピーで，2.5 万分の 1 の地形図を 250％拡大して，1 万分の 1 の地形図として使用することができる。なお，各市町村の役所・役場では 5 千分の 1 や 1 万分の 1 の地形図を独自に有している場合が多く，購入することができる。

地形図を利用する場合

地形図を利用する場合，最も重要なことは正確に現在位置を確定することである。地形図 5 万分の 1 では 1 mm が 50 m，2.5 万分の 1 では 25 m にもなり，わずかな位置決定の誤りで，露頭数カ所分に相当することになる。道の分岐点や沢の入り口などの地形的特徴点は比較的位置決定がしや

図 5.12　砂岩層に発達した節理
規則的（方向や間隔）に発達していることに注目．

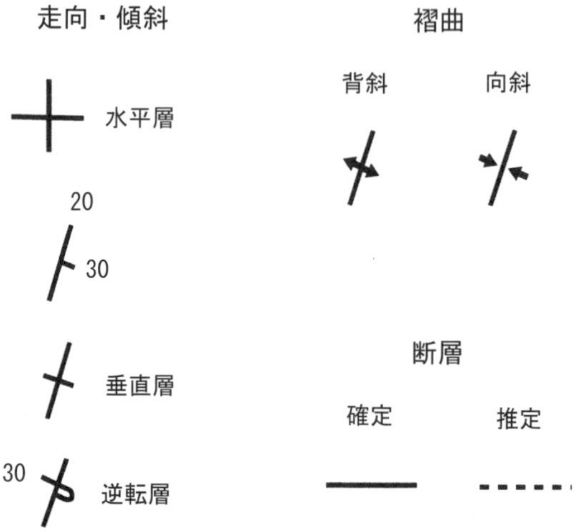

図 5.13　ルートマップなどに使用する記号
逆転層の場合，短い線が地層の傾斜の向きを表す．

表 5.1　ルートマップなどに使用する略語

記	載　用	語	省略記号
堆積岩	礫岩	conglomerate	cgl
	砂岩	sandstone	ss
	泥岩	mudstone	mdst
	シルト岩	siltstone	sltst
	石灰岩	limestone	ls
	苦灰岩	dolomite	dol
	チャート	chert	cht
	頁岩	shale	sh
鉱物	石英	quartz	qtz
	斜長石	plagioclase	plag
	黒雲母	biotite	biot
	角閃石	hornblende	hrnbl
	輝石	pyroxene	pyrx
粒度	巨礫	boulder	bldr
	大礫	cobble	cbl
	中礫	pebble	pbl
	細礫	granule	grnl
	粗粒	coarse	c
	中粒	medium	m
	細粒	fine	f
色調	明るい	bright	bri
	暗色	dark	dk
	灰色	gray	gr
	白色	white	wh
	褐色	brown	brn
	緑色	green	gns
	ピンク	pink	pk
	黄色	yellow	yel
堆積構造	層理	bedding	bdg
	ラミナ	lamina	lam
	斜交層理	cross-bedding	xbd
	級化	grading	grdg
構造	断層	fault	flt
	褶曲	folding	fldg
	節理	joint	jt
その他	かたい	hard	hd
	やわらかい	soft	sft
	未凝固	unconsolidated	uncons

天野一男・秋山雅彦（2004）:『フィールドジオロジー入門』共立出版より.

すい。山岳地帯では，高圧線が結構位置決定に役立つ場合が多い。なお高圧線鉄塔がある場合には，必ず鉄塔の元に至る保守点検用の小道がある。

実測図を作成する場合

実測図を作成する際には，方位磁石と画板，方眼紙が必要となる。また，方位磁石はクリノメーター，画板と方眼紙はフィールドノートでもよい。

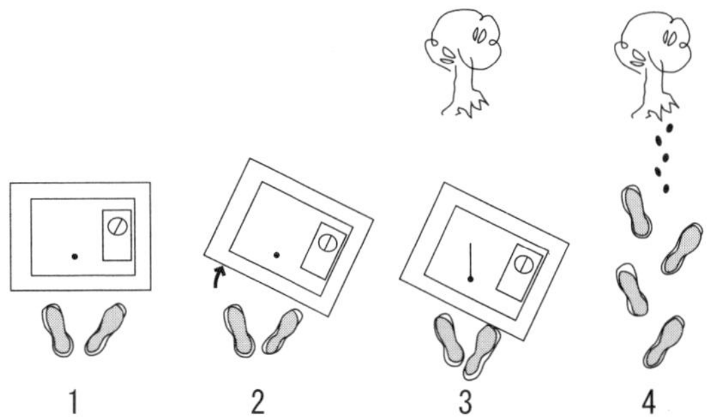

図 5.14　実測図の作成（上から眺めた図）

作成方法は以下の通りである。

（i）間縄などを使って，10m 区間の歩数を調べる。

（ii）方眼紙を画板に貼り付ける。その際画板の縁と方眼紙の格子線がほぼ平行となるようにしておく。また，これから進む方向（ルートを作成する方向）を考えて，方眼紙上に現在地点を表す点を書き入れる。（図 5.14-1）

（iii）画板上に方位磁石を置いて，南北線と格子線が平行になるように画板を回転する。平行になったら，画板は動かさないようにする（図 5.14-2）。

（iv）自分が歩く方向の目標物を定める（たとえば，木立など）。動かさないようにした画板上の方眼紙に，（ii）で記入した現在地点の点から，目標物に向かって定規など使って直線を描く。（図 5.14-3）

（v）目標物に向かって歩測を開始する。（図 5.14-4）

（vi）歩測の結果をもとに，その区間の距離を算定し，（iv）で書かれた直線の長さを決定する。その点が，新しい地点となる。

（iii）～（vi）を繰り返すことになる。

偏角の問題

国土地理院発行の地形図（2.5 万分の 1，5 万分の 1）に，走向・傾斜の記号を書き入れる場合，偏角を考慮しなければならない。地形図の北（真北（しんぽく））と方位磁針が指す北（磁北）は微妙に違

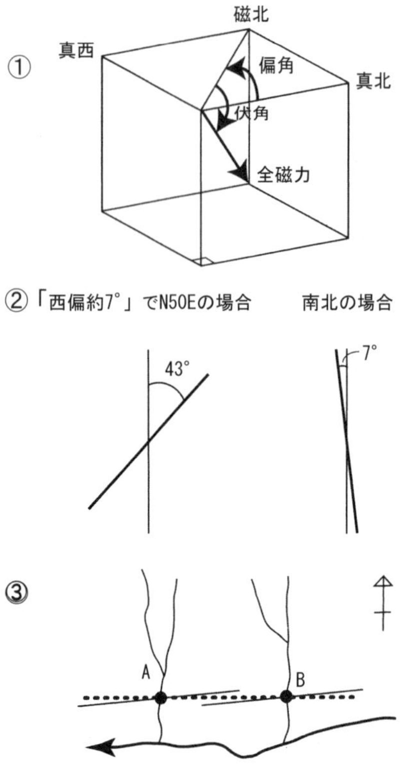

図 5.15 偏角に関する解説
①全磁力，②地形図に記入する場合，③偏角誤記入の場合．

う。真北は北極点，つまり地球の自転軸の北端を指す方位を表す。現在の磁北の極点はカナダの北（北緯 78°，西経 98°）に位置する。このずれの理由は以下の通りである。方位磁針が北を向くのは磁場があるからであり，地球を取り巻く磁場を地磁気という。ある地点での地磁気は，全磁力として表され，偏角と伏角に分けられる（図 5.15-①）。偏角は水平面内で真北となす角度，伏角は水平面となす角度である。地磁気の大部分は，地球内部の外核といわれる部分で発生している。外核は鉄とニッケルが主成分となっており，溶融状態にある。この導電性の高い鉄の流体運動により電流が生じ，磁場が発生するものと考えられている。地磁気は，地球内部の核の対流運動，太陽活動とのかかわり，地殻の活動などさまざまな地球環境の変動に応じて，刻々と変化を続けている。なお，磁場の大きさである磁力は，少なくとも最近 200 年間減少を続けている。その速度は次第に加速してきており，最近 100 年では，あと 1,000 年で 0 になる減少速度である。また，磁極が入れ替わる地球磁場の逆転が最近 360 万年の間に 9 回もあったことがわかっているが，最も新しい逆転が起こったのは，70 万年前である。

九州から北海道にかけての偏角は 9°W から 5°W（西偏 9°〜西偏 5°）である。この偏角は，国土地理院発行地形図の欄外の記号の下に「磁針方位は西偏約 6°50'」などと書かれている。それでは，クリノメーターなどで測定した走向・傾斜をどのように地形図に記入したらよいのであろうか。たとえば，偏角が 7°W の場所で走向 N50E の場合，真北（たとえば地形図の縦枠）から 50°東に走向の線を取るのではなく，50 − 7 ＝ 43° 東に取ることになる（図 5.15-②）。また走向が南北の場合，地形図では 7°西に取ることなる。すなわち日本列島の場合，すべて西偏なので，反時計回りに偏角分だけ回転させることになる。

この回転を怠ると深刻な問題が発生する場合がある。たとえば，隣り合った沢で地質調査をして，A 地点で走向東西の凝灰岩層，またその真東にある B 地点でも走向東西の同じ凝灰岩層を見出したとする（図 5.15-③）。誤って地形図に走向を回転せずに走向を記入すると，A 地点，B 地点の凝灰岩は同一層準とみなすことになるが，回転すると 2 枚の層準に凝灰岩が発達することになる。

4．地層観察の要点

それぞれの露頭で前述のように，地層の上下を調べたり，断層や褶曲・不整合を調べることは地質調査の基本である。ここでは，露頭における観察事項を（1）地層（岩石）間の関係と（2）地層の上下判定に分けて解説する。

（1）地層（岩石）間の関係

露頭で地層を観察する場合，異なる地層（岩石）間の関係を調べることは重要である。両者の関係には，不整合・断層・貫入が考えられる。

不整合関係（unconformity）　不整合は整合関係にない関係を表している。それでは整合とはどのような関係であろうか。整合とは累重する地層間に著しい堆積の間隙がなく，時間的にほぼ連続して堆積している場合をいう。ただし，時間的にほぼ連続がどの程度を意味するかは大変曖昧である。たとえば，何十枚あるいは何百枚も累重した乱泥流堆積物（タービダイト）はおそらく数十年～数百年ごとに発生する乱泥流から堆積したものであり，1 回の乱泥流発生後数日以内で砂質部・泥質部の堆積がほぼ完了したであろう。結局それ以外の期間はほぼ無堆積の期間が続くことになる。しかしながら，このような場合であっても時間的にほぼ連続ということになる。

それでは不整合はどうなるであろうか。不整合の場合は両者の間に，著しい侵食の痕跡が必要となる。たとえば，図 5.16 のように，下位の地層がほぼ垂直で上位の地層が水平であるならば，明らかに侵食が作用したことは疑いない（傾斜不整合）。また，地層に覆われた下位の岩石が，変成岩や深成岩である場合も，これらの岩石の成因を考えれば，地層が堆積するまでに著しい侵食が発生したことは明らかである。これらの場合には，無整合（nonconformity）のような用語を用いる場合がある。問題なのはグランドキャニオンの古生代の地層のように，平行な地層中に生じた不整合（平行不整合）である。このような場合には，化石による年代の検討が必須となる。

図 5.16　傾斜不整合（イギリス，エジンバラ近郊）
下位の地層（シルル系）はほぼ垂直で，上位の地層（デボン系）は左方向に緩く傾斜していることに注目.

断層関係（fault）　地層・岩石中に破砕帯が形成している場合には，断層の発達が考えられる。破砕帯は，断層粘土とよばれる粘土が含まれることが多く，これは両側の岩石が移動する際に形成されたものである。あるいは粘土だけではなく，角礫の岩塊や破片を含む断層角礫岩の発達

図 5.17　左横ずれ断層（静岡県，火雷神社）
鳥居(左側の柱のみ, 右側は崩落)と階段の間に断層が走る.

図 5.18　共役断層（静岡県掛川）
断層の傾斜の向きが反対で，いずれも正断層であることに注目.

も，断層の証拠となる。垂直の断層面の場合を除いて，断層面よりも上側を上盤，下側を下盤という。断層の動き（変位）を調べるためには，断層面上に残った条線で確かめることが重要であるが，普通は露頭に現れた地層のずれで記載することが多い（正断層・逆断層・横ずれ断層）。図 5.17 は，北伊豆地震（1930 年）の際に現れた地震断層で，左横ずれ断層である（階段と鳥居の間に横に走る断層がある。階段の正面に鳥居があるはずであるが，断層で階段が左にずれた）。ときに共役断層（X 型の断層；図 5.18 ではその上半分のみ）の場合には，その構造がどのような応力分布によって形成されたのか解析が可能である。

貫入関係（intrusion）　堆積岩などにマグマが貫入する場合がある。北陸の白山火山は白亜系手取層群を基盤として形成された火山であるが，その手取層群中には頻繁に安山岩質マグマの岩脈が発達する。図 5.19 は礫岩中に発達した安山岩岩脈である。貫入された岩石を母岩という。母岩に接する縁辺部は，急冷周辺相とよばれ，ほとんど結晶を含まずガラス質となる。岩脈の発達は岩石

図 5.19　礫岩中の安山岩質岩脈（石川県白山市）
ほぼ垂直に発達.

に形成されていた割れ目に貫入したもので，岩脈の方位は割れ目を形成した古応力場の研究のデータとなる。

不整合・断層・貫入は，地史（地層の形成順序）を考えるうえで重要な証拠となる。また，断層や貫入は，母岩となる地層や岩石形成後の出来事であり，このような関係を**交差切りの法則**（Law of crosscutting）とよばれることがある。

(2) 地層の上下判定

地層は一般的に水底にほぼ水平に堆積する。これを**水平堆積の法則**（Law of initial horizontality）とよぶことがある。しかしながら，日本列島のような変動帯では，地層堆積直後から応力を受け，地層は傾いたり褶曲したりする。

褶曲では曲がっている部分をヒンジといい，ヒンジとヒンジの間の部分をウィング（翼）という。応力が増加するにつれて，対称的な山型の褶曲（正立褶曲）→両翼が反対方向に傾斜（傾倒褶曲）→両翼が同じ方向に傾斜（等斜褶曲）→両翼の地層がほぼ水平（横臥褶曲）に変化する。したがって，地層は等斜褶曲や横臥褶曲の場合には，一部の地層は逆転することになる。すなわち，激しく褶曲している地帯では，逆転しているかしていないか，

図 5.20　級化層（イタリア，アペニン山脈）

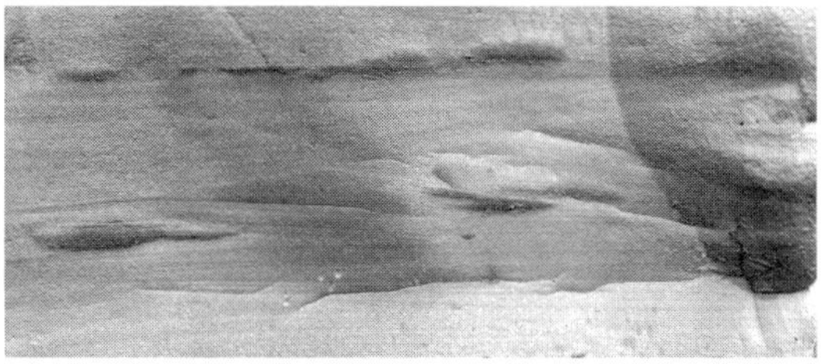

図 5.21　斜交葉理（和歌山県白浜）
写真横幅は約 50 cm.

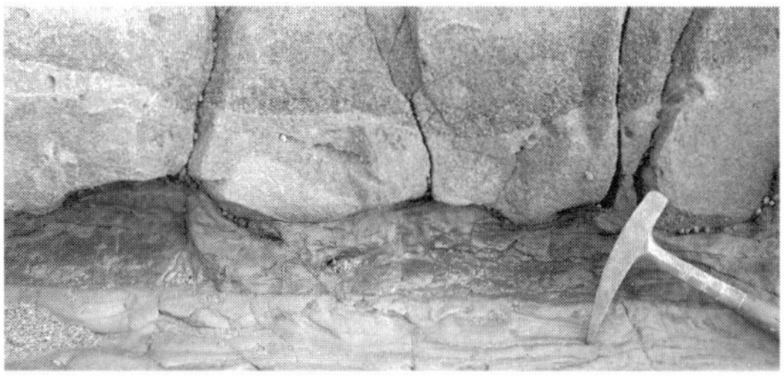

図 5.23　荷重痕（茨城県那珂湊）

図 5.24　枕状溶岩（千葉県鴨川市）

調べなければならない（これを上下判定という）。上下判定に比較的頻繁に使われる組織や構造は以下の通りである。

級化層（graded bed）　図 5.20 は厚さ 1.2m の泥質タービダイト層である。単層下部は細粒～極細粒で上端はシルトである。単層全体が級化層となっている。下端がひさし状になっている点が特徴である。

斜交葉理（cross laminae）　図 5.21 中央の右下がりの葉理を右上がりの葉理が切断している。これは堆積していた堆積物を続いて発生した水流により侵食したことを意味する。

荷重痕（load casts）　砂岩層の下底に見られる下方に凸の構造。密度の小さい泥層の上に大きい砂層が重なると，その境界面は密度の逆転によって重力的に不安定状態になる（未固結状態であったとき）。とくに砂層が急速に堆積したときや地震などが引き金となって，砂層が泥層中に沈み込み，泥層はその間を上昇することによって形成される。

皿状構造（dishs structure）（次章参照）

これ以外に**枕状溶岩**（pillow lava）がある。図 5.24 右上の斜面が，ほぼ溶岩噴出時の水平面と考えられる。それぞれのピローが左下に向かって垂れ下がっている様子に注目。これは，溶融状態の溶岩が，下位の隙間を目指して流れ落ちた結果生じた構造である。

5. 地質境界線・地質断面図の描き方

乾燥地帯のような植生の発達が弱い地域では，全面露出となることも少なくない（第VI章コラム参照）。しかしながら，日本列島のようにその大部分が，温帯樹林で覆われることもある。そのような場合，地層の露出は限られた場所のみとなり，地層の目視追跡は困難となる。そこで地層の積み重なりを平板の積み重なりに見立てて，地形と平面の関係から境界線を描く方法がある。これを地質図学という。本章ではルートマップから地質図・地質断面図・地質柱状図の作成方法を解説する。

なお，以下の web サイトから地質学図の練習問題および立体模型と地質図の関連性を学べる Geomap3D Viewer のフリーソフトウェアをダウンロードできる。

http://www.gsinet.co.jp/software/download/geomap3d_education/index.html

http://www.gsinet.co.jp/software/download.html

(1) ルートマップから地質図へ

ルートマップを作成しながら，ルートごとの地層の積み重なりを考えることは重要である。ある程度の距離のルート（大局的にみて地層の傾斜方向が望ましい）を調べ，そして近隣のルート（通常，すでに調査したルートの平行なルートを選ぶとよい）を調べる。次にそれぞれのルートから得られた地層の層序（地層の積み重なりの順序）を比較し，近隣のルートどうしで観察できる地層や観察できない地層を確認し，その次のルートの選定を行う。すなわちルート選定は，その日の結果に応じて，翌日の選定を行うのがよいであろう。

日ごとにデータが集積してくると，ある地域の地質がみえてくる。その際，地形図の記入は色鉛筆を使うとよい。なぜなら視覚的にある岩相の空間的な広がりを認識しやすくなるからである。そのとき，地質図に記入する地質の最も基本となるユニットを**岩相層序区分**（lithostratigraphic classification）という。岩相層序区分は，岩相に基づいて一群の地層のまとめたものをいう。そしてそれを**層**（formation）とよび，赤岩層や浦山層というように「地名＋層」の地名が付される。層はさらに細分され，**部層**（member）とよばれ，逆にさらに合体して**層群**（group）とよばれる。なお，地層の命名や地層名の変更などは日本地質学会の web サイトの「地層命名の指針」に詳しい。

それでは，地形図では地層の広がりをどのように表現したらよいであろうか。次章では地質図学を解説する。

(2) 地質図学の基礎（地質境界線の描き方）

単層（同質の岩相で構成された 1 枚の地層）どうしの境界面や岩相層序区分による層ごとの境界面はいずれも平面と仮定する。この平面と地形図の交線が，地形図上で境界線となる（図 5.25）。たとえば，地形図中の露頭で，走向南北，60°E

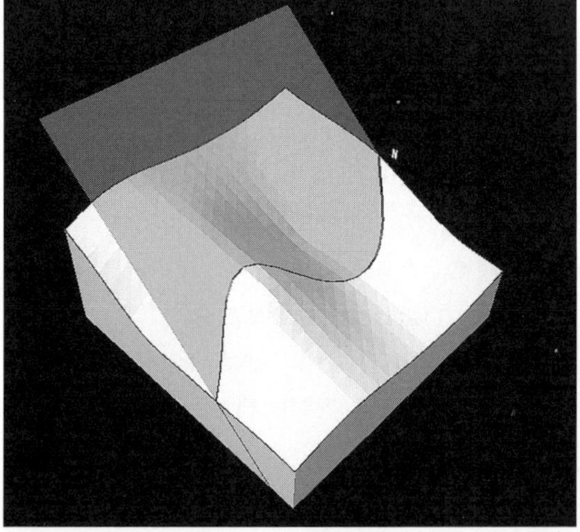

図 5.25 地層境界線 (1)

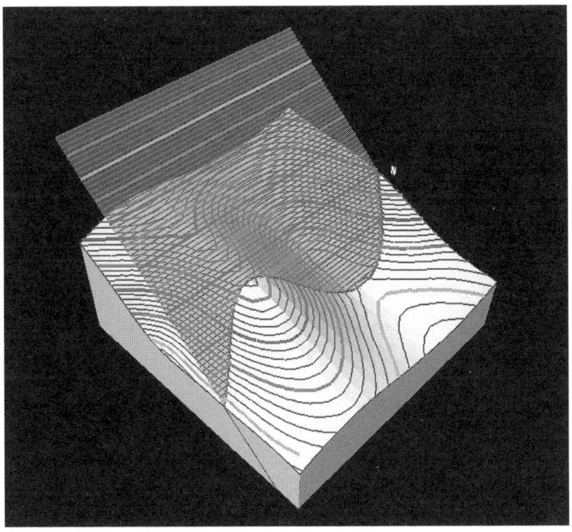

図 5.26　地層境界線（2）

の地層面が測定された。この地層面（境界面）は地形図中でどのような境界線となるであろうか。

原理（図 5.26）　立体模型には 1 m ごとの等高線が描かれている。また，境界面にも 1m ごとの等高線が描かれている。境界面は平面なので，互いに平行な水平線となっている。地形面と境界面の交線は図 5.25 のようになるが，この交線は地形図上では曲線となる。この曲線は，同じ高さの等高線どうしの交点を通過することがわかる（図 5.26）。隣どうしの交点は，より細かな等高線を描くことでその間隔は狭まる。

手順　それでは，等高線が 5 m ごとの地形図で，走向南北，傾斜 60°E の境界面を書き入れてみよう。

（i）地形図上の走向記号の延長線を描く（図 5.27 ①）。

（ii）今等高線の間隔は 5 m ごとなので，地形図下欄のスケールバーを利用して，5 m の長さ a を求める（図 5.27 ①）。

（iii）挿入図のように，傾斜角 60°の角度を描いて，60°の角の中に（ii）で求めた<u>高さ a</u> をとる（図 5.27 ①）。

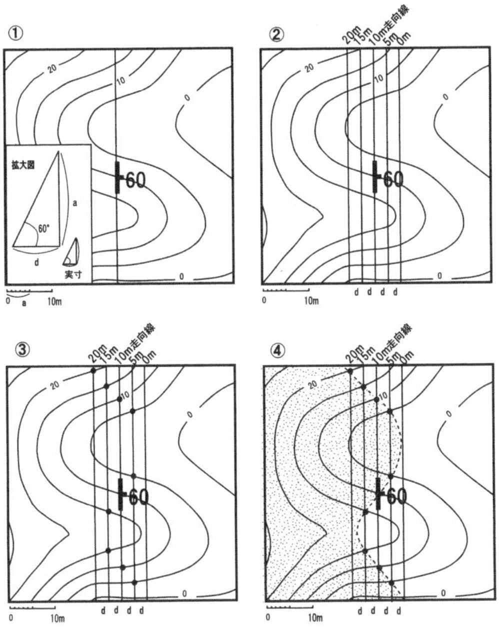

図 5.27　境界線の描き方

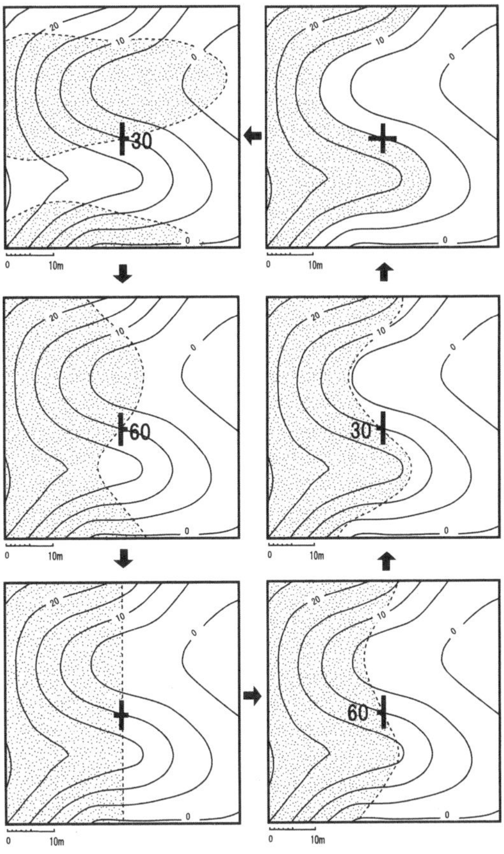

図 5.28　傾斜角の変化と地層境界線の変化

（iv）そのときの直角三角形の底辺の長さ d を求める（図 5.27 ①）。

（v）（i）に（iv）で求めた底辺の長さ d を間隔として，オリジナルな延長線の両側に平行線を描く（図 5.27 ②）。

（vi）露頭の高度は 10 m なので，最初の延長線を 10 m の走向線とよぶことにする。同じようにして，両側の走向線に，15 m，20 m……，5 m，0 m……の数字を付記する。その際，数字の減少は傾斜の向きと一致させる（図 5.27 ②）。

（vii）同一高度どうしの地形図上の等高線と走向線の交点を探して印をつける（図 5.27 ③）。求めようとする境界線はこの交点を通過することになる。その際，交点間はフリーハンドで描くことになるが，交点間は漸次高度を下げる（あるいは上げる）ように描くことが肝要である（図 5.27 ④）。

注意点　交点以外のところで，等高線や走向線を横切ることはできない。

傾斜角の変化に伴う地層境界線の変化を示すと図 5.28 のようになる。水平な境界線は等高線（露頭の高度の等高線）となり，垂直な境界線は直線となる。また，地形の斜面の角度に傾斜角が近づくとより複雑な境界線パターンとなる。

(3) 地質断面図

地質断面図は，地質図を理解するうえで重要な役目を果たしている。次に堆積岩地域の地質断面図の描き方として採用されている円弧図法（バスク図法，平行褶曲図法）を解説する。

円弧図法は地層の境界を円弧の集まりとして表現する地質断面図の作図の方法の 1 つで，地層の厚さは常に一定であると仮定し，地層の境界はすべて互いに平行な円弧の集まりとして表現される。したがって，本図法は流れ褶曲で特徴づけられるような変成岩の褶曲には不向きである。

手順　（i）地形図上の断面線 AB に沿って地形断面図を描く（図 5.29 ①）。

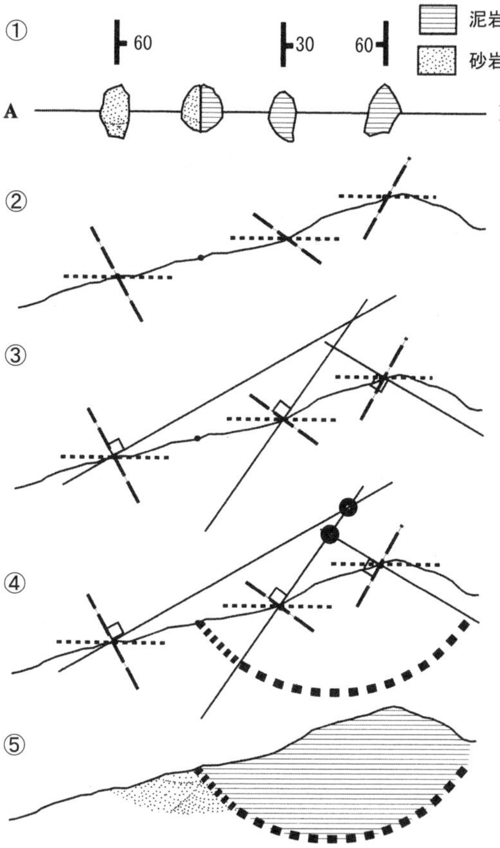

図 5.29　円弧図法
①が平面図で断面線と各露頭の走向・傾斜と岩相を示す．⑤は断面図完成図．

（ii）地形断面図の走向・傾斜測定地点に，傾斜角を書き入れる（傾斜線）（図 5.29 ②）。なお点線は水平線を表す。

（iii）それぞれの傾斜線に垂線をたてる（図 5.29 ③）。

（iv）隣同士の測定地点の垂線の交点を求める（図 5.29 ③）。

（v）（iv）で得られた扇形内にある地層境界の地点を通過する円弧を描く。その際円弧の中心は，（iv）の交点となる（図 5.29 ④）。

（vi）順次，隣の円弧の中心を使って，円弧を描き，地層境界を延ばしていく（図 5.29 ⑤）。

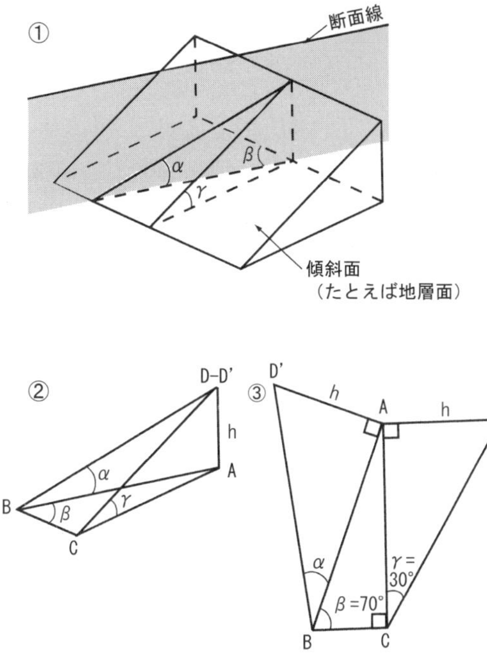

図 5.30　真の傾斜と見かけの傾斜および正射影法

注意点　　隣どうしが同じ傾斜角ならば，円弧ではなく直線となる。

(4) 見かけの傾斜問題

図 5.29 ①で示した走向・傾斜の走向は，断面線に対して直交していた。その場合，断面線方向の傾斜角はそのまま利用することができた。しかしながら，実際は走向は断面線に対して直交するとは限らない。その場合，見かけの傾斜で対応することになる。すなわち，図 5.30 ①のように，傾斜面の走向に斜交した方向の傾斜角（見かけの傾斜角）を利用することになる。

今，見かけの傾斜角 α，真の傾斜角が γ の場合，傾斜面の走向と断面線（見かけの傾斜方向）のなす角度を β とする。求める角度は見かけの傾斜 α である。見かけの傾斜を求める方法は，正射影法・三角関数法・アライメント図法がある。

正射影法

この方法は展開図を利用する方法である。例題で解説する（図 5.30 ②③）。

真の傾斜角が 30°，傾斜面の走向と見かけの傾斜方向のなす角度が 70° とする。

解法（ｉ）任意の長さで角 ABC の角度が 70° の直角三角形 ABC を描く。

（ii）線分 *AC* から真の傾斜角 $\gamma = 30°$ をとって，直角三角形 *ACD* を描く。

（iii）直角三角形 ACD の h と同じ長さを，線分 AB の A から垂直に取る。

（iv）直角三角形 ABD' の角 D' BA の角度を調べる。これが見かけの傾斜となる。

三角関数法

図 5.30 ③から，

$$\sin\beta = \frac{AC}{AB}$$

$$\tan\alpha = \frac{h}{AB}, \qquad \tan\gamma = \frac{h}{AC}$$

を代入すると以下の関係式が得られる

$$\tan\alpha = \tan\gamma \times \sin\beta$$

の関係式から α を求めることができる。

アライメント図法

図 5.31 の，平行に並んだ 3 本の直線のうち，傾斜の方向と断面線の方向となす角（左端）（例題では，傾斜面の走向と見かけの傾斜方向のなす角なので，90°− 70°= 20° から 20° となる）と地層などの傾斜（右端）を，それぞれの直線にプロットする。そして，両プロットを直線で結び，その直線と見かけの傾斜の直線との交点の角度をよむ。その角度が見かけの傾斜となる。

(5) 柱状図

地質柱状図は地質学独特の表現方法で，地層の

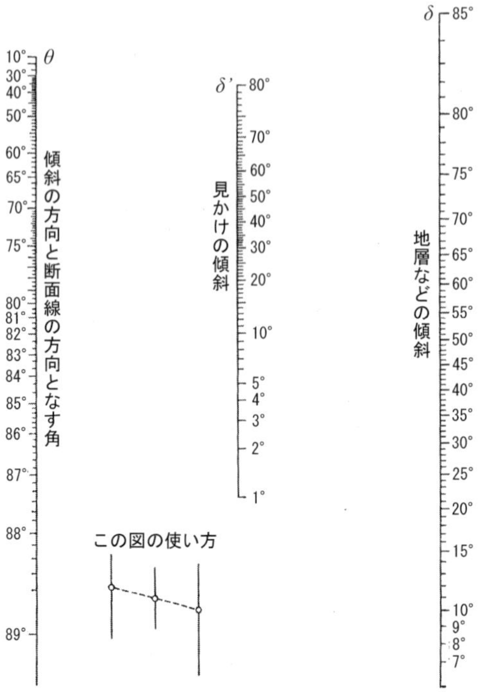

図 5.31　アライメント図法
（藤田ほか著，『新版 地質図の書き方と読み方』より）

積み重なりを柱状に表現したものである。一目であるルート（ある地域）の地層の積み重なり（層序）を視覚的に理解できる利点を有している。

その作成方法には，露頭観察から作成する，ルートマップ（地質図）から作成するの 2 通りがある。前者は単層の積み重なりのような詳細な記載，後者は岩相層序単元のような層序の記載に有効である。

（i）露頭観察から作成する場合（実測柱状図）

a）まず露頭で地層の上下判定を行う。

b）最下位の地層が決まったら，その地層の厚さと粒径を測定する。地層の堆積構造などを観察する。

c）フィールドノートの方眼紙に各層の厚さを表現する縮尺を決める。1 m → 1 cm とすれば 1/100 であり，10 m → 1 cm とすれば 1/1,000 となる。

d）縦軸は厚さ，横軸は粒度（ときには横軸は岩相の違いを表現することになる）をとり，最下位層から積み重ねるようにして記入する。

（ii）ルートマップ（地質図）から作成する

a）示準化石の堆積年代をもとに，層序をまず確立する。

b）地層境界（層や部層）に対してほぼ直交方向で，しかも地形がなるべく平坦に近いところで，地層の厚さを決定する測線を決定し，地表上で地層境界間の間隔を測定する（w）。

c）地層境界の代表的な地層の傾斜角を選択する（a°）。

d）$w \times \sin a = t$ を利用して，厚さ t を求める。この厚さをもとに，層や部層を積み重ねる。

演習問題　1

地形図の範囲内にA層群とB層群の地層が分布している。A層群は古生代の地層，B層群は新生代の地層で，両層群の関係は不整合であることがわかっている。C地点でのA層群のチャートと石灰岩との境界の地層面はN45°W，60°W，D地点でのA層群の石灰岩と泥岩の境界の地層面はN45°W，60°Wである。一方，E地点で不整合面を観察することができる。不整合面の走向傾斜はEW，20°Sである。これらのデータをもとに，チャートと石灰岩，石灰岩と泥岩の地層境界線と，不整合のトレースを地形図に書き入れなさい。

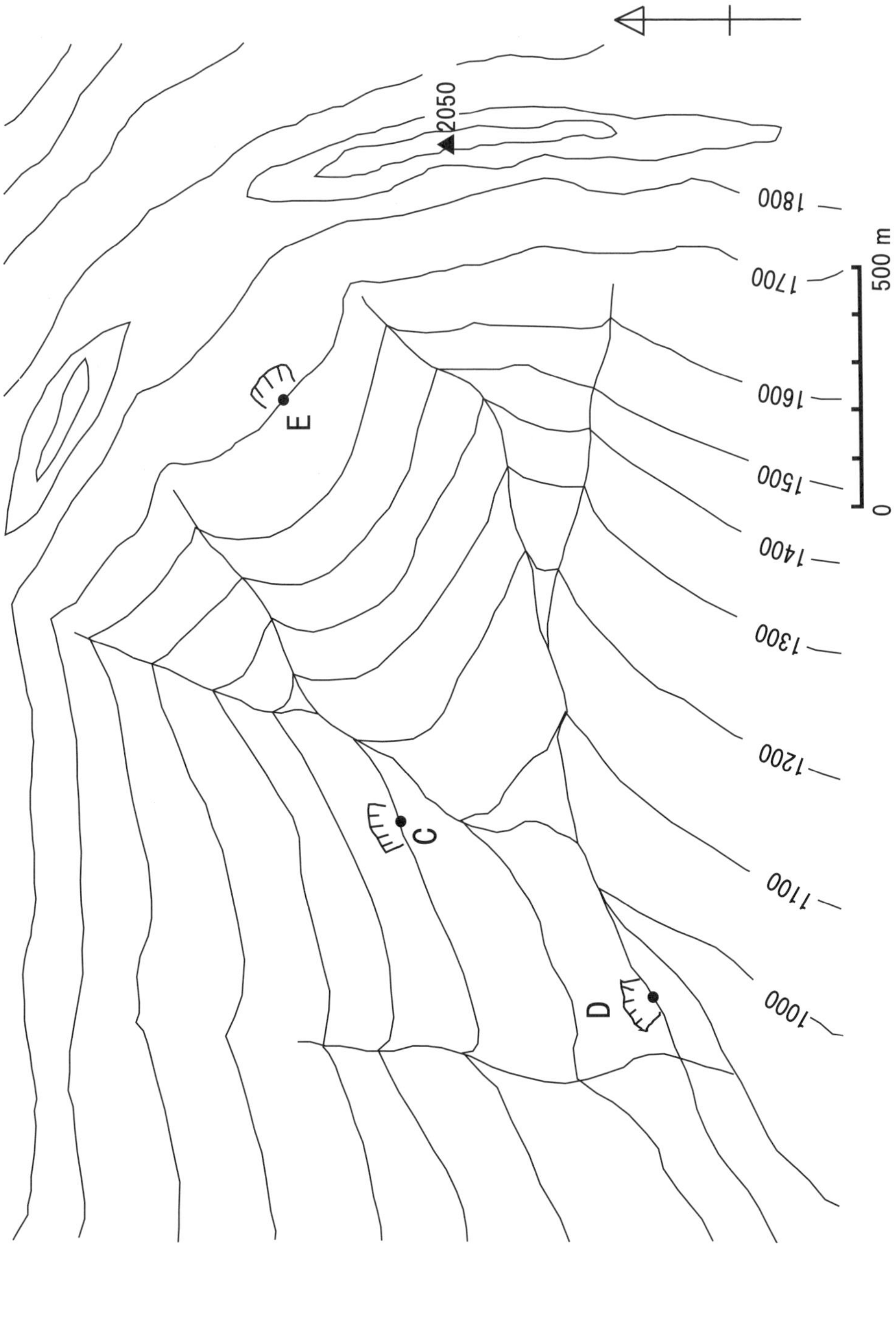

演習問題　2

円弧図法を用いて断面線に沿った地質断面図　　　を描きなさい。

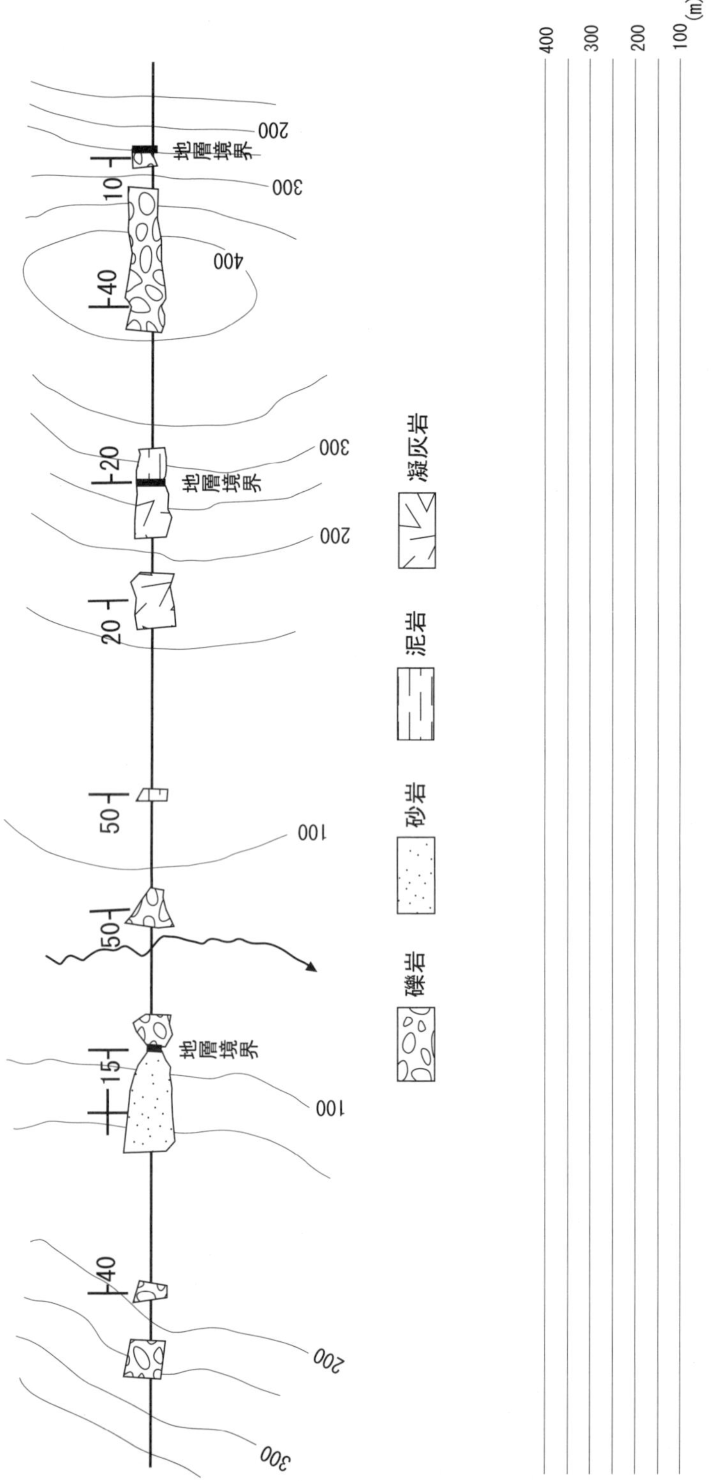

第VI章　地　　層

本章では地層をつくる堆積岩とそれらに特徴的にみられる堆積構造を解説する。

1．堆積岩の種類とその特徴

堆積岩を分類する方法の代表的なものとしては，Pettijohn（1975）があげられる。この分類では，堆積岩を“砕屑性”と“化学的および生物化学的”に2つに大別する。“砕屑性”には，**破砕性堆積物**（cataclastic sediments），**火砕性堆積物**（pyroclastic sediments），**残留堆積物**（residues），**外来砕屑性堆積物**（epiclastic sediments）が含まれ，“化学的および生物化学的”には，**有機質残留堆積物**（organic residues），**沈殿堆積物**（precipitated sediments）が属し，両者の中間的なものとして**混成堆積物**（hybrid sediments）があるとしている。なお，詳細は地球学シリーズ2『地球進化学』を参照してほしい。

破砕性堆積物にはティル（氷河堆積物）がある。氷河によって運搬されたドリフト（漂石）から構成される堆積物である。ティルは一般的に砂質泥岩の基質を有し，淘汰の極めて悪い堆積物である。氷河に接して堆積したものがティル（狭義）であり（図6.1），氷河の溶けた水で運ばれたものがアウトウォッシュである。

火砕性堆積物（火山砕屑岩類）には凝灰岩，ラピリ，集塊岩がある。これらは火山砕屑物の粒子サイズに基づいている。

残留堆積物は土壌で代表される。現世の土壌と区別するために古土壌とよばれる。古土壌は河川系堆積システムに発達することが多く，ときに炭酸塩ノジュールからなるカリーチを含有することで特徴づけられる。図6.2は白亜系関門層群下関亜層群に発達した古土壌で，不定形をした石灰質のカリーチを層状に含有した赤色砂質泥岩として発達する（堀内ほか，2008）。

外来砕屑性堆積物には粗粒なものとして礫岩，

図6.1　ティル（氷河堆積物）（イタリア，アルプス山脈）
右最上部には氷河の先端部が見える．中央やや左にショベルカー．

図6.2　古土壌堆積物（山口県下関市）
赤色岩中に白色を呈するカリーチ濃集層が発達する．

図 6.3　礫岩，砂岩，頁岩からなる地層（茨城県ひたちなか市）
礫岩・砂岩層は突出し，頁岩層は凹んでいることに注目．

図 6.4　石炭（瀝青炭）

図 6.5　先カンブリア時代のドロマイト質石灰岩（南アフリカ，スタークフォンテン）
鉱物ドロマイトの多量の含有で，表面が黒く汚れた感じになっている．

砂岩（以上，抵抗堆積物）があり，細粒なものとして頁岩（水溶堆積物）がある（図 6.3）。

有機質残留堆積物の代表は石炭である。石炭は地質時代の植物が濃集・堆積して形成された可燃性層状堆積物である。石炭は植物質な部分と鉱物質の部分の不均一集合体からなり，花粉・胞子・角皮・表皮などが観察できる。泥炭は石炭に含まれないが，それから続成作用が進んだ褐炭が石炭に含まれる。さらに続成作用が進むと，褐炭→亜瀝青炭→瀝青炭（図 6.4）→無煙炭に変化する。日本の石炭はおもに古第三系に含まれ，三畳系のものもある。

沈殿堆積物には，非蒸発岩として石灰岩，ドロマイト，チャートなどがあり，蒸発岩として岩塩や石膏がある。石灰岩とチャート，また有機質残留堆積物の石炭も**生物源堆積岩**として扱われることがある。ドロマイトは，鉱物名としてまた岩石名として使用されている。鉱物ドロマイトは炭酸塩鉱物のうち，$CaCO_3$ と $MgCO_3$ を等量含む鉱物である（$CaMg(CO_3)_2$）。岩石ドロマイトは鉱物ドロマイトを 90％以上含む炭酸塩岩で，石灰岩に密接に伴い，石灰岩に次いで多量に産する。乾燥地帯で生じた蒸発岩に伴われることが多い。石灰岩（方解石を 95％以上含む）とドロマイトの間には，方解石や鉱物ドロマイトの量に応じて，マグネシア石灰岩，ドロマイト質石灰岩（図 6.5），石灰質ドロマイトが分類される。ドロマイトの生成場は，(1) 乾燥～亜乾燥気候帯における炭酸塩堆積潮汐低地の潮上帯，(2) 半湿潤気候の炭酸塩堆積海岸の浅い地下で，淡水と海水の混合する地帯，といわれており，両者で現世ドロマイトの 90％が生産されている（水谷ほか，1987）。

岩塩は NaCl からなり，微量成分として，$CaSO_4$，$MgSO_4$，$MgCl_2$ を含む。等軸晶系であることから，サイコロ状の集合体を呈する（図 6.6）。石膏は $CaSO_4 \cdot 2H_2O$ で，単斜晶系なのでマッチ箱をつぶしたような形を呈する。岩塩も石膏もガ

図 6.6　岩塩（モンゴル産）

図 6.7　石膏露頭（イタリア，アペニン山脈）
露頭全体が結晶質になっていることに注目.

ラス状の無色透明である。日本では蒸発岩の産出は知られていないが，地中海周辺では新生代の地層中にふつうに産出する（図 6.7）。

“砕屑性”と“化学的および生物化学的”堆積岩の中間的な**混成堆積物**には，石灰質頁岩，炭質頁岩，凝灰質頁岩がある。

2. 堆積構造の種類とその特徴

露頭で地層を観察する場合，堆積構造をみつけ，その成因をもとに上下判定をしたり堆積環境を考察することは重要である。堆積構造は形成された時期をもとに，堆積時，堆積直後（以上同生），石化後（後生）とし，また形成作用で物理的・化学的作用，生物作用に区分される（表 6.1）。

堆積構造は，地層の上面，内部，下面に現れる（図 6.8）。

(1) 堆積時

堆積構造の基本は，成層構造（層理や葉理）である。この層理や葉理は，堆積時に形成された面構造で，堆積時のほぼ水平面とみなされる。

平行葉理（parallel laminae）　葉理と層理は厚さの違いで，1 cm 以上が層理であり，それ以下が葉理である。平行葉理とは平行な葉理がつくる

表 6.1　堆積構造の分類

主作用	同　生		後　生
	堆積時 （一次的）	堆積直後 （準同時的）	石化後 （二次的）
物理的・化学的作用	平行葉理 斜交葉理 級化 覆瓦砕屑物 リップル ハンモック 痕跡（フルートキャスト，グルーブキャスト）	スランプ褶曲 コンボルート葉理 荷重痕 火炎構造 皿状構造 砕屑岩脈 乾痕	古土壌 団塊
生物作用	ストロマトライト	巣穴 はい痕 足跡	

堆積構造は，地層の上面，内面，下部に現れる.

図 6.8　地層の下面に現れた堆積構造（和歌山県加太）

図 6.9　大西洋形成時にできた白亜系湖成堆積物中の平行葉理（ODP Leg159 で掘削，ガーナ沖合）

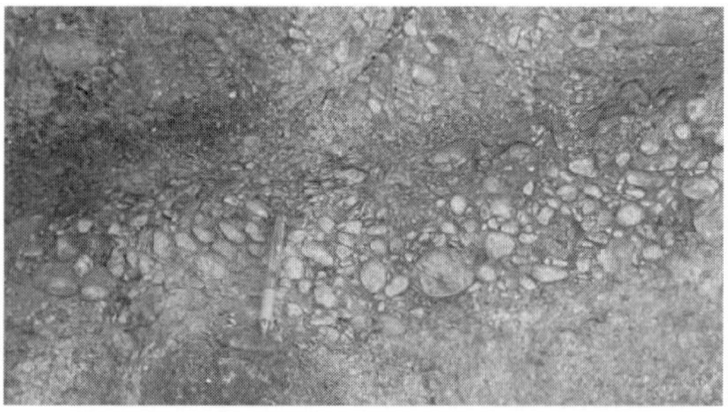

図 6.10　礫岩中の覆瓦構造（山梨県大月）

構造である（図 6.9）。

斜交葉理（cross laminae）　第Ⅴ章を参照のこと（図 5.21）。

級化（grading）　第Ⅴ章を参照のこと（図 5.20）。

覆瓦砕屑物（imbricated clasts）　図 6.10 では，扁平な礫が右下がりに配列している。これは水流が写真の右から左に流れてできた覆瓦構造である。とくにボールペンの左側に注目。

リップル（ripple marks）　漣痕ともよばれ，地層上面の堆積構造である。堆積時の水流によって形成され，波のような振動流によってできたウェーブリップルと一方向への水流によって生じたカレントリップルがある。一般的に，流速の増加とともに直線の畝（うね）状のリップルから分断された舌状のリップルに変化することが知られている。個々のリップルの流れ上流側は緩やかな斜面，下流側は急な斜面を形成する。なお，写真（図 6.11）上部と右側の一連の凹みは恐竜の足跡トラックといわれている。

図 6.11　舌状のリップル（群馬県瀬林）

ハンモック（hummocks）　ストーム時に発生した長周期で流速の大きな振動流またはこれに弱

図 6.12　生物擾乱堆積層と交互に累重したハンモック状砂岩層（アメリカ，オレゴン州）
波長の長い波状の層理に注目.

図 6.13　原生代のストロマトライト（アメリカ，モンタナ州）
写真の範囲は 1m × 0.7m である.

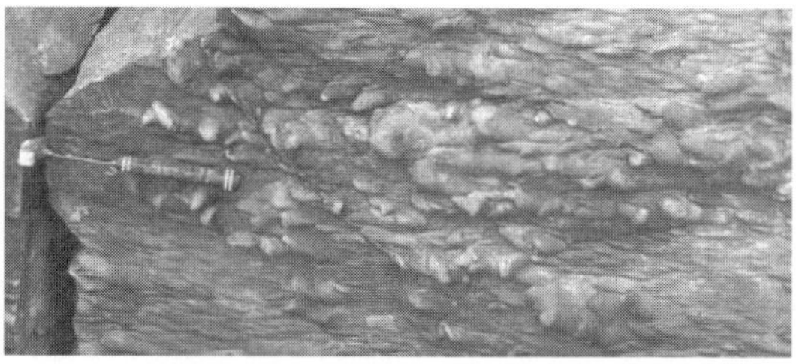

図 6.14　地層下面に現れたフルートキャスト（宮崎県日南）
水流は写真左から右に流れたことが推定される. フルートキャストは，水流により形成された渦の発生から消滅の間に掘られた凹みを充填したものである.

い一方向流が重なった複合流によって形成された堆積構造である。波浪の影響で海底の堆積物が受ける作用の限界の水深を波浪作用限界水深といい，静穏時には浅く，ストーム時には深くなる。図 6.12 では，静穏時に生物擾乱を受けた堆積物と，ストーム時の大波で形成されたハンモックが交互に出現したことをあらわしている。

ストロマトライト（stromatolites）　おもにシアノバクテリア（ラン藻）などの光合成微小生物の沈着活動とともに取り込まれた堆積物によって形成された堆積構造をストロマトライトという。石灰岩の表面には渦巻くような筋となって見ることができ，ちょうどキャベツの断面のようである。

削痕（scour marks）　水底の底面が水流の洗堀によって侵食されることによって形成されたものをいい，狭義の削痕（フルートマークなど）と障害物削痕（グルーブマークなど）に分けられる。実際にはこれらのマークを充填した形(キャスト)で地層の下面に出現する（図 6.14，図 6.15)。

図 6.15　地層下面に現れたグルーブキャスト（埼玉県小鹿野町）
物体が堆積物上面を移動することでできた溝（グルーブマークという）を，続いて堆積した砂質堆積物が充填. その後に充填した堆積物が石化し，地層下面に現れたものである. 地層は垂直となっている.

図 6.16　スランプ褶曲（埼玉県秩父市）

(2) 堆積直後

スランプ褶曲（slump folds）　海底に堆積した堆積物が，地震などの衝撃で崩壊した結果生じた構造である（海底地滑り構造)。層状構造が破壊され岩塊状になる場合や層状構造を維持し回転した結果スランプ褶曲を示す場合などがある。図 6.16 は，写真左から右に滑動した結果生じたスラ

図 6.17　コンボルート葉理（和歌山県白浜）
写真中央部の泥質な部分が，上方に向かって貫入したような形状を示す．

図 6.18　火炎構造（神奈川県三浦市）
火炎状の凝灰質シルト岩の上方先端が右方に傾倒していることに注目．

図 6.19　皿状構造（茨城県那珂湊）
写真下部の方が比較的密に発達している．

図 6.20　砂岩岩脈（鹿児島県屋久島）

ンプ褶曲である。

コンボルート葉理（convolute laminae）　葉理が複雑に褶曲した構造で，上位層によって切られていることがある（図 6.17）。上方に尖った背斜，下方に幅広い向斜が残る場合がある。コンボルート葉理は砂質な葉理と泥質な葉理が流動化したことにより形成された構造と考えられている。

荷重痕（load casts）　第Ⅴ章を参照のこと（図 5.23）。

火炎構造（flame structures）　火炎構造は，図 6.18 のように，火炎のような様相（白色部）を呈することからその名前が付けられた。地震などの震動により液状化したシルト岩が上方に向かって貫入し，同時に上位のスコリア質砂岩の荷重痕が沈下した結果このような構造が形成したと考えられる。一般的にそれぞれの火炎の頂上は，同一方向に傾倒することが多い。

皿状構造（dish structures）　下に凸な形状が皿の断面に似ていることから，この名前がついた。脱水構造の一種と考えられ，水が上方に抜ける際に，既存の葉理を切断して形成されたとされているが，その他の成因も提案されている。

砕屑岩脈（clastic dikes）　液状化した砕屑性堆積物が，マグマと同様に，周囲の岩石に貫入してできた岩脈である。この海岸露頭では（図 6.20），周囲の泥質タービダイトの地層と大きく斜交して貫入しているので岩脈とわかりやすいが，これが周囲の地層の層理面に平行に貫入した場合（シート状）には，互層状となり判別しにくくな

図 6.21　乾痕（福岡県直方）

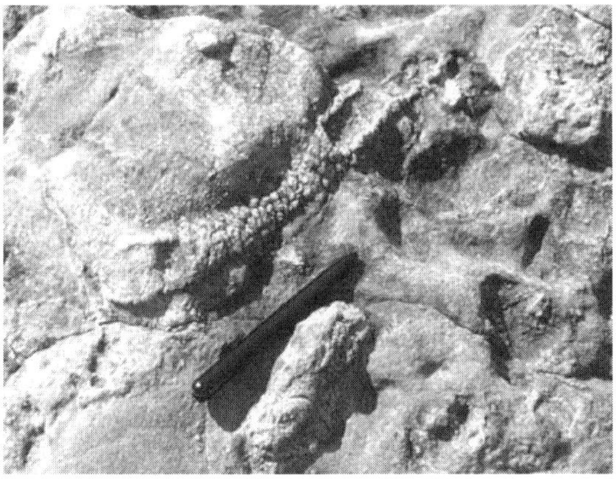
図 6.22　巣穴（オフィオモルファ）（福岡県宗像）

ることがある。

乾痕（shrinkage cracks）　乾裂やサンクラックともいう。水分を含んだ未固結の泥質堆積物が，乾燥固化した際にできる多角形の割れ目に，砂質堆積物などが充填してできた構造。図 6.21 は採石場の赤色泥岩転石で，上面には多角形模様，断面には煉瓦を積み上げたような模様がみられる。赤色泥岩は蛇行河川の氾濫原堆積物と考えられている。

巣穴（burrows）　浅海に生息していた甲殻類の巣穴が生痕化石として地層中に残る場合がある。

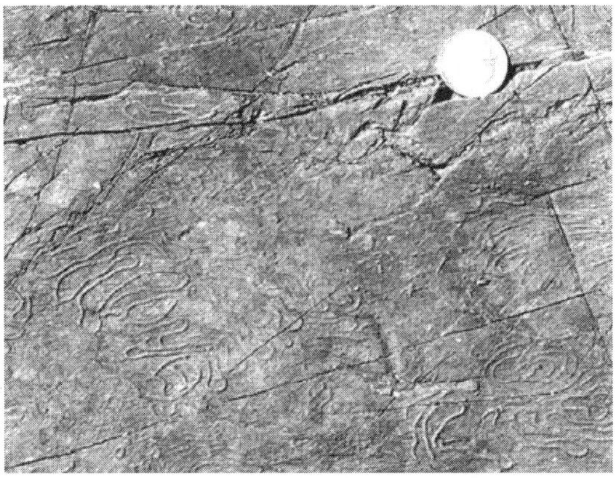
図 6.23　砂岩層下面に見られるはい痕（沖縄県名護）

図 6.24　地層上面に見られる恐竜の足跡（韓国慶尚南道）
種類の異なる恐竜足跡がみられる.

図 6.25　世界最大級の炭酸塩団塊（ロシア，サハリン）

図 6.22 は地層面上にみられるオフィオモルファ（生痕属;その巣穴をつくった生物の属名）である。巣穴は，波の強い砂地につくられ，内側から砂団子で裏打ちして穴を強固にしているといわれている。

はい痕（trails）　深海に生息する底生動物によって形成されたはい痕で，規則的蛇行を繰り返すことで特徴付けられる（図 6.23）。はい痕自体は底生動物の排泄物起源であり，規則的パターンは摂食行動を反映しているものと考えられる。

足跡（track）　図 6.24 の地層上面に恐竜の歩行足跡が続いている。足跡を産出する地層には，リップルが形成されていることが多い（図 6.11）。

(3) 石化後

古土壌（paleosols）　残留堆積物を参照のこと（図 6.2）。

団塊（nodules）　ノジュールともよばれ，炭酸塩，珪質（シリカ），二酸化マンガンなどがある。図 6.25 は泥質岩中に発達した巨大炭酸塩団塊である。有機物の分解やメタン発酵により発生した二酸化炭素を起源としている。有機物の分解過程で生じたアンモニアなどによって pH が高くなり炭酸塩鉱物が団塊として形成される。

古代人は地質の達人！？

イラン南部のボラギ盆地には，旧石器時代から現代に至るまでの数多くの遺跡が眠っている。ボラギ盆地は，ペルシャ帝国の中心都市であったパサルガダエやペルセポリスの中間に位置し，「王の道」など貴重な遺跡が残されている。ボラギ盆地の新石器時代の遺跡発掘を，筑波大学歴史・人類学専攻が中心となって実施した。地質研究者に与えられた研究目的は，遺跡から産出する石器の入手経路である。ボラギ盆地周辺は乾燥地帯であり，ほとんど樹木の生育はなく，アーモンドやピスタチオの低木が見られるだけである（図 6.26）。したがって，岩石の露出状況は極めてよく，衛星画像から地質構造を読めるほどである。ボラギ盆地とその周辺は中生代の石灰岩地帯となっている。

石灰岩は 20°前後で南に傾斜し，その中腹には巨大な鍾乳洞が発達している（図 6.27）。このような鍾乳洞はこの地域でいくつもみつかっており，古代人の住居として使用されていたのであろう。今回の考古学調査では，このような居住鍾乳洞の入り口付近で深さ数 m のトレンチを開け，そのトレンチから石器類をはじめとする人々の生活の痕跡をみつけだすことが目的の 1 つであった。従来このような石器類は,「フ

図 6.26　ボラギ盆地の石灰岩露頭

図 6.27　シヴァンド川とボラギ盆地東側の風景

図 6.28　シヴァンド川の川原で得られた珪質岩礫

図 6.29　石灰岩中の珪質ノジュール

リント」「粗質フリント」「黒曜石」などと分類されていたが，放散虫チャートなども含まれ，岩相がさらに分類できることが判明した。またフリントは，『堆積学辞典』（堆積学研究会編）によれば「暗灰色や黒色，不透明〜半透明で均質なチャートの総称。ヨーロッパの白亜系チョーク層に産する不規則な団塊状チャートに限定して用いることがある。滑らかな貝殻状断口を示し，鋭いナイフエッジが得られるため，古来，石鏃などに使用。Tarr は，用語例はチャートより古いが，岩質的にチャートと区別できないため，この語を破棄するか，加工物に限ることを提案」とある。このようにフリントは地質学的には大変曖昧な言葉であり，今回シヴァンド川の河原より放散虫赤色チャート礫が見出されたことにより，フリントの用語を明確にする必要が生じた（図 6.28）。

また地質調査で，層状石灰岩は珪質ノジュールを限られた層準に発達させることも明らかとなってきた（図 6.29）。そこで，フリントという用語を用いず，放散虫チャートと珪質ノジュールという岩相用語を用いることにした。その理由は，放散虫チャートは一般に海洋地殻構成物であるオフィオライトに伴って産出するが（残念ながら近隣にオフィオライトの産出は知られていない），一方厚さ 500m 以上の層状石灰岩は浅海堆積物と考えられ，まったく異なる堆積環境の産物と考えられる。したがって，同じ珪質岩であっても，放散虫チャートと層状石灰岩に胚胎する珪質ノジュールとはまったく異なる地質学的背景となる。

層状石灰岩は住居となる鍾乳洞を形成することはもちろん，石器の素材の材料となった珪質ノジュールを産出する。層状石灰岩はなんと古代人にとって便利な石ではないか。狩りや生活道具として重要な石器と住居を提供していたのである。そして，シヴァンド川の上流域にはオフィオライトが露出していた可能性がある。オフィオライトの構成岩石である蛇紋岩は，さらに装身具として古代人が愛用していたことが他の遺跡から知られている。ボラギ盆地のあるイラン南部は，アルプス－ヒマラヤ造山運動で形成されたザグロス山脈に位置し，古代人はその地質学的恩恵をおおいに享受していたのである。

第Ⅶ章　化　　石

1．化石を用いた研究

化石とは，過去に存在した生物の遺骸および古生物が遺した生活の痕跡である。化石を扱う研究には大きく２つの分野がある。１つは過去の生物の生態や機能，行動様式，分布，発生などを探る進化生物学的な分野であり，もう１つは化石を，運搬・堆積作用を受ける地層の構成物の１つとみなし，堆積物として扱う分野である。化石が提供する情報を正しく判断し分析することは，地球学の他分野の研究においても役立つ。本章では化石に関する研究全般に通じる基本的な概念と手法を解説する。

(1) 化石から何がわかるか

時代

顕生代以降すべての地質時代は化石によって編年されている。生層序学と地質時代の詳しい解説は地球学シリーズ２『地球進化学』を参照されたい。地層の時代を決定する手段には，他に放射性元素の壊変を用いる方法や古地磁気を測定する方法があるが，化石はあらゆる時代のさまざまな種類の堆積岩から産出し，露頭で大まかな分類群の同定が可能であるため，これを用いる方法が最も実際的である。

古環境

生物は環境の変化に敏速に反応して移動・拡散したり，死滅したりするため，化石は古環境の指示者として極めて有効である。特定の環境を示唆する示相化石については『地球進化学』に解説されている。化石を用いた古環境の復元に関する研究の例として，貝類化石の分布に基づく新生代の日本近海の海流変化や，植物化石の全縁率による古気候の復元，浮遊性微化石類を用いた古水温推定などが挙げられる。また，底生有孔虫殻の酸素・炭素同位体比を利用して，生物生産量や海水循環の度合いなど過去の海洋環境を知ることが可能である。

進化生物学的情報

化石の多くは過去の生物そのものであるから，それを調べることはすなわち生物の歴史を調べることになる。化石には多くの生物学的情報が保存されており，研究分野も幅広い。生物の多様性を解明し，それを体系的に分類する分野を分類学といい，すべての古生物学的研究の基礎である。化石となった生物とそれを取り巻く古環境との関係およびそれらの長期的な変遷を研究する分野は，古生態学とよばれる。生物進化の概念の中で化石記録を研究し，種形成や進化速度，多様性の変遷などを解明する分野を進化古生物学とよぶ。

(2) 研究手法の選択

化石を対象とした研究は，上述の生層序，古環境，分類，古生態に関するものの他に，古生物地理，あるいは化石化作用（タフォノミー）そのものなど研究など多岐にわたる。各々の研究に用いられる手法も多様であるため，実際の作業に移る前に研究の目的と手法をしっかりと確認しておく必要がある。例えば，微化石は生層序および古環境の研究に用いられることが多いが，目的によって試料採取の方法が異なる。生層序の確立を目指すような研究を行う場合，野外調査では地層の走向に直交する方向に数 m ～数十 m の間隔を置いて体系的に岩石試料を採取する。一方，古環境復元を目的とする研究の場合は，研究対象とする地域内の地層の同一時間面を追跡し，その層準に沿って試料を採取する方法を採らなければならない。

微化石が多くの海成堆積岩類からしばしば無数に産出するのに対し，大型化石は露頭で化石を発見することに比較的大きな労力を要する。浅海性の底生大型化石群集は化石密集層を形成することがあるため，これを発見すれば研究が円滑に進む。アンモナイトであれば，地層中のノジュールや川床の転石をハンマーで叩いてみるのが化石発見の早道である。大型化石の採取方法は一般的に分類群によって異なる。たとえば二枚貝や巻貝を含む貝化石群集を採取し古生態を復元する場合は，群集の特徴をより正確に捉えるため，化石密集層において化石を定量化して採取する。単位面積法，ブロック法，格子目法などいくつかの採集法の中から，化石の露出状況や岩相に応じて手法を選択する。また，貝化石は通常脆く壊れやすいため，採取した岩石を梱包・運搬するための道具と手段も確保しておかなければならない。化石の採取と整形の具体的な方法については，巻末の参考文献を参照されたい。

2. 野外における化石の観察

化石の研究は露頭での化石の観察から始まる。化石の採取を主目的としていない場合でも，地質調査で堆積岩中に化石を発見することは少なくない。露頭で化石をみつけたら，どのように観察・記載すればよいだろうか。研究の目的と試料採取の方法がさまざまでも，露頭における観察の出発点は同じである。

(1) 産状記載

化石がどこからどのような状態で産出したか記録することは，産出地点の地質学的情報を正しく得るために重要な作業である。産出地点が不明な標本は研究に用いることができない。産状の記載では，以下の点を記録する。

①化石の産出地点

②化石の産出した地層名，産出層準

③周辺の地質情報（地層の走向・傾斜，堆積物の種類など）

④その他必要な現地情報

⑤化石の状態（産状）を示すスケッチ

①については地形図上に位置を示すとわかりやすい。また②〜④の地質情報は柱状図に書き込み，合わせて⑤の産状スケッチを行う。産出地点の記載では常に「第三者がこの情報を見て位置を特定し，与えられた地質情報を検証できるか」という点に注意をはらわなければならない。産状記載の例を図 7.1 に示す。

(2) 原地性と異地性

地層に化石が含まれる場合，その生物が，化石が発見された場所に住んでいたものか（原地性または自生）あるいは死後別の場所に運搬されて堆積したものか（異地性または他生）判別することは重要である。原地性化石と異地性化石の見分け方は，化石の種類や生息環境によって異なる。

具体例を挙げると，礁を形成するサンゴ，二枚貝，層孔虫などの化石の場合，ほとんど破損なく保存されていれば原地性化石の可能性が高い。内生（底生生物の生活型のうち底質中に潜って棲むもの）の二枚貝など穿孔（せんこう）性生物が棲息姿勢を保って地層中に含まれる場合や，生痕化石や埋没林が存在する場合も，これらは原地性の化石と考えてよいだろう。

逆に異地性化石は破壊・破損の度合いが大きいことが予想される。ウミユリの茎や萼（がく）がばらばらになっていないか，二枚貝・腕足類・介形虫の殻

化 石 産 状 記 録

産地番号： ＭＫ１２２１０１

産地： 美浦村古屋

地層名： 下総層群成田層

採集者： ○○○○

日付： ○○○○

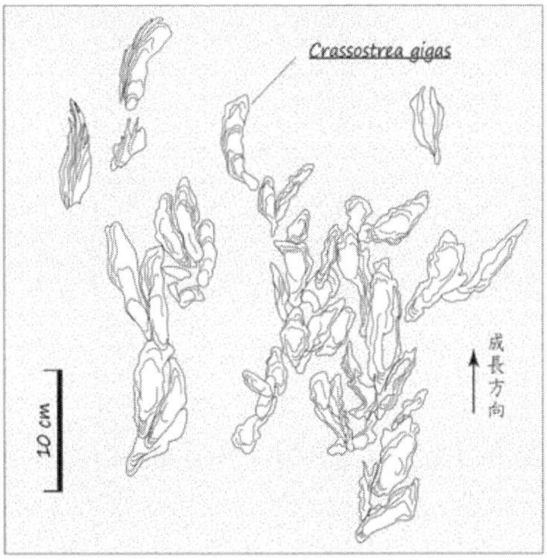

層準Ⓐにおける層理面にほぼ垂直な面のスケッチ

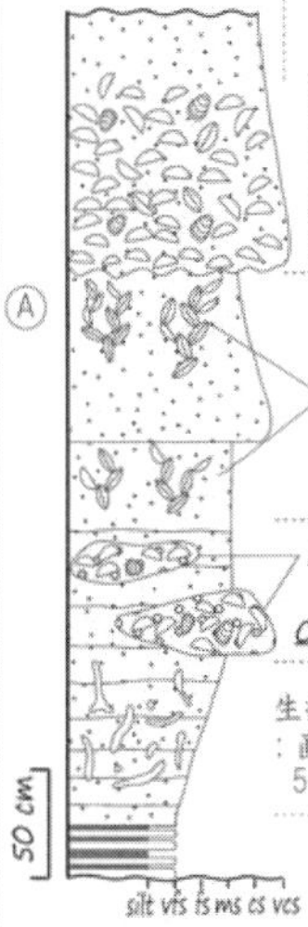

柱状図	化石の内容			岩相
	種類	露出状況	保存状況	
	二枚貝を中心とした貝化石密集層 *Crassostrea gigas* *Glycymeris yessoensis* *Pecten albicans* *Megangulus venulosus* *Scapharca subcrenata* *Panopea japonica*	高さ最大 1 m 幅 2.5 m、 奥行き 1.5 m のレンズ状。	二枚貝はほぼすべて離弁。凸面を上に向け水平になっているものが多い。巻貝は少ない。二枚貝、巻貝ともに 3/4 〜 1/2 程度に割れているものが多い。変形、摩滅少ない。 ＞＞異地性	基質は粗粒砂。目立つ堆積構造なし。
	Crassostrea gigas	厚さ 20 〜 50 cm のカキ層が 2 枚。	生息姿勢を保つ。 ＞＞原地性 カキ以外に大きな化石はなし。基質中に 3 mm 程度の殻片多数。	細粒〜中粒砂。小さな殻片を多く含む。
	二枚貝を中心とした貝化石密集層 *C. gigas*、*G. yessoensis*	高さ 20 cm、幅約 50 cm のレンズ状。	上位の化石密集層と構成種、破片の状態、配列状況など類似する。＞＞異地性？	
	生痕化石 ：直径 1-3 cm、長さ 5-20 cm、枝分かれあり		＞＞原地性	
				シルトと極細粒砂の互層。層 1 枚の厚さは 1 〜 2 cm。

1/25,000 地形図「木原」

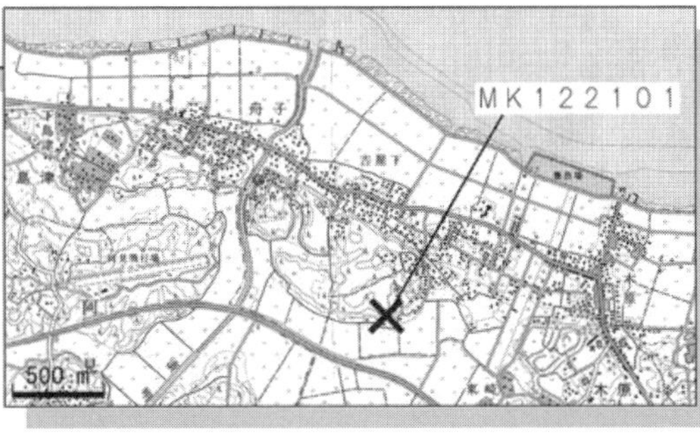

図 7.1　化石産状記録の例

silt，vfs，fs，ms，cs，vcs はそれぞれシルト，極細粒砂，細粒砂，中粒砂，粗粒砂および極粗粒砂を表す．

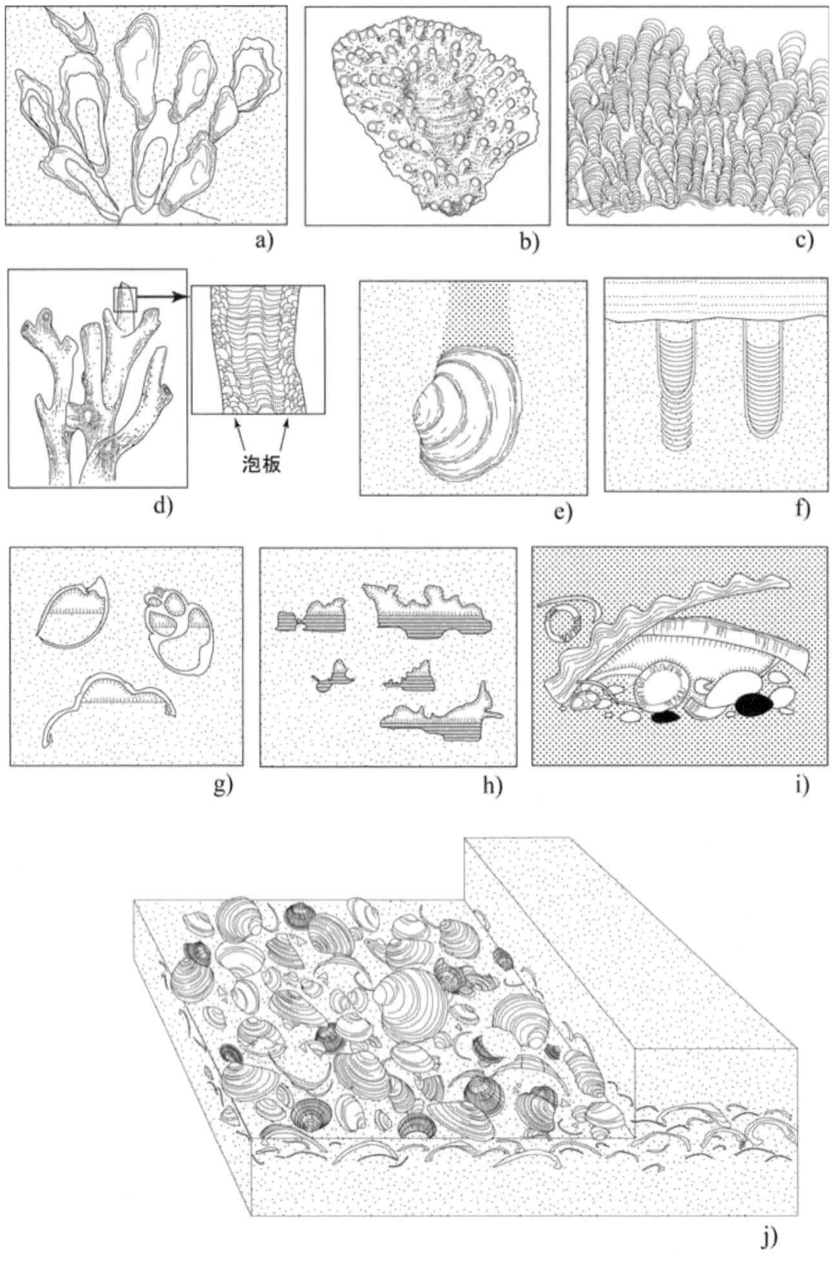

図 7.2　地層の上下関係を示す代表的な構造

画面の上側が堆積時の上方向を示す．a）～ e）固着性生物・定向性構造をもつ生物のつくる構造．いずれの場合も可能な限り多くの個体群を観察し，それらに共通した方向性が認められる場合に判断をくだすこと．少数の個体のみに基づいて判定しないよう注意が必要である：a）固着性二枚貝化石．固着面を下にして岩石等の基盤上に定着する．カキ礁の場合は上方に次々と殻を付着させていく；b）コケムシ化石．枝分かれする群体では虫室（個々の開口部）を上～上側方へ向ける；c）ストロマトライト．内部の葉理は凸面を上にして形成される；d）サンゴ化石．枝分かれする群体では，成長軸が上～上側方を向く．サンゴ個体の周縁部に泡沫組織が観察される場合，泡板は上方に湾曲する．泡板は一般的に薄片によって観察できる；e）内生二枚貝化石．埋没性二枚貝化石が原地性の産状を示す場合，生息時の姿勢から上下判定が可能である．f）生痕化石（巣穴）．生物擾乱による構造にはさまざまな種類と定向性がある．g）～ i）半充填構造．多くは炭酸塩岩にみられ，空洞下部には細粒堆積物が沈殿し，空洞上部は透明方解石セメントが充填する：g）生物遺骸による半充填構造．合弁の二枚貝，腕足類，介形虫の内部や腹足類の殻内部あるいは凸面を上に向けて埋没した離弁や大型化石の破片等にみられる半充填堆積物；h）溶解空洞による半充填構造．炭酸塩岩では地下水や雨水によって岩石内部が侵食され空洞を生ずることが多いが，これを埋めて充填構造が形成される；i）粗粒粒子のつくる間隙による半充填構造．化石の破片など比較的大きな粒子の下に空隙が形成される場合，その間隙を結晶が埋める．j）凸面を上に向けて堆積した二枚貝離弁の群集．水谷ほか（1987），Flügel（2004）より改変．

が開いていないかあるいは分離していないか，三葉虫など外骨格に繊細な突起物がある生物では，それらが完全かどうか等を観察する。このような化石そのものの保存状態や破損率に加え，それを含む堆積物の特徴などを丹念に調べ，最終的な判断を下す。

(3) 堆積学的情報

化石は堆積学的な情報を有する地層構成物の1つである。地層形成時の上下関係を示す構造をジオペタルとよぶが，化石の産状にはしばしばこの情報が含まれる。固着性底生生物や底生内生生物が生息時の姿勢を保持して産出する場合は，地層の上下判定が比較的容易である。また，生痕化石も地層の上下を示す重要な鍵となる。これらはいずれも原地性化石であることが前提である。一方，異地性化石の例として二枚貝の殻のような椀状の形態をもつ化石がある。これらが同一の層準において凸面の方向を揃えて堆積しているとき，凸面の方向が地層の上側を示す。

リップル層理や級化層理は，露頭において地層の上下を知るために有効な堆積構造であるが，礁石灰岩からなる炭酸塩岩のようにしばしば塊状無層理の岩相を示す堆積岩でそれらを確認することは難しい。このような場合，半充填堆積物が役に立つ。半充填堆積物は代表的なジオペタル構造の1つで，堆積物の隙間や化石内部の空洞が堆積物で部分的に埋められ形成される構造のことである。堆積物の充填を免れた空間には，浸透してきた間隙水などから結晶が晶出する。充填堆積物の表面は平坦で，地層形成時の水平面と平行であるため，地層の初生の上下関係が求められる。このような構造には露頭でみられる規模のものから，薄片を顕微鏡で観察して確認できる大きさのものまでさまざまな種類がある。図7.2は，一般的なジオペタル構造を模式的に表したものである。これらの構造は多くの種類の堆積岩で観察できるが，とくに炭酸塩岩に多くみられる。

3. 化石層と堆積モデル

化石を含む地層は通常化石層とよばれる。化石層の分布様式や形成過程については化石化作用や化石の産状に関する研究とともに議論が行われてきた。ここでは最も研究の進んでいる陸棚浅海域の化石層を中心に解説する。

(1) 化石密集層の形成過程

地層の他の部分に比べて化石の量が相対的に多い層を化石密集層，化石の少ない層を貧化石層とよぶ。また，化石の量は少なくない場合でも，化石同士が密着せず基質の中に散在する状態のものを化石散在層とよぶことがある。化石がレンズ状あるいは雲状・塊状に密集するものを，それぞれ化石レンズ，化石床とよぶ場合もある。

おもに浅海陸棚層中の無脊椎動物化石群集の産状は，化石層の成因の観点から理解することができる。これは地層中に生物の遺骸を堆積させる現象（イベント）の保存状態にもとづいて化石層を区分する方法である（安藤・近藤，1999）。

たとえば暴風時の突発的な波浪・水流によって生物遺骸が運搬され堆積した場合，これを短期間で起こる1つのイベントとみなし，地層中に記録されるイベントのパターンによって，形成される化石層を①単一イベント化石層，②複合化石層，③コンデンス化石層および④ラグ化石層に識別する。

単一イベント化石層は単層レベルの化石層で，短期間に起こった単一のイベントにより形成される。化石を密集・堆積させるイベントには，暴風時の水流による遺骸集積や生物の大量死による遺骸の供給増大などがある。単一イベント化石層が複合し，より厚く大規模になったものを**複合化石層**あるいは多重イベント化石層とよぶ。水流などの物理的な堆積作用によって形成されるものと，バイオハーム（丘状あるいはレンズ状の塊状生物礁）など生物源のものがある。後者は原地性の産状であることが多い。以上の化石層は相対的に堆積速度の大きい条件下で形成される。

これに対し**コンデンス化石層**は，単一イベント化石層が複合してできた化石層のうち，複合化石層よりも堆積速度が遅い環境で形成されるものを指す。すなわち堆積速度の低下により化石層が層序学的に濃縮（コンデンス）され，同じ厚さの堆積物中により長い期間にわたる化石記録が保存される地層のことである。個々のイベントの認定は困難であることが多い。陸地に近い堆積場では，堆積物が供給されるもののその多くが通過してしまう状況において，コンデンス化石層が相対的に堆積速度が落ちる際に形成される。陸地から比較的遠い場合は陸域からの流入物減少による堆積速度の低下が成因となる。**ラグ化石層**は削剥に伴って下位の地層から洗い出された化石が再堆積したもので，通常不整合面上に化石が密集する。

以上のような化石層の堆積モデルは，シーケンス層序学の概念に基づいて説明が可能であり，とくに海生の二枚貝や巻貝，腕足類など産出頻度の高い底生動物化石の産状を説明するうえで有効である。一方でこの概念に当てはまらない分類群も多い。二枚貝や腕足類に比べ一般的に殻が薄く，浮力をもつアンモナイト類は固有の化石層を形成するし，陸上植物は河川や湖沼のような淡水域から多産する。また，泥炭湿地の植物化石や土石流・火砕流等によって埋められた化石林として保存されることもある。有孔虫，放散虫，珪藻，鞭毛藻，介形虫，コノドント，花粉等の微化石では，陸棚縁辺に生息するものについて，上述の浅海性無脊椎動物群集のように堆積学的観点から詳細に説明されている。

(2) 化石鉱脈

化石層のうち，例外的に保存のよい化石を産し古生物学的価値の高い情報を含むものを**化石鉱脈**とよぶ。化石鉱脈は密集的なものと保存的なものの2タイプに分けられる。密集的化石鉱脈は，通常よりも高い密度で化石が濃集しているものを指す。これらは上述の化石密集層のように，遺骸の集積する過程や産状について重要な情報をもたらす。保存的化石鉱脈は，硬組織に限らず，皮膚や筋肉など生物のあらゆる部位がよく保存された化石層である。これは溶存酸素に乏しい環境の堆積，遺骸の急速な埋没，細菌による軟体部や印象の急速な鉱物化，琥珀やタールに取り込まれる保存トラップ，バクテリアマットによる被覆，あるいはこれらの複合などの要因によって生成される。保存的化石鉱脈の報告例は世界的に数少ないが，化石となった生物の形態，生態，死因，群集構造，さらには堆積環境や古気候など広範の貴重な情報を含むため，古生物学に果たす役割は大きい。

4. 参考文献に関して

化石は一般的によく知られたトピックであり愛好家も多い。そのため化石に関する図鑑や普及書は数多出版されており，書店の地学系書架でも頻繁に目にすることと思う。美しい写真を集めた図鑑や，より実践的な愛好家向けの化石採集マニュアル，また恐竜等人気の高い分類群では個別の解説本もある。興味のある読者はぜひ書店で手にとってもらいたい。巻末には野外調査における実際の化石の採取と整形，産状記載の方法に関する基本的な参考図書を挙げておく。これから地質学，古生物学の研究を始める学生は活用して欲しい。

第Ⅷ章　地質構造

現在，起きている地震や火山活動は地殻変動として知られているが，地球は約46億年を通じてダイナミックな変動をしている。リアルタイムで変動を認識できるもの（地震断層含む断層運動）と，地質学的なタイムスケールでしか認識できないもの（大陸同士の衝突による山脈形成や大陸の分裂による海の形成）などがある。山脈の形成や大陸の分裂は地球規模の気候区，生物区にも影響を与えている。過去から現在も続いている地球の変動は地層・岩石を曲げたり（褶曲），破壊（断層運動）し続けている。本章では地殻変動を記録した褶曲と断層についての基礎的な観察や解析法について解説する。

1. 露頭で観察される地質構造

水中で堆積した地層（堆積岩）の層理面はほぼ水平である。しかし露頭で観察する層理面は水平の場合もあれば傾斜（図8.1）していたり，褶曲していることもしばしばある（図8.2）。さらに，

図8.1　砂岩・泥岩互層（三浦半島）

図8.2　海底地すべりで曲がった地層（三浦半島）

図8.3　糸魚川－静岡構造線の断層渓谷（山梨県早川）

地層が断層を境にして食い違いを生じている露頭や，断層に沿って渓谷ができていることもある（図8.3）。褶曲や断層は地層に外力が加わって形成された地質構造で，その規模は露頭オーダーから地質図オーダーにわたるさまざまなスケールで発達している。

2. 褶曲構造（固体の流動）

地層・岩石（固体）は長い時間をかけて力を加えると曲がる。これは地層・岩石を構成する物質が流動するためである。本節以降では，褶曲の基本的用語や露頭での観察や記載のポイントおよび褶曲構造と地質図に現れた地層の分布や，褶曲作用時の環境条件（温度・封圧）を反映した褶曲様式について概説する。

褶曲構造の基本的な用語を以下に示す。

①**褶曲面**（fold surface）：層理面や片理面が波状の曲面をしており，この面は褶曲構造そのものである。

②**ヒンジ線**（hinge line）：褶曲面上で曲率が最大の点を結んで得られる線。

③**褶曲軸**（fold axis）：通常はヒンジ線を褶曲軸としている（褶曲軸は幾何学的に特定の位置を示さない）。

④**褶曲軸面**（fold axial surface）：それぞれの褶曲面上のヒンジ線を含む面。

⑤**背斜**（anticline）：上に閉じた（上に凸）褶曲で，水平面上に露出した地層は軸部に向かって古い時代の地層が，軸部から離れるに連れて若い時代の地層が分布する。

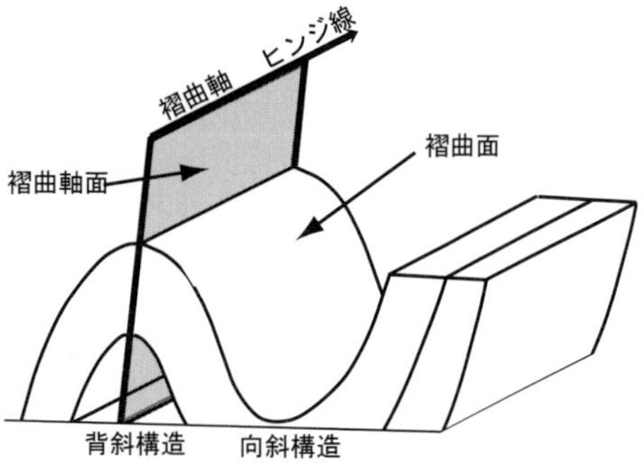

図 8.4　褶曲構造の名称

⑥**向斜**（syncline）：閉じた（下に凹）褶曲で，水平面上に露出した地層は軸部に向かって若い時代の地層が，軸部から離れるに連れて古い時代の地層が分布する。

⑦**背斜状構造**（antiform）：上に閉じた（上に凸）褶曲で，褶曲層の新旧関係は不明である。

⑧**向斜状構造**（synform）：下に閉じた（下に凹）褶曲で，褶曲層の新旧関係は不明である。

以上は最低限度の基本用語で，詳細は他の構造地質学のテキストを参照されたい（参考図書）（図 8.4）。

3. 褶曲構造と地層の分布

地質図は地形図の上に地層の境界線を描いたものである。水平層は地形図の等高線に沿って地表に現れるが，層理面が褶曲面をなす地層はどのように分布するであろうか。ここでは褶曲構造と地層の分布の関係について，背斜の褶曲軸と褶曲軸面の幾何学的条件に限定した例を述べる（図 8.5）。

①褶曲軸が水平で褶曲軸面が垂直な褶曲構造：水平面上に現れる褶曲層は褶曲軸に平行に分布し，背斜（anticline）では軸部に向かい古い地層が分布する。

②褶曲軸が傾斜し，褶曲軸面が垂直な褶曲構造：褶曲軸のプランジしている方向に凸に分布する。褶曲層の新旧は前述の①と同じある。

③褶曲軸，褶曲軸面ともに垂直な褶曲構造：褶曲軸のプランジしている方向に凸に分布し，褶曲面をなす地層の分布は，褶曲軸を境にして対称の広がりを示す。

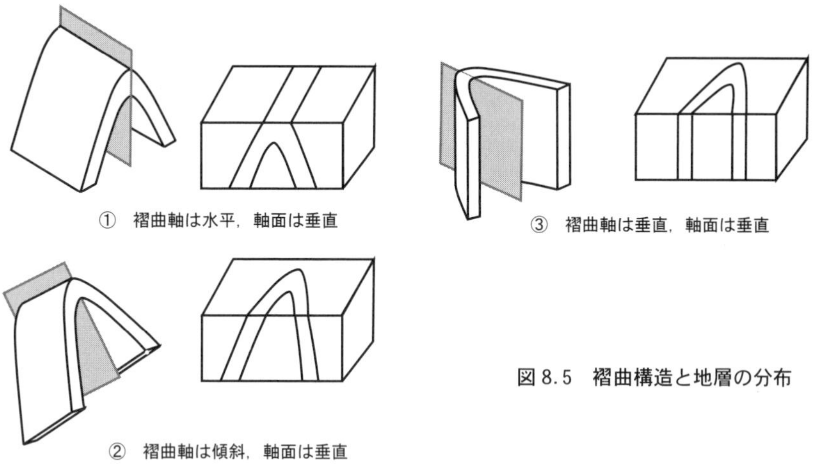

図 8.5　褶曲構造と地層の分布

4. 褶曲構造の観察・記載のポイント

褶曲構造が発達している地域の調査のポイントを解説する。

①ルートマップによる地質調査のとき，地層の走向・傾斜の変化に注目して，進行方向に露出する地層は下位または上位の地層が露出ているかを考えて調査する。

②地層の走向・傾斜が変化したら，褶曲構造または断層による可能性を考えて調査を進める。

③露頭で褶曲している地層が観察される時は褶曲の形態の簡単なスケッチをして，褶曲軸（実際にこの測定はヒンジ線）の方位とプランジの角度と褶曲軸面の走向・傾斜を測定する。

④地層にせん断へき開が発達しているとき，層理面の傾斜よりもせん断へき開面の傾斜が高角のとき，地層の傾斜している方向に向斜軸があると推定する。また，せん断へき開が層理面よりも低角度のときは，地層が逆転している可能性を考える。

⑤地層内にしばしば数 cm から 1 m オーダーの褶曲が発達していることがある。これは地層が曲る際に内側と外側で逆方向に偶力が働いて，引きずり褶曲が形成された可能性がある。この引きずり褶曲の形態から，地層が逆転している可能性を考える。地層の上下判定と地質構造が調和しているか否かの検討も重要である（図 8.6）。

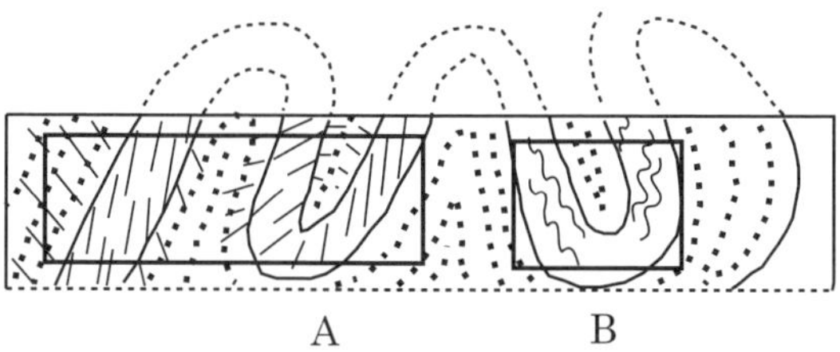

図 8.6　褶曲に伴う構造
褶曲構造とせん断へき開（A），引きずり褶曲（B）.

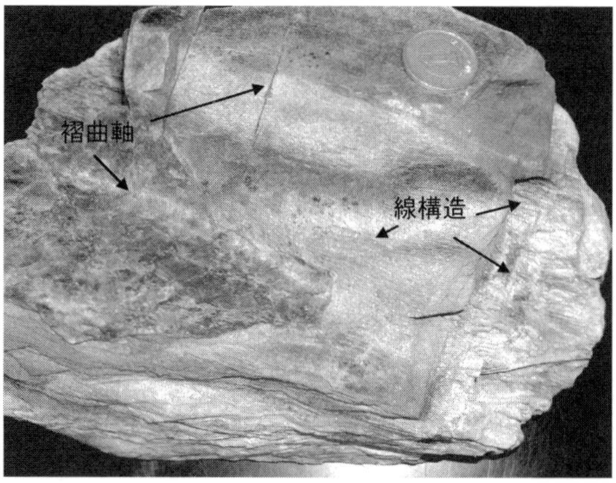

図 8.7　微褶曲と線構造（群馬県三波川変成岩）

⑥露頭で得た観察・測定および推定した地質構造と地質図に現れた地層の分布が整合するかを検討する。

⑦変成岩類には微褶曲や変成鉱物が配列した線構造がよく発達しているので，この微褶曲軸や線構造を測定して，ステレオ・ネットを用いて褶曲構造の重複等を解析する（図 8.7）。

5. 褶曲の様式

地層が褶曲作用を受けたときの温度・圧力（封圧）条件で褶曲様式がちがってくる。このちがいは露頭観察でも容易に判定できるものがある。ここでは以下のような褶曲様式を紹介する。

曲げ褶曲→曲げ－すべり褶曲→せん断褶曲→流れ褶曲，と順次高温・高圧条件下で形成される（図 8.8 ～図 8.12）。

図 8.8　砂岩・頁岩互層の曲げ褶曲（宮城県唐桑半島）

図 8.9　頁岩・砂岩互層の曲げ－すべり褶曲（群馬県鬼石町）

図 8.10　せん断褶曲（宮城県気仙沼）

図 8.11　緑色片岩の流れ褶曲（四国大歩危）

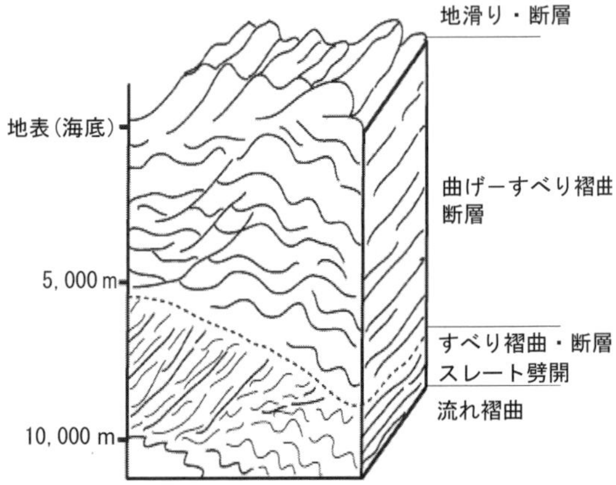

図 8.12　褶曲の階層構造の概念図

6. ステレオ・ネットを用いた褶曲軸の解析

ステレオ・ネットには2種類あり，ウルフ・ネットは等角投影法で，シュミット・ネットは等面積投影法で表現されている（図8.13）。鉱物の対称面などはウルフ・ネットが用いられ，地層の面構造・線構造（層理面，片理面，断層面など）はシュミット・ネットに下半球投影する。ステレオ・ネットに表現されている曲線は，N－Sを通る円弧を大円（地球儀の経線に相当）とよび，大円と交差する曲線を小円（地球儀の緯線に相当）とよぶ。 平面は大円と法線で表現できることから，平面は大円または極（P）で表現し，線構造の表現（方位とプランジ角を点または線で表現）と同様にする。以下にシュミット・ネットに下半球投影で面構造・線構造の表現や解析法を述べる。

①面（走向・傾斜）をステレオ・ネットに投影。

例：走向がN30E，傾斜が40SE

面は大円で，極（P）は面の法線で表現（図8.14）。

②地層の走向・傾斜から褶曲軸を求める。

例：N30E20SE，N50W40SW

2つの異なる走向・傾斜をウルフ・ネットに

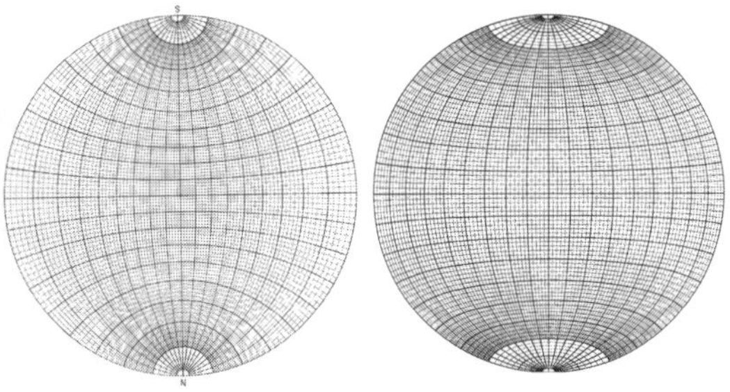

図8.13　ステレオ・ネット

ウルフ・ネット（左）とシュミット・ネット（右）.

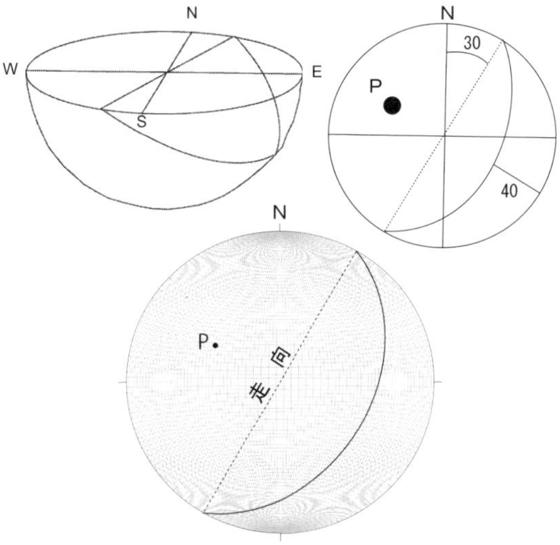

図8.14　地層の走向・傾斜をステレオ・ネットに投影

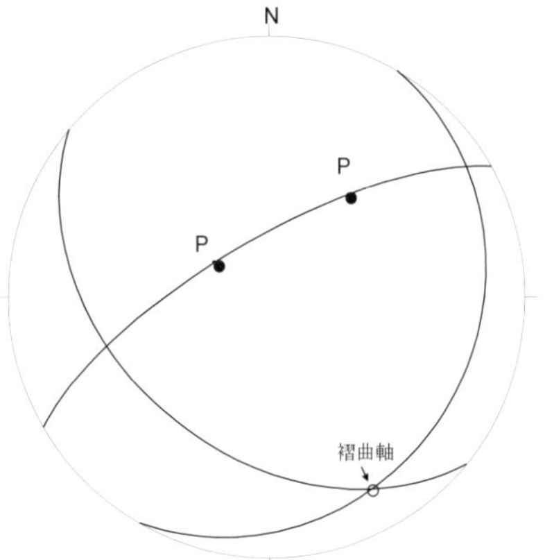

図8.15　P点は2面の交線の方位・角度を示し，褶曲軸と一致

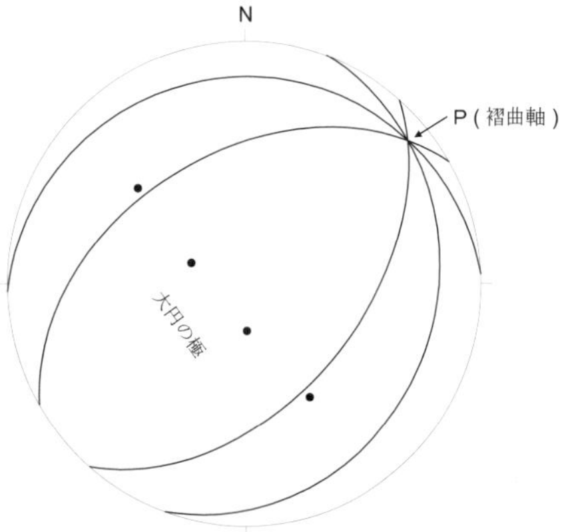

図8.16　それぞれ大円の極がのる大円の極Pと，それぞれの大円の交点が一致

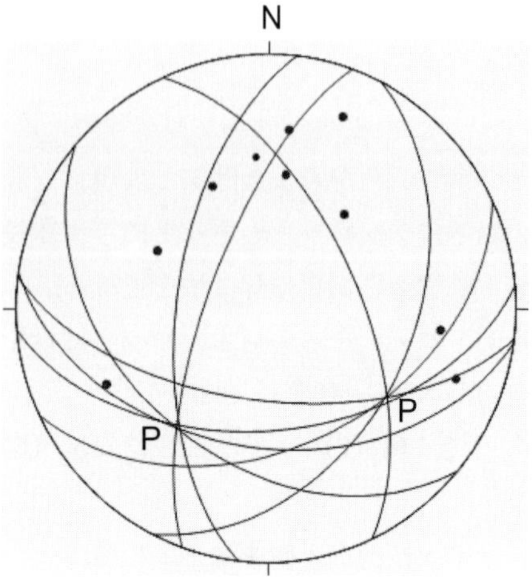

図 8.17　異なる 2 つの褶曲軸をもつ褶曲構造が重複

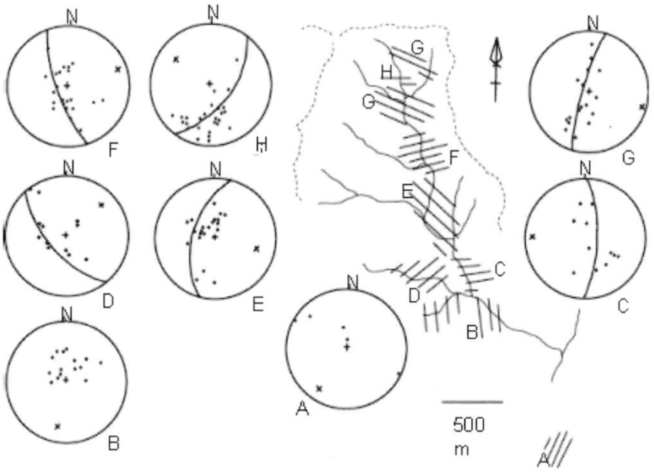

図 8.18　埼玉県吉田町，城峰山南の沢沿いの地質構造(●)，褶曲軸は（×）で表現している
斜線地域が同一の褶曲構造に属する走向・傾斜を示す.

大円で投影する。この 2 つの大円が交差した（P）が褶曲軸の方向と傾斜を示す（図 8.15)。

③複数の走向・傾斜から褶曲軸を求める。

例：N60E45NW，N88E16N，N41E50SE，N20E20E

ステレオ・ネットに走向・傾斜を大円で投影する。大円が交差する点（狭い領域に集中）が褶曲軸の方向と傾斜を示す（図 8.16)。

④複数の走向・傾斜から重複変形（重複した褶曲構造）を解析する。

例：N25W60NE，N27E41SW，N68W70SW，N83W60SW，N82W44SW，N65E44SE，N85E50SE，N7E60NW，N50W40SW，N20E70NW

2 つの P が得られたことから異なる 2 つの褶曲構造が重複した地質構造であることがわかる（図 8.17)。

ルートマップの走向・傾斜から褶曲構造を解析した例を示す（図 8.18)。多数の微褶曲が発達する片岩などでは微褶曲軸や線構造（変成鉱物の配列；図 8.11 を参照）を多数測定して，それらのデーターをステレオ・ネットに投影して褶曲軸・褶曲構造を解析する。

7. 断　　層

露頭で地層・岩石に割れ目がしばしば観察され，ときには**割れ目**（fracture）を境にして地層が「ずれ」てたりすることもある。また割れ目が平行に何本も発達しているものや，交差しているものを目にすることもある。地層・岩石の**破壊**（rupture, fracture）は地質体を面的に分割する断裂構造であり，形態、変位の性質などの特徴に基づき，**断層**（fault），**烈っか**（fissure, gash），**節理**（joint），**へき開**（cleavage）などとよばれている。ここでは断層の最も基本的な事項を説明する。

8. 断層の要素

断裂面に沿って両側の地層・岩石に肉眼レベルで変位があるとき，その断裂面を**断層**（fault）という。断層を記述する基本的な用語を以下に示す（図 8.19）。

幾何学的用語：**断層面**（fault plane），走向（strike of fault），傾斜（dip of fault），**上盤**（hanging wall），**下盤**（footwall）。

断層運動にかかわる用語：実移動（net slip），垂直移動（vertical slip），傾斜移動（dip slip），水平傾斜移動（horizontal dip slip），走向移動（strike slip），水平移動（horizontal slip）。

9．断層の分類（幾何学的と運動学的に基づく）

単一の断層を対象としたときの一般的に使われている基本的な分類を示す。断層の相対的運動のスベリ（またはスリップ）に基づき，**正断層**（normal fault），**逆断層**（reversal fault），走向移動断層は**右横ずれ断層**（right lateral fault）と**左横ずれ断層**（left lateral fault）に分けている（図 8.20）。しかし，露頭で観察される断層を境にして地層の食い違いは見かけの「ずれ」を示している可能性があり，後述の例で解説する。

相対運動の「スベリ」と見かけの「ずれ」：露

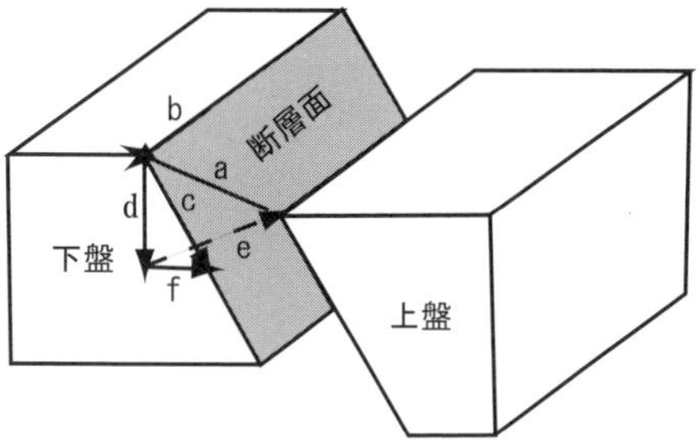

図 8.19　断層の要素
a：実移動，b：走向移動，c：傾斜移動，d：垂直移動，e：水平移動，f：水平傾斜移動.

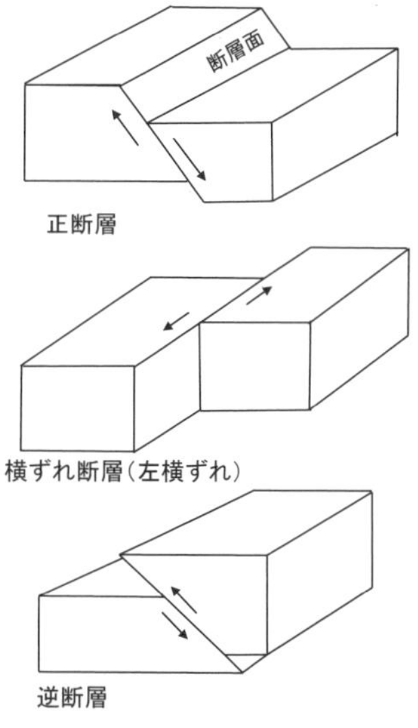

図 8.20　断層の分類
幾何学的・運動学的要素に基づく.

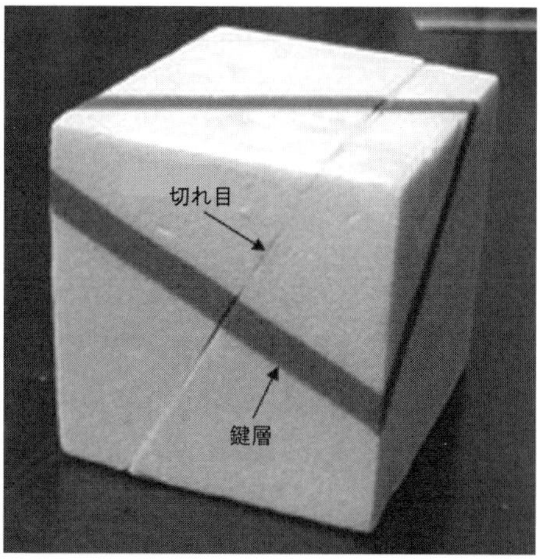

図 8.21　鍵層と断層面を示したブロック

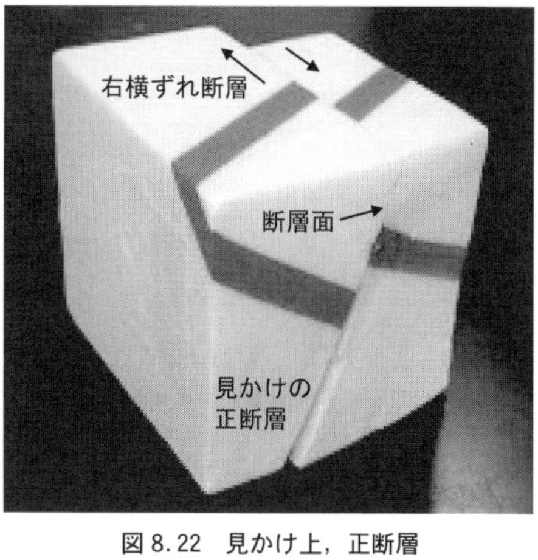

図 8.22　見かけ上，正断層

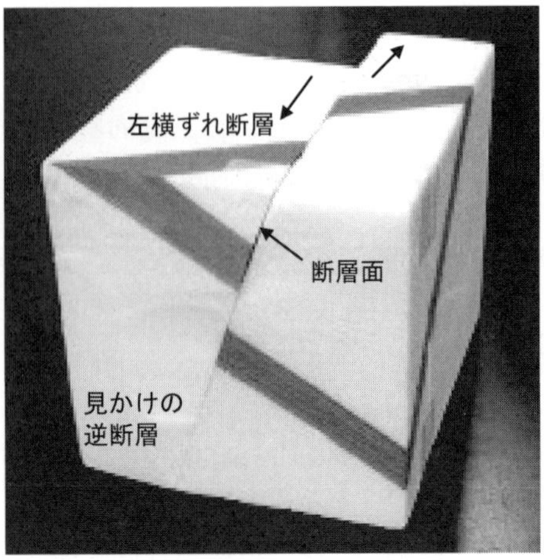

図 8.23　見かけ上，逆断層

頭で観察される地層の「ずれ」は相対的運動の「スベリ」を表しているとは限らない。相対的運動の「スベリ」と「ずれ」がちがう例を示す。図 8.21 は傾斜した地層と断層に当たる切れ目を入れたブロックである。このブロックを横ずれ運動させた後で平面状の断面に現れた鍵層を示す（図 8.22, 図 8.23)。ブロックに現れた鍵層のずれは正断層あるいは逆断層のように現れるため，露頭で断層を観察するときには十分な観察（運動方向を示す条線や引きずり）を必要とする。

10. 断層の観察と記載

露頭で断層（図 8.24）を観察するときは，断層を含む露頭のスケッチや写真を撮り，断層の走向・傾斜や破砕帯の幅などを記載することになる。

断層の運動方向を調べるために，断層面や破砕帯内に条線（図 8.28，net slip の方向に一致）があるか，断層面近傍に引きずり褶曲（図 8.25）の有無，せん断帯に対して低角せん断面が発達しているか等を観察して，断層の運動方向を決定する（図 8.25)。

図 8.24　逆断層（山梨県雨畑）

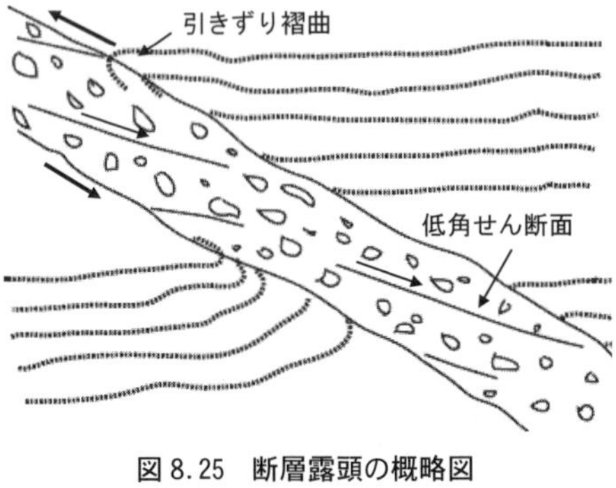

図 8.25　断層露頭の概略図
運動方向を示す引きずり褶曲，低角せん断面の例.

図 8.26　花崗岩に発達した断層群

11. 日本列島の大断層：糸魚川－静岡構造線と中央構造線

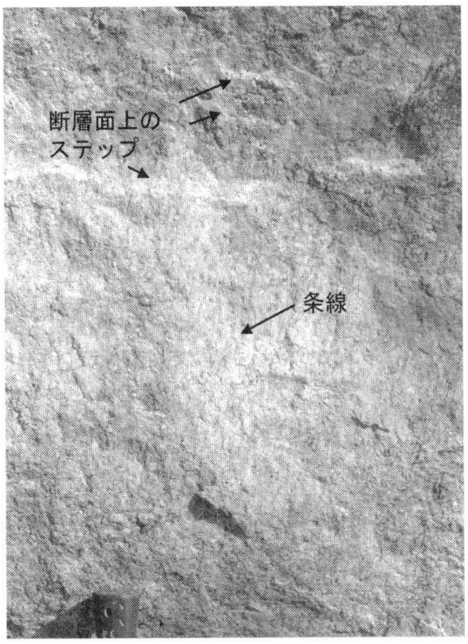

図 8.27　図 8.26 の花崗岩体に発達した断層面上に多数の条線とステップが観察される
上盤が下に，下盤が上に運動した正断層.

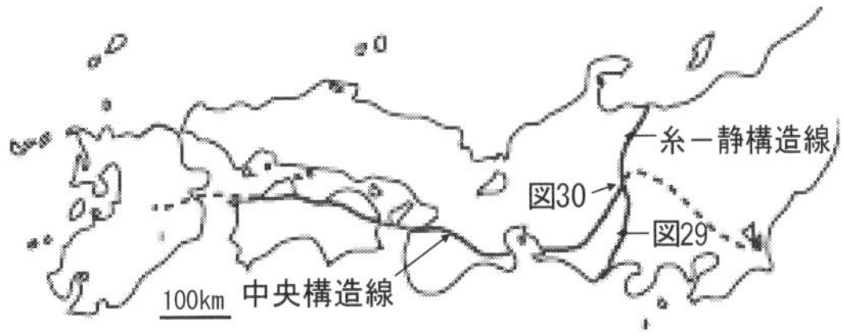

図 8.28　糸魚川－静岡構造線，中央構造線の露頭位置

図 8.29　新倉の大断層（山梨県新倉，天然記念物に指定）

図 8.30　中央構造線（長野県美和湖岸）

糸魚川－静岡構造線は本州中央部をほぼ南北に切る大断層で，この断層は地域により逆断層運動や横ずれ断層運動をしている活断層である。中央構造線は九州東部から近畿地方を通り，中部地方から関東地方でハの字形に大きく屈曲している。糸魚川－静岡構造線に切られた中央構造線は関東地方で地表の追跡は難しくなっている。この断層も活断層でシュードタキライトを伴う大断層である（図 8.28 ～図 8.30）。

12. 地震の化石：シュードタキライト

シュードタキライト（pseudotachylyte）は，粉砕粒子が溶融－急冷で，おもに黒色で緻密な火山ガラスのような見かけを示す特異な圧砕岩である。シュードタキライトは，(1) 断層に伴って，(2) 地すべりに伴って，(3) 隕石の衝突に伴って生成される。国内を含む世界各地の断層やせん断帯からシュードタキライトが報告されており，地震断層の摩擦熱で岩石が溶融されたことを示唆してお

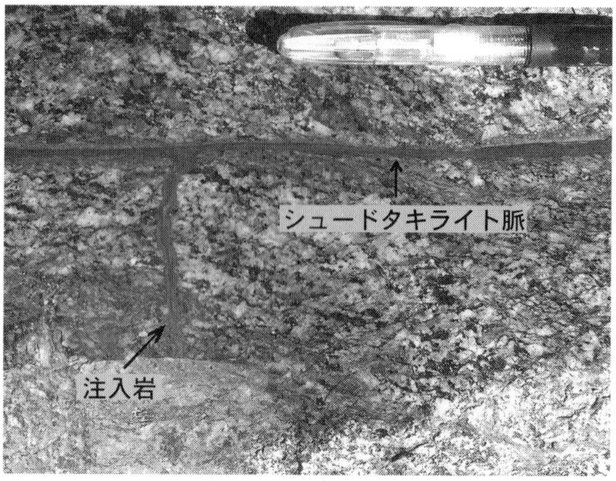

図 8.31　マイロナイト中に発達したシュードタキライト

り，“地震の化石”とよばれている。図 8.31 は愛知県の足助せん断帯に産出するシュードタキライトで，黒っぽい細脈がシュードタキライト，この細脈から母岩に注入脈が発達している。断層の高速すべりで発生した摩擦熱により溶融－急冷により花崗岩がガラス質物質となった。白亜紀後期以降に発生した内陸地震を物語っている（図 8.31）。

第Ⅸ章　鉱物・岩石

ここでは，野外での鉱物と岩石の観察から有用な地質情報を抽出するのに必要な基本的事項を概説する。最初に，地質体の最も基本的な構成単位である鉱物とその集合組織の情報を，次に鉱物集合体である隕石と地球物質の情報，最後に日本の火成岩・変成岩の簡便な鑑定法に触れる。

1．鉱物の基本的性質

ここでは鉱物がどのような物質であるかを理解するため，肉眼レベルで観察できる鉱物の特徴について説明する。この特徴は，鉱物種の同定や野外での岩石名の判定の基本となる。

（1）鉱物観察の意義

鉱物（mineral）は，天然に産出するほぼ一定の化学組成と規則的な原子配列をもつ固体である。規則的な原子配列をもつため，ほとんどが結晶となっている。この定義には例外もあるが，9割以上はこれにあてはまる。また，鉱物には，生物と同様に「**種**」（species）が設定されており，基本的に化学組成と結晶構造で区別されている。現在，4,400種を超える鉱物種が確認され，日本でも900種ほどの産出が知られている。

地球や月など太陽系の惑星・衛星の固体部分は鉱物からなっているため，鉱物は惑星の基本的構成要素として重要である。地球や宇宙物質の性質や進化を物質科学の立場から考える場合，鉱物は3つの重要性をもつ。1つ目は惑星進化の情報源としての重要性で，これは，惑星の形成史や地質学的事件が鉱物の中に組成・構造・組織などのミクロな形で記録されることによる。2つ目は，鉱物のもつ性質から惑星や地質体（地殻・マントルの岩石）の性質を予言できることである。これは，地殻やプレートなど地質体の性質がその主要構成鉱物の性質によって支配されていることによる。3つ目は，研究対象地域の調査方針決定の手がかりとなることである。鉱物から直接露頭レベルの地質体の特徴（産状）を判定し，調査方針の助けとなる場合もあるが，多くの場合，野外での構成鉱物の種類と組織から岩石の名前を判定し，その岩石の種類から地質体の調査方針を決定できることが重要である。後述のように地質体の調査法は，その構成岩石の種類（花崗岩・玄武岩など）によってほぼ決まっている。

（2）鉱物の基本的性質

鉱物の特性を表す基本的性質は，ほとんど物理的性質である（表9.1）。これらはおもに構成原子の結合や電子状態によって発現する。結合や電子状態は元素の種類と結晶構造に密接なため，鉱物の基本的性質は化学組成や結晶構造の反映とみなすことができる。鉱物種は化学組成と結晶構造で分類されるので，基本的性質をいくつか組み合わせて判別することで鉱物種を同定することもできる。ここではおもな基本的性質について説明する。

表9.1　おもな鉱物の物理的性質

・外形	・光学的性質
・硬度	・光吸収
・へき開	・電気伝導度
・比重	・熱伝導率
・色（条痕色）	・弾性波速度
・光沢	・焦電性・圧電性
・磁性	・放射能
・ルミネッセンス	

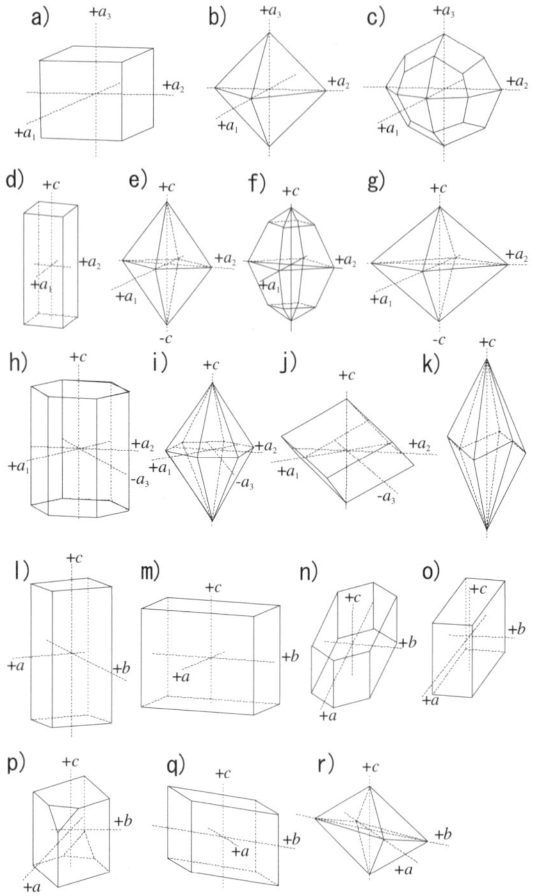

図 9.1 各晶系の典型的な自形形状

a)-c) は立方晶系，d)-g) は正方，h)-i) は六方，j)-k) は三方，l)-m) は斜方，n)-p) は単斜，q)-r) は三斜の各晶系が示しやすい形状.

外　形

自形（idiomorphic, euhedral）は，気体・溶液・マグマあるいは多結晶中で何も妨げられない状況でゆっくり成長した場合に生じる単結晶の形のことで，通常，平坦面で囲まれた多面体である。環境中でエネルギー的に最も安定な形状となっている。この形状は，基本的に結晶の対称性や結晶構造によって強く支配されるため，鉱物種の同定で有力な情報となる。たとえば，立方晶系の鉱物は立方体や正八面体，六方晶系の鉱物は六角柱の形状をとりやすい（図 9.1）。これらの形状は，後述のように成長環境や成長速度によって，さらに変化する場合がある。鉱物の形状には，この他，他形というものがある。これは，他の鉱物が晶出した後に，隙間を埋めるように結晶が成長し，本来の形（自形）が妨げられて生じる形のことである。

自形の観察は，基本的に肉眼ないしルーペで行う。観察試料は，水洗によって泥等の付着物を落とした後，風乾しておく。火山岩の斑晶など岩石中に埋没した結晶では断面形状から判断する。

硬　度

硬度（hardness）は傷つきにくさの指標で，割れにくさとは異なる。この性質は，おもに化学結合の強度に由来する。2 つの原子の間の結合が強い場合，すなわち原子間距離が短い結合を多数含む鉱物は，結果として硬度が高くなる。結合強度は結合の種類と密接で，一般に共有結合，イオン結合，ファンデルワールス結合の順に強度が弱くなる。共有結合とイオン結合が混成した結合では，共有性の割合が高い方が結合強度は強い。たとえば，ケイ酸塩鉱物で重要な Si-O 原子間の結合がそれに相当する。イオン結合では，電荷が大きくイオン半径の小さいイオンを含む結合や，密度が大きいほどイオン間距離が短く，結合強度も強い。多くの鉱物はイオン性結晶であるが，多様な原子を含むため，内部に複数種類の結合が存在することが多い。そのため，鉱物の硬度はさまざまな結合の寄与が合わさったものとなる。また，結晶中の 2 つの原子間の距離は方向によって変化するため，硬度も方向によってわずかに変化する。この変化は通常は小さいが，藍晶石（カイアナイト）は極端に大きな硬度異方性を示す。

硬度は，基準となる物質との相対的な硬さを測定することで判定される。測定法にはモース硬度計，ビッカース硬度計，ブリネル硬度計などがあるが，鉱物の硬度は**モース硬度計**（Mohs's scale of hardness）で測定されることが多い。モース硬度計には 10 種の標準鉱物（表 9.2）が設定されて

表 9.2　モース硬度計

硬度	標準鉱物	結合・構造の特徴
1	滑石 $Mg_3(Si_4O_{10})(OH)_2$	ファンデルワールス結合含む層状構造
2	石膏 $CaSO_4 \cdot H_2O$	イオン結合，層状構造
3	方解石 $CaCO_3$	完全イオン結合
4	ホタル石 CaF_2	完全イオン結合
5	リン灰石 $Ca_5(PO_4)_3(F,OH)$	イオン結合＋共有結合
6	正長石 $KAlSi_3O_8$	イオン結合＋共有結合
7	石英 SiO_2	イオン結合＋共有結合
8	黄玉 $Al_2SiO_4(F,OH)$	イオン結合＋共有結合
9	コランダム Al_2O_3	共有結合
10	ダイヤモンド C	

おり，それらと未知鉱物を擦り合わせてどちらに傷がつくかで硬度を判別する。たとえば，リン灰石とほぼ同じ硬度であれば，未知試料はモース硬度 5 となる。モース硬度 6 で傷つき，硬度 5 で傷がつかない場合は，モース硬度 5.5 と判定する。これらは鉱物同士の相対的硬度で，定量的な指標ではないが，簡便なためによく用いられる。傷の判定は，破砕した粉末を除いた後，ルーペで行う。野外では，モース硬度計のかわりに，硬度 10 から硬度 5.5 までの結晶が先端に埋め込まれた硬度棒が使われることがある。また，日常品ではナイフなどの焼き入れ鋼が硬度 6.5 で，爪が硬度 2.5 である。野外調査では，焼き入れした釘などがあれば，石英と長石の判別など，通常の調査には用が足りることが多い。

へき開

へき開（cleavage）は，鉱物を割ったときに平滑に割れる性質のことである。原子面と原子面の間の結合強度に由来しており，相対的に結合の弱い原子面，すなわち原子面の面間距離が大きい面に沿って平面状に割れる。そのため，へき開で生じる平面は，結晶の面指数で示される。また，割れた面の平滑さや発達の程度によって完全・良好・明瞭・不明瞭と区別され，完全と良好以外のへき開は，多数の結晶を割った粉砕片をルーペで丹念に観察しないと確認が難しい。

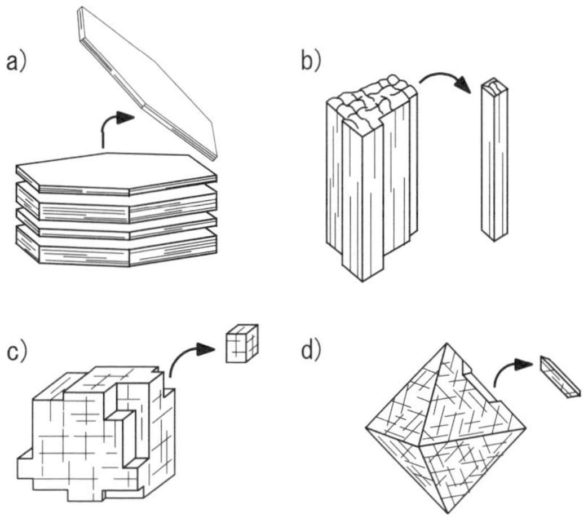

図 9.2　さまざまなへキ開の様子

a）は 1 方向，b）は 2 方向，c）は 3 方向，d）は 3 方向以上のへき開の様子．結晶内部に見られる割れ目はへき開面である．

へき開を示す鉱物は割れ口が平面で，結晶の他の部分もその面に平行に割れる。外形の平面（結晶面）ではないことに注意する。平行に割れる方向が 2 方向以上ある場合もある（図 9.2）。その場合，互いのへき開面の間のおよその角度が重要となる。へき開は結晶構造に密接で，同一種の鉱物では必ず同じように割れる。そのため，自形を示さない鉱物種の同定で非常に重要な手がかりとなる。原子面の間の結合力に差がない場合は，ガラスのように不規則な曲面の割れ口を示し，へき開に対して**貝殻状（不規則状）断口**（conchoidal fracture）とよぶ。

へき開の観察は，鉱物結晶の破断面を肉眼ないしルーペで観察することで行う。へき開面は原子レベルでの平滑面なので，光を強く反射する。1 つの結晶（単結晶）の中で，破断によって生じた平滑な反射面と平行に割れている平面あるいは割れ目が複数あれば，へき開と判断できる。結晶内部で平行な割れ目が複数入っている場合もへき開と判断できる（図 9.2）。

へき開と似た性質に**裂開**（parting）とよぶものもある。これは，結晶構造から考えて本来へき開

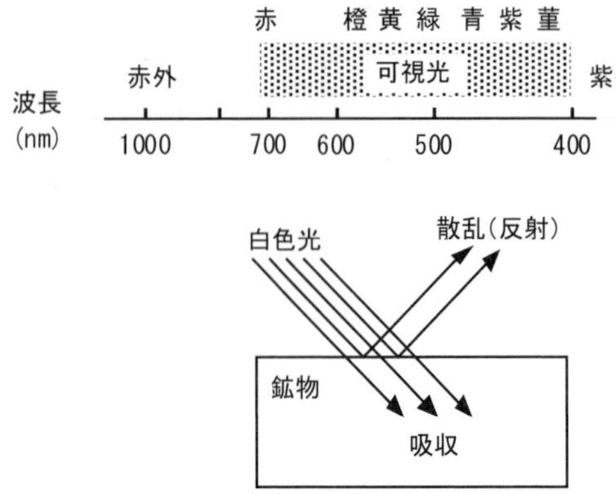

図 9.3　光の波長と可視光の選択吸収

を示すはずのない方向に平滑に割れる現象である。鉱物の成長過程や成長後の過程で，ある特定の原子面に不純物や欠陥が集中し，結果としてある原子面の結合が弱くなり生じる。同一種のすべての鉱物に存在するのではなく，特定産地の標本にのみ認められる。へき開と異なる方向に平滑に割れるため，鉱物種の同定を難しくすることがある。

色と条痕色

物質の色は，可視光の選択吸収と反射によって発現する。太陽光や通常照明の光は，7 つの色の可視光が混合して白色光となっている（図 9.3)。物質に白色光を照射すると，特定の波長（色）の光だけが物質によって吸収され，残りの波長は反射されて混合し，余色として視認される（図 9.3)。つまり，余色が物質の色となる。

特定波長の吸収は，おもに物質中の外殻電子の励起と移動によって発生する。励起と移動は，構成元素の種類・不純物・結晶構造に依存した電子状態に由来するので，物質の色はそれらの重要な情報源となる。鉱物の色の原因には，その他の原因も含めておもに 7 種類ある（表 9.3)。発色の原因が主成分の遷移金属元素の場合は，その鉱物本来の色（自色）である濃い色を呈する。一方，微量成分や構造のわずかなちがいによる発色(他色)は，色が薄いことが多い。

表 9.3　鉱物の着色原因

1) 主成分の遷移金属元素による結晶場着色 例：トルコ石，鉄バンザクロ石
2) 遷移金属元素不純物による結晶場着色 例：ルビー：Cr^{3+}，緑柱石：Cr^{3+}
3) 色中心：結晶中の点欠陥が可視光吸収 例：岩塩（青）*，石英（黒）* ＊（ ）内は生じる色の例
4) 電荷移動吸収：2 種のイオン間での電子移動による吸収 例：サファイヤ：Fe^{2+} と Ti^{4+} 間の移動
5) エネルギーバンド間の遷移による吸収と反射 例：金属，半導体
6) 微小鉱物の一定配列による屈折・散乱・干渉・回折 例：キャッツアイ，ラブラドライト
7) 有色鉱物，液体などの包有物 例：白色の石英

鉱物の色（外観色）は，さらに内部組織や表面状態によっても変化するので，それらの効果を除いて鉱物本来の色を観察するため，粉末にすることが多い。この粉末の色を**条痕色**（streak）とよび，光吸収による発色が際立つため，色の簡便な判別によく利用される。条痕色は，白色の素焼の磁器の板に鉱物を擦りつけ，生じる粉末の色を判別することで観察される。透明・半透明の鉱物の条痕色は通常白色で，この方法では判別できないので，粉砕して調べる。また，素焼の磁器はモース硬度 6.5 なので，それ以上の硬度の鉱物も粉砕して調べる。条痕色は自色を示すので，たとえば不純物などにより発色した紫水晶・黄水晶・黒水晶の条痕色は，石英（水晶）本来の色である白色となる。日常語として使われる試金石は，条痕色によって金の品位調べるのに用いた石のことである。純金の条痕色は黄金色で，銀などの混ぜ物の量に比例して白っぽくなっていく。

光　沢

光沢（luster）は，表面の輝きの程度を表す指標である。鉱物の光沢の強さは，反射率・屈折率・透明度・表面組織等に依存する。反射率と屈折率は電子状態と密接で，結合の種類・結晶構造・密度・重元素の存在などと関係する。

表 9.4 光　沢

金属光沢	金属のような反射光．屈折率 3.0 以上の鉱物 例）金属元素鉱物，硫化鉱物など
亜金属光沢	屈折率 2.6 〜 3.0 の黒色あるいは褐色の不透明鉱物 例）鉄マンガン重石などの酸化鉱物
金剛光沢	ダイヤモンドのような輝き．屈折率 1.9 〜 2.6 の透明・半透明鉱物
ガラス光沢	ガラスのような反射．屈折率 1.3 〜 1.9 の透明・半透明鉱物
樹脂光沢	樹脂のような感じ．屈折率 1.9 〜 2.6 の黄色や褐色の鉱物
脂肪光沢	脂肪のような感じで，樹脂光沢より弱い光沢
絹糸光沢	ガラス光沢の鉱物の繊維状結晶集合体の内部反射による
真珠光沢	真珠のような感じ．へき開の発達した鉱物での内部反射による
土状光沢	吸収が強く，光沢がない状態

光沢は，光沢度計で定量的に測定することも可能であるが，鉱物の場合には定性的に 7 つ程度に分けて表現される。たとえば金属光沢，金剛光沢，ガラス光沢などである（表 9.4）。金属光沢から順に反射率や屈折率が低下するので，輝きも順番に低くなる。これらの区分から，電子状態などの情報を定性的に知ることもできる。たとえば，金属光沢は自由電子による光の吸収と再放出が関与しており，それを示す物質は導体や半導体であることが多い。亜金属光沢では，自由に移動可能な電子が少ないことを示す。ガラス光沢以下は基本的に絶縁体である。金剛光沢はガラス光沢に比べて輝きが強いが，透明物質では一般に重元素を含み，密度が高くなると屈折率が増すために輝きが強くなる。真珠光沢と絹糸光沢は内部組織によって生じた反射から発現する。この他，油脂光沢などの表現を使うこともある。土状光沢は，観察試料が細粒状あるいは粉体の状態で，光沢が認められない場合に使用する。野外で光沢を観察する場合は，試料に十分な光を当て，結晶面や破断面など風化・変質のない部分を肉眼ないしルーペで観察し，どの光沢に相当するかを判定する。同一鉱物であっても重元素の含有量や内部組織によって光沢は変化することに注意する。

また，光沢とは異なるが，内部組織に関連した光学的効果よって鉱物内部に色彩や輝きが生じる場合もある。内部の微粒子や薄層による光の回折現象で虹色が発現するオパールや曹灰長石（ラブラドライト）の遊色，内部の微小な針状結晶の配列による回折現象で光条が発現するスタールビーやキャッツアイなどの光彩，繊維状集合体に沿った光の内部反射で生じるウレックス石のグラスファイバー効果などである。

磁　性

磁性（magnetic property）は，物質中の電子のスピンの向きとそれが揃っている小領域の配列によって発現する。古典論的に考えると，原子核周囲の電子は，自転（スピン）と公転運動を行っており，フレミングの法則に従うように電流と磁界を発生させている（図 9.4）。磁界には特にスピンの寄与が大きい。

通常の原子では，1 つの電子軌道に 2 つの電子が配置され､それら電子は互いに逆向き（逆回り）のスピンをもっている（図 9.5）。そのため，各軌道で両者によって発生する磁界は打ち消しあって，原子全体として磁性を発現しない。ところが，遷移金属元素（Fe，Co，Ni など）の外殻電子の軌道（3d，4f 軌道）の一部では，電子が 1 個（不完全殻）でスピンが同じ向きのため，磁性が外部に発現できる状態にある（図 9.5）。これら元素を含む合金などでは，通常，スピンの向きが揃っている小領域が複数形成されているが，各領域のスピンの向きは同じ方向に揃っていない（図 9.6）。

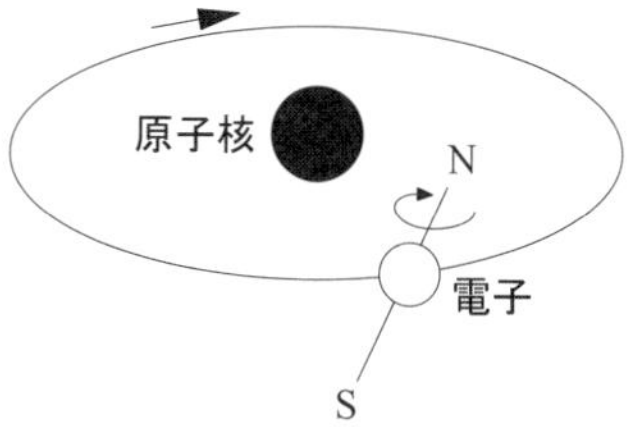

図 9.4　電子の自転とスピンのイメージ

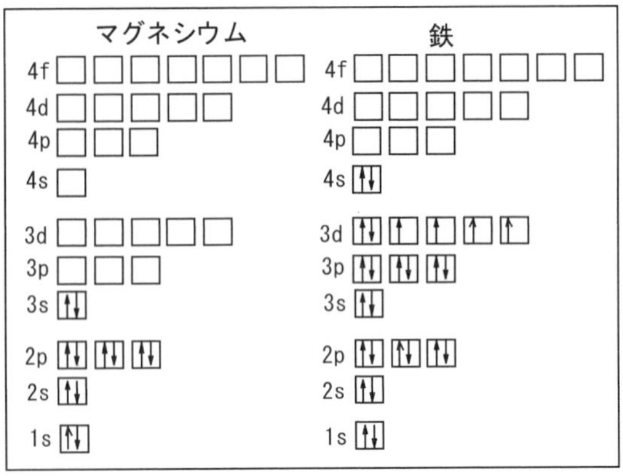

図 9.5　マグネシウムと鉄の電子配置
矢印が電子のスピンの向き．マグネシウムはすべての軌道（箱）に 2 個の電子が逆向きのスピンで入る。鉄の 3d 軌道には電子が 1 つずつ入り，そのスピンの向きは揃っている．

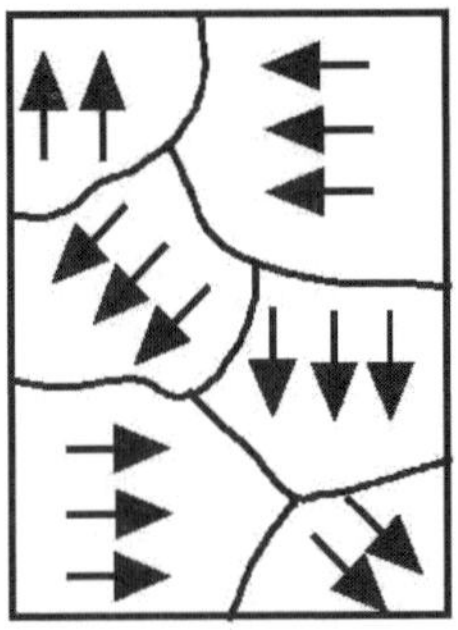

図 9.6　物質内部のスピンの向きが揃った小領域の様子
矢印がスピンの向きで，スピンの向きの揃った小領域が存在．各領域のスピンの方向が揃っていないので，全体として打ち消し合って，磁性は観察されない．

これらが揃えば，全体として打ち消し合わずに強力な磁性を発現することになる。

磁石につくという現象は，磁石の磁場によって対象物中のこれら小領域が同方向に整列して二次的な「磁石」となり，磁石と対象物がそれぞれ磁石になって磁石同士で引き合うために生じる（図 9.7）。金属鉄などはこのようなフェロ磁性とよばれる形で強い磁性を発現する。強い磁性の発現の仕方は，その他に，合金や化合物で生じるフェリ磁性などがある。フェリ磁性は，結晶中の各遷移金属元素のスピンの向きが反対になっているが，それらの比率がちがうためにある方向の磁性が卓越し，全体として磁性を発現する。

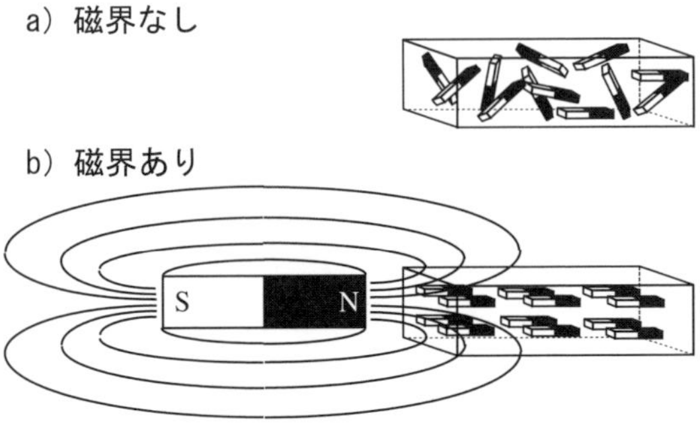

図 9.7　金属鉄試料のフェロ磁性の発現の様子
a）通常は，鉄内部の各小領域のスピンの方向（ミニ磁石の向き）が揃わないために全体として磁性を示さない．b）磁石を近づけるとその磁場によって小領域が整列し，金属鉄自体が磁石となり，磁石同士で互いに引き合う．

一般に，磁石を近づけると強く吸い寄せられる鉱物に対して，「磁性がある」という。自然に産出した金属 Fe，Co，Ni やそれらを主成分とする酸化物や硫化物の鉱物にほぼ限られる。自然鉄などを除けば，これらはほとんどがフェリ磁性体である。強磁性を示す鉱物は，マグマの固結や堆積の際に地磁気の方向に N-S 方位が固定されるため，その向きから過去の地球磁場の様子を復元できる。

野外での磁性の観察は，通常，支持用クリップ付きの棒磁石で調べられる。支持用クリップを持って，試料を真横に置き，わずかに磁石が振れる様子から岩石中の強磁性鉱物の有無を判定する（図 9.8）。棒磁石は磁力が弱いので，自然鉄（Fe）や磁鉄鉱（Fe_3O_4），磁硫鉄鉱（$Fe_{1-X}S$）が吸い寄せられる程度であるが，岩石中の磁鉄鉱の有無や，磁鉄鉱とチタン鉄鉱の判別には，棒磁石で十分である。

ネオジム磁石など小型強力磁石を糸の先端に付け，磁石が自由に触れる状態で試料の真横に置き，磁石の引き寄せられる様子から磁性を調べることもある（図 9.8）。数百ミリテスラの強さの磁石には，磁鉄鉱，磁硫鉄鉱，フランクリン鉄鉱，チタン鉄鉱，鉄バンザクロ石，黒雲母，菱鉄鉱などが吸い寄せられる。モナズ石 -(Ce) など一部の希

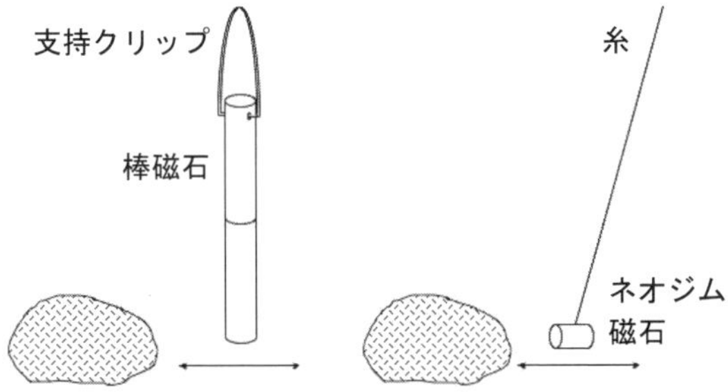

図 9.8　棒磁石や小型磁石による磁性の観察

土類元素を含むものも吸い寄せられる。鉄を含む鉱物でも黄鉄鉱はほとんど吸い寄せられない。小型強力磁石は野外でザクロ石中の鉄の含有量の判別等に用いられることがある。野外で岩石の磁性を定量的に調べるには携帯用帯磁率計を使用する。

比　重

比重（specific gravity）は，常圧の 4℃における等量の水との相対的質量を指し，常温状圧の密度とほぼ同じである。比重は，結晶構造と化学組成，欠陥や不純物量に依存する。したがって，比重の測定から組成のちがいや結晶構造のちがい，さらに欠陥や不純物の存在等も推定できる。たとえば，エメラルドでは熱水法で合成した人工物と天然物のわずかな比重の差からそれらの判別が可能で，Y-Ba-Cu-O 系の超伝導物質では，合成法によって変化する酸素の量を比重から推定できたことがある。

比重は，通常，大気中と水中での秤量結果の比から決定される。液中の物体は，排除した液体の重量に等しい浮力を受けるためである（アルキメデス法）。この方法では，試料の重量と体積が十分であれば，有効数字 3 桁の密度が得られる。ただし，火山岩のような多孔質物質の測定は難しい。その他，比重瓶を使用する方法や比重が既知の重液による直接比較などがある。比重は野外ではほとんど測定されないが，手に持った試料の大きさと重さの感じから，極端に比重が異なる物質の判別は可能である。たとえば，後述のカンラン岩（比重 3.6）と蛇紋岩（比重 2.6）や，重金属硫化物を含む鉱石と含まない岩石の判別などである。

ルミネッセンス

ルミネッセンス（luminescence）とは，物質がエネルギーを吸収して励起し，元の状態に戻る際に発熱しないで可視光を放出する現象を指す。エネルギーの供給源には光・熱・化学反応・生体内化学反応・電場・放射線・電子線・摩擦・機械的作用などがあり，それぞれに応じた発光が観察できる。このうち，鉱物の特性を簡単に知るうえで重要なのは，光の刺激による光ルミネッセンス（フォトルミネッセンス）である。

光ルミネッセンスでは，結晶中の電子が紫外線などの光エネルギーを吸収して励起し，熱振動などでエネルギーの一部を失った後，元のエネルギー状態に戻る過程で可視光を放出する（図 9.9）。励起される電子は，おもに遷移金属不純物の電子や放射線損傷などの結晶欠陥に伴う化学結合に寄与しない余分な不対電子である。そのため，光ルミネッセンスは特定種類の不純物・結晶欠陥・放射線損傷のある鉱物によく認められ，発光の色やスペクトルから不純物の種類，発光強度からそれらの存在量を知ることができる。

光ルミネッセンスで生じる光（蛍光）の色（波

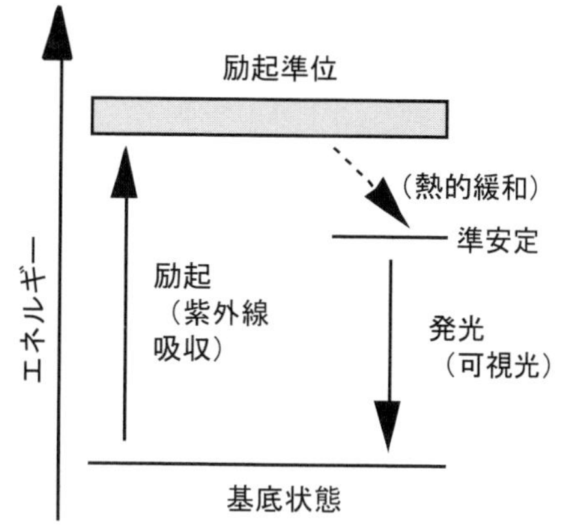

図 9.9　ルミネッセンスの概念図

長）は，刺激するエネルギーや不純物の種類などによって変化する。そのため，特定鉱物が特定波長の光を放出するわけではない。むしろ同じ鉱物でも多様な色の蛍光が認められる。通常，励起源を区別するため，紫外線照射で発光する場合は紫外線ルミネッセンス，熱で発光する場合は熱ルミネッセンスなどと区別する。また，発光は刺激がやむとすぐに消えるが，長い残光（燐光）が観察されることもある。

紫外線ルミネッセンスは，通常，短波長（254nm）ないし長波長の紫外線を試料に照射し，肉眼で発光の色調・強弱・燐光などを観察する。簡便なため，タングステン鉱山での灰重石と石英の区別，ウラン酸化物に特徴的な黄緑色の蛍光を利用してウランの分布や地下水に伴うウランの運搬の痕跡の把握などに使われる。また，花崗岩中のジルコンを探すのに利用されることもある。ジルコンは岩石の放射年代（U-Pb 法）を測定するのに適した鉱物である。ルミネッセンス現象そのものも年代測定に利用されている。土器等に含まれる石英・長石には土中の自然放射線の影響で不対電子が形成されるため，熱ルミネッセンス現象が観察される。放射線の照射量は時間とともに増加するため，単位時間あたりの不対電子形成量とその蓄積量がわかれば年代を知ることができる。

放射能

U や Th などの不安定な原子核が，放射性崩壊の際に放出する高エネルギーの粒子や電磁波を**放射線**（radiation）とよぶ。α 線・β 線・γ 線などがあり，それぞれ He 原子核・高速電子・短波長の電磁波からなっている。これら放射線を自発的に放出する能力がある物質を**放射能**（radioactivity）があるという。放射線は，U，Th などの存在を示す指標である。U，Th はマントルや地殻に低濃度で幅広く分布しているが，マグマが結晶化する際に結晶に入りにくい大きさをもっているため，常に残液に濃集する傾向がある。このため，結晶分化が進んだ花崗岩マグマの分化末期に生じたメルトにはとくに濃集し，U や Th を含む随伴鉱物を形成しやすい。一般に U や Th を多量に含む放射性鉱物は，花崗岩マグマの結晶分化末期の指標となっている。

鉱物や岩石からの放射線では，通常，透過能力の高い γ 線をガイガーカウンターによって測定する。放射線は肉眼で観察できないが，測定機器がなくとも，鉱物の変色によって放射線の存在や放射能の有無を間接的に知ることができる。放射線は高エネルギーのために，結合を切断したり，中性原子をイオン化する能力がある。そのため，鉱物結晶中を放射線が通過すると，結晶構造の破壊などの放射線損傷が生じ，その部分が可視光を吸収するようになる。その結果，U や Th に富む放射性鉱物の周囲の鉱物は，放射線の影響で着色が生じることが多い。たとえば石英が黒変したり，岩塩が青くなる等である。このことから放射線の通過や強い放射能の有無を間接的に知ることができる。

2. 鉱物の表面と組織

ここではおもに，鉱物や岩石の形成環境の推定に有用な鉱物単結晶の表面模様と集合組織の情報について，肉眼ないし拡大鏡レベルの観察できる事柄を概説する。最初にそれらの基礎となる結晶成長の機構について概観し，その後に鉱物表面・形状・集合状態から得られる情報について説明する。

(1) 鉱物の結晶成長

結晶成長（crystal growth）とは，熱力学的な駆

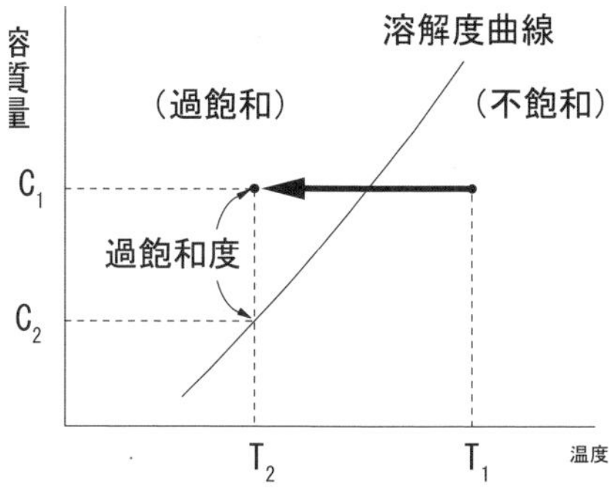

図 9.10　溶解度曲線と過飽和度
温度 T_1 で不飽和状態であっても，冷却により温度 T_2 になると過飽和状態となる．温度 T_2 での過飽和度は（C_1-C_2)/C_2 の百分率で表される．

動力により，溶液など原子配列の乱れた環境相に秩序構造（結晶相）が出現し，それが核となり巨大化する過程である。成長の機構は，気相・液相・融体（メルト）・固相など環境相で異なるが，地球上では液相の介在する結晶成長が主であり，マグマからの成長も溶液からの成長とメカニズムが基本的に類似しているので，ここでは溶液からの結晶成長について概説する。

溶液からの結晶成長は，過飽和状態の出現・核形成・原子付着による成長（狭義の結晶成長）の各過程からなる。通常の溶液では，ある温度で溶媒に溶け込める溶質の上限量（溶解度）は決まっており，その量は温度とともに増加する。温度と溶解度の関係を溶解度曲線とよんでいる（図 9.10)。高温の溶液が冷却する過程では，ある温度での溶解度を超えて溶質が溶け込む状態が出現する（図 9.10)。この状態を**過飽和状態**（supersaturated state）とよび，その温度での溶解度以上に溶け込んだ溶質量を溶解度で割った値の百分比が過飽和度（supersaturation）である。**過飽和**状態は不安定なので，溶質を析出して溶解度曲線以下の状態（不飽和状態）になろうとする圧力が働く。これが結晶成長の原動力となる。一般に過飽和度が高いほど各過程が速く進む。

結晶成長の最初の段階である**過飽和状態の出現**は，おもに過冷却や溶媒の蒸発によって生じる。過飽和状態が出現すると，溶液中の溶質濃度のゆらぎ等によって局所的な原子や分子の微小な濃集部分が発生し，これが結晶の核となる。この過程を**核形成**（crystal nucleation）とよぶ。結晶核では原子や分子が付着や離脱を繰り返すが，過飽和度による駆動力である一定の大きさ以上になると，それ以降は安定になり，微小な核を中心に原子や分子が付着し，巨視的な結晶へと成長する。核形成には均質核形成と不均質核形成があり，前者は濃度のゆらぎから自然発生的に核が形成され，後者は不純物や異物が核になる。天然では不均質核形成がほとんどである。

核から成長した微小な結晶の表面付近では，原子や分子が表面への付着や熱振動による離脱を繰り返し，付着が多い場合に成長が進行する。原子の付着は，結晶表面の原子のつくる段差（**ステップ**，step）や段差の折れ曲がり部分（**キンク**，kink）に生じる（図 9.11)。とくにキンク部分は，付着原子の表面に接する部分が平面やステップよりも多いため，原子を安定に固定できる。この段階の成長には，過飽和度と表面の凹凸の度合に応

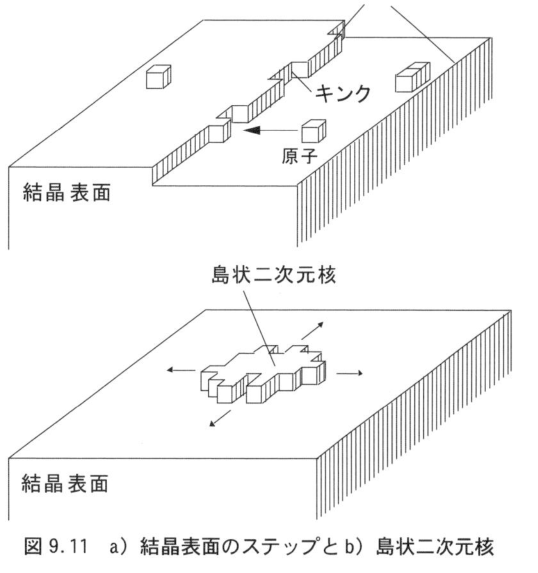

図 9.11　a）結晶表面のステップと b）島状二次元核

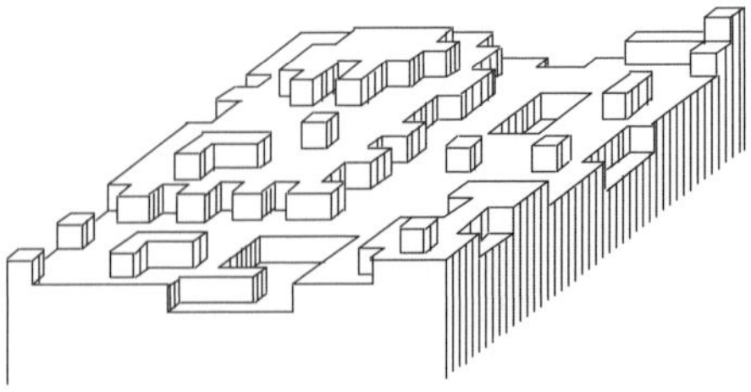

図 9.12　荒れた結晶表面と一様成長の様子

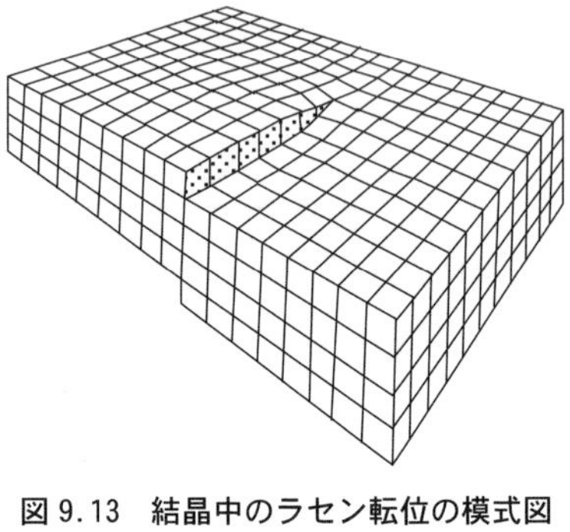

図 9.13　結晶中のラセン転位の模式図

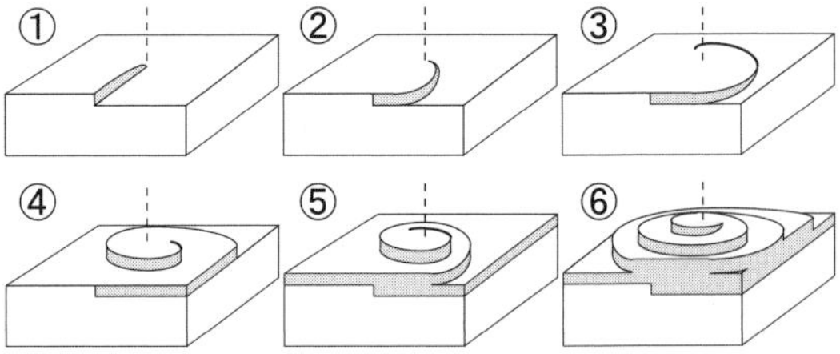

図 9.14　ラセン転位での渦巻き成長の様子
①から⑥へと結晶面が成長する．

じて，一様成長・層成長・渦巻成長の機構がある。

一様成長（homogeneous growth）は，凹凸の激しい結晶面や著しく高い過飽和度での成長機構で，高過飽和条件のために離脱よりも付着が多い状況となり，結晶上の平坦面の至る所に次々と原子が付着して島状の二次元核（図 9.11）を発生させる (図 9.12)。その二次元核のキンクやステップに原子が付着して結晶面が拡がっていく。最終的に激しい凹凸をもった結晶面が形成される。

層成長（layer growth）は，やや過飽和度が高い状況で，結晶上に発生した二次元核に原子が付着して水平方向に結晶面が成長する機構で，最終的に平坦な結晶面が形成される。平坦面上に新たな二次元核をつくるには 25 ～ 50%の過飽和度が必要で，過飽和度が低いときはこの機構で成長することはできない。

渦巻成長（spiral growth）は，結晶表面に表れた**ラセン転位**（screw dislocation）のステップに原子が付着する機構で，低過飽和度のときの成長機構である。ラセン転位は結晶中の断層のようなもので, ある面（断層面）に沿って原子がずれており，中心はずれていないが，外側に向かうにつれて結晶格子の整数倍の大きさでずれている（図 9.13)。ラセン転位のステップに原子が付着すると，ちょうどラセン階段を昇るように上方に積み上がりながら原子の層が水平に広がる(図 9.14)。そのため，高さ方向にも無限成長が可能である。この場合も最終的に平坦な結晶面が形成される。この機構では 1%以下の過飽和度でも成長できる。

多くの地質現象では冷却速度や蒸発速度が遅いため，過飽和状態に到達しても結晶の析出によってすぐに不飽和状態に近づいてしまう。そのため，天然の結晶成長では，ほとんど溶解度曲線近傍の低い過飽和度で結晶成長が進行する。つまり，最初の過飽和度が高いときに核形成をした後，過飽和度の低下に従って層成長から渦巻成長の機構で結晶が成長する。最後は不飽和条件に近い所で成長を停止する。場合によっては溶解することもある。

(2) 鉱物の表面模様

鉱物の表面には，結晶成長の最終段階の成長速度（過飽和度）の様子がステップの形状と間隔として記録されている。これを**表面マイクロトポグラフ**（surface microtopograph）とよぶ。表面マイクロトポグラフには成長模様と溶解模様があり，前者は成長過程で，後者は溶解過程で形成される。形成条件に非常に敏感で，同じ鉱物でも産地や場所ごとに異なっている。

成長模様の代表的なものは**成長丘**（growth hillock）で，結晶面上の丘状に盛り上がった，等高線状のステップの高まりの部分である。面の成長の中心となる部分で，ステップに原子が付着して，そこから水平方向に結晶面が成長する。成長速度が遅い時は，成長丘のステップ幅が広く，全体の形状が結晶面の原子配列（対称性）を反映した多角形となる。過飽和度が高く成長速度が速い時は，ステップ幅が狭く，丘全体の形状が丸みを帯びる。人工結晶のように育成速度の速い結晶では，急激な成長でステップの間隔が見えない，丸いお椀状の成長丘が形成されることが多い。これらの形状から，鉱物の成長の最終段階での過飽和度の高低，すなわち冷却速度や蒸発速度に関する情報が得られる。

また，**渦巻成長模様**（spiral step pattern）とよばれる渦巻き状のステップが結晶面上に観察されることもある（図 9.15）。これは渦巻成長機構によってラセン転位を中心にステップが発達して生じたもので，気相・溶液相など希薄な環境で低い過飽和度で成長したことを意味する。通常はステップ幅が広く，結晶面の対称性を反映した多角形の渦巻となるが，成長速度が相対的に速い時はステップ幅が狭く，丸みを帯びた形の渦巻となる（図 9.15）。複数の渦巻模様が重なったり，隣接することでさまざまな模様が生じることもある。

成長の最終段階あるいは環境変化で不飽和状態になると，溶解・腐食による**食像**（etch figure）とよばれる表面模様が形成される。溶解は，結晶中の欠陥（不純物やラセン転位など）が表面に露出した部分に選択的に起こりやすい。溶解により凹んだ窪地を食凹，溶解されずに凸状に残った部分を食丘とよぶ。溶解速度が速い時は食凹の形状が丸みを帯び，速度が遅い時は結晶面の対称性を反映した多角形となる。そのため，溶解模様から溶解速度や欠陥分布などの情報が得られる。また，一度形成されたステップが溶解されると，ノコギリ刃のようなギザギザした形状になる。成長後や成長途中に溶解する原因は，成長場の温度上昇や減圧，水蒸気圧の上昇，異なる環境への運搬，異なる組成のマグマや流体の混入（マグマ混合）などがあり，重要な地質学的事件と関連している可能性がある。

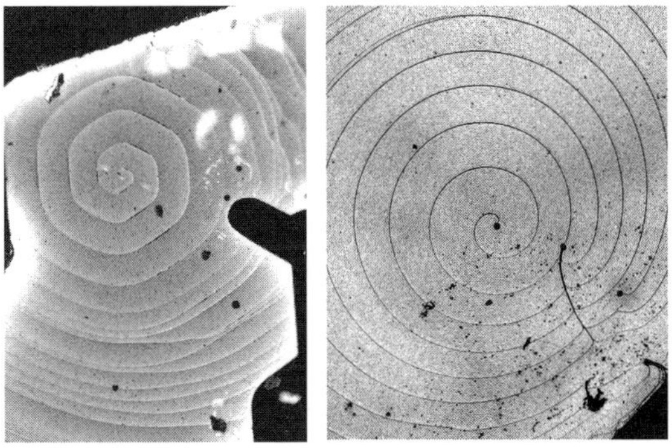

図 9.15　合成炭化ケイ素の結晶表面の渦巻模様
左は多角形，右は丸い渦巻成長模様．写真の横幅は約 200 μm．反射顕微鏡で撮影．

表面マイクロトポグラフの観察は，ステップの高さが基本的に結晶格子の整数倍の大きさで，原子レベルの段差なので，微分干渉顕微鏡・位相差顕微鏡・走査型電子顕微鏡・原子間力顕微鏡などで行うことになる。ただし，ステップに不純物などが付着して成長が遅れ，上位に重なるいくつかのステップがまとまって巨視的な段差をつくる場合は，反射顕微鏡や実体顕微鏡でも観察できる。この場合，被覆のない未研磨の結晶面に強い光を当て，ほぼ全反射の状態で観察すればよい。観察面はアルコールで洗浄して表面をきれいにしておく。

(3) 結晶形態

結晶の形状は，結晶構造と成長環境によって決定される。低過飽和度の環境で渦巻成長や層成長の機構で成長すると，平坦面で囲まれた自形の形状になる。成長環境では，とくに過飽和度・周囲の壁面との接触・自由空間の有無・溶液の流れなどが影響する。

自形の多様性

自形の形状は結晶の対称性（点群）に従っているが，よく観察すると，特定の面が大きく発達したり，生じている結晶面の組み合わせが異なることで，外形が変化していることがある。特定の一対や複数対の結晶面が他に比べて大きく発達して生じる外形変化を**晶癖**（habitus，crystal habit）とよぶ（図 9.16）。外壁に接した面の発達，流体の流れ方向への面の伸び，特定結晶面に対するラセン転位の発達，成長温度などの要因で生じる。また，異なる結晶面の組み合わせとそれらの面の発達の程度により生じる外形変化を**晶相**（fracht, crystal habit）とよぶ（図 9.17）。結晶面の出現と発達の程度は, 面に対して垂直方向の成長速度（面の成長速度）に依存し，それは結晶方位により異なる。晶相は，成長温度圧力・過飽和度・不純物の存在などの要因により，特定の結晶面の成長速度の停滞や促進で生じる。成長速度が速い結晶面は，先細りになって後から成長する遅い面によって埋められるため，途中で消えてしまう。そのため，成長速度の遅い面が最後まで生き残って晶相を決定する。速い成長面が途中で消失する場合は，外形が時間とともに変化することになる（図 9.17）。

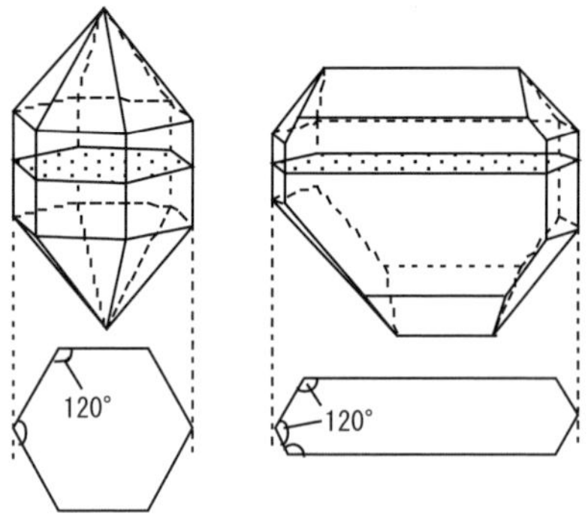

図 9.16　石英の晶癖
特定面の発達で外形が変化．面と面の間の角度は一定．

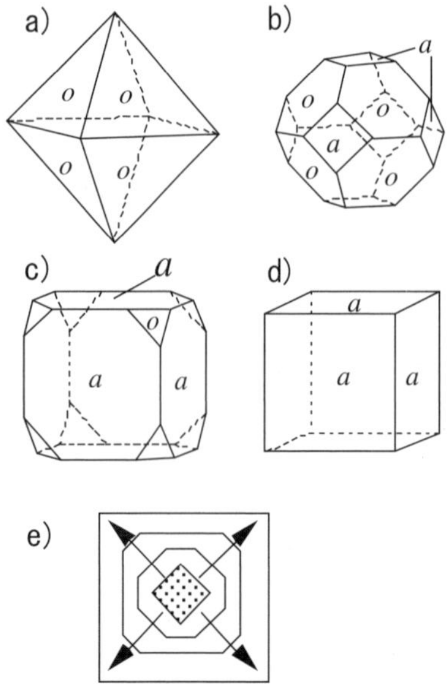

図 9.17　晶相変化
a)-d）は面の出現のちがいによる晶相変化．a 面より o 面の方が，成長速度が速い場合は，成長初期に o 面で囲まれた外形 a）になるが，成長とともに a 面が後から発達し，最終的に a 面のみで囲まれた外形 d）となる．e）は成長に伴う外形変化を断面で示した．

過飽和度に伴う形状変化

過飽和度（成長の駆動力）が増加して成長機構が層成長から一様成長の機構へと変化すると，形状も平坦面で囲まれた自形から，骸晶，樹枝状結晶，球晶へと大きく変化する。

骸晶（skeleton crystal）は中央が階段状に凹んだ結晶面で囲まれた多面体で，高い過飽和度でやや急速に成長した場合に生じる。成長途中の結晶の周囲では，結晶を中心に同心円状に溶質の濃度勾配が生じやすく，面の中心で過飽和度が低く，

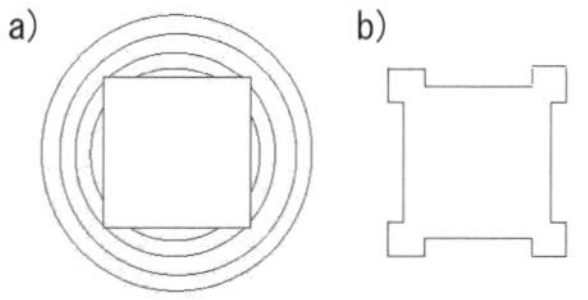

図 9.18　ベルグ効果
a）四角い結晶の周囲での溶質の等濃度線．外側ほど濃度が高い．b）高い溶質濃度で結晶の稜が優先的に成長．

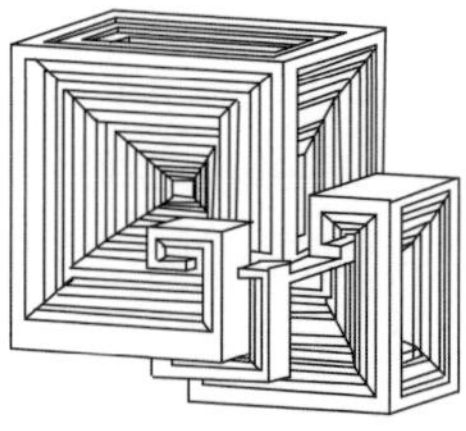

図 9.19　食塩の骸晶

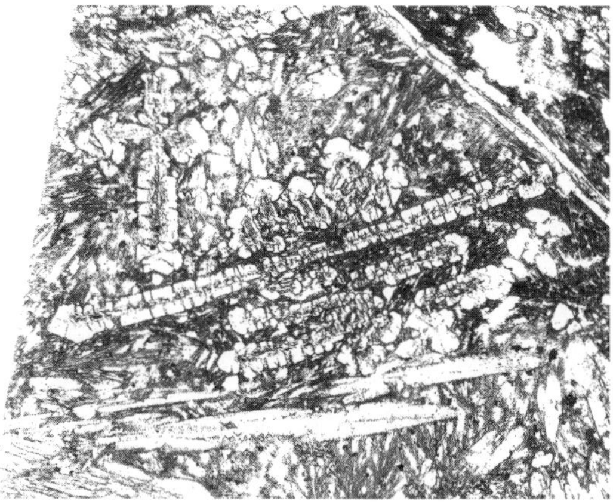

図 9.20　カンラン石の樹枝状結晶の顕微鏡写真
細長く伸びた結晶がカンラン石．長さは2 mm．南アフリカのバーバートン帯のコマチアイト（オープンニコル）．

図 9.21　ペクトライトの球状結晶の断面
針状結晶の球状集合体で全体となっている．写真横幅は5 cm．

稜で最も高くなる。これをベルグ効果とよぶ（図9.18）。結晶の稜が相対的に高濃度領域に突き出ているため，高過飽和度下では稜の部分に二次元核が形成され，そこが優先的に成長する。そのため相対的に中央が凹んだ結晶ができる。食卓の食塩の外形などがそれに該当する（図9.19）。

樹枝状結晶（デンドライト，dendrite）は，さらに高過飽和度条件で急速に成長する場合に生じるもので，稜や隅の部分に核形成が生じてさらに優先的に成長した結果，中心から枝が伸びたような形状が生じる。この場合，枝の伸び方は結晶の対称性に沿った形になる。そのため，樹枝状結晶は多結晶ではなく単結晶となる。雪の結晶やコマチアイト（先カンブリア時代の超苦鉄質溶岩）中のカンラン石などが相当する（図9.20）。高過飽和度下では核形成頻度も高いため，複数の樹枝状結晶が連結して樹枝状集合体となることも多い。

球晶（球状集合体，spherulite）は非常に高過飽和度での成長で生じる。この条件では，稜や隅だけでなく，結晶面上の至る所に二次元核が形成され，枝が伸びる。枝の分岐は複雑かつ極めて急速に成長するので，全体として中心から多数の針状結晶が放射状に延びた形となり，外観は球状の結晶集合体になる（図9.21）。どの晶系の鉱物も超高過飽和度では針状あるいは板状結晶になり，球状集合体となる。とくに熱水脈など高濃度溶液が急激に温度低下する環境で生じやすく，コロイド・ゲルからの晶出でも認められる。

結晶形態の観察

結晶形態は基本的に偏光顕微鏡で観察するが，肉眼やルーペで観察できる場合も多い。脈岩の巨大な斑晶の晶癖からは，結晶成長時の溶液の流動方向を知ることができる。花崗岩中のジルコンの晶相は温度とよく相関しており，花崗岩質マグマ

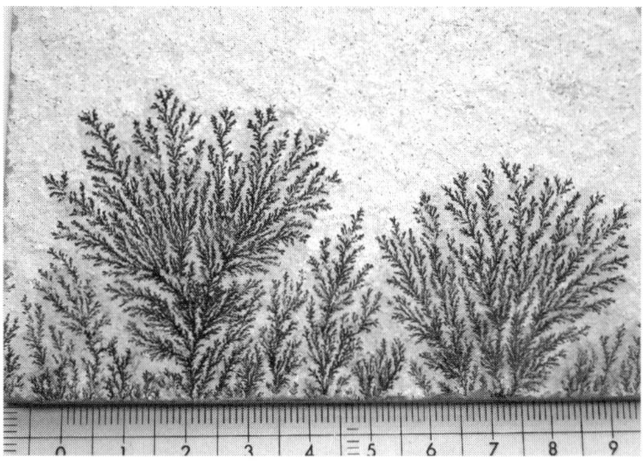

図 9.22　しのぶ石（ドイツ，ゾルンホーフェン産）
泥質石灰岩の隙間にマンガンを含む溶液が侵入して結晶化．下端はスケール．

が地殻への貫入する際の温度状態をジルコンの形態から定性的に推定できる。ザクロ石も産状により晶相がほぼ固定されている。樹枝状集合体は肉眼で観察可能なレベルに発達したものも多く，岩石中の割れ目に溶液がしみ込んで結晶化することで形成される「しのぶ石」もこれに相当する（図9.22）。丸い外形の球晶は念のために割って，断面が針状結晶の放射状集合体であるかを確認したほうがよい。形状から直接判断できることは相対的な過飽和度（成長速度）の高低で，多くの場合，成長速度あるいは冷却速度の情報と読み替えることができる。

図 9.23　斜長石の累帯構造
火山岩中の斜長石斑晶の顕微鏡写真（クロスニコル）．斜長石の外形に沿った同心円状の累帯構造が存在．成長に伴うわずかな組成変化が屈折率のちがいとなって表れている．

(4) 結晶内部の不均質性

結晶表面や結晶形態は，おもに成長の最終段階での環境情報で，生成環境の時間変化の情報（環境履歴）は，結晶の断面に不均質性として記録されている。不均質性は，主成分組成や構造の変化，成長速度変化による不純物・異種物質・結晶欠陥の密度変化や組織のムラ（**成長縞**，growth banding）として観察できる。不均質性は，おもに成長過程での温度・圧力・組成の変化（過飽和度変化による成長速度変化），マグマ混合，流体付加，異なる環境への結晶運搬，一時的な溶解による境界形成などにより形成される。結晶成長後に加熱やストレスによって生じる場合もあり，それらは偏析・離溶・双晶・亜結晶粒界などの形で観察される。成長過程で生じる重要な不均質性は，累帯構造と包有物である。

累帯構造

累帯構造（zonal structure）は，元素濃度や結晶欠陥量の差によって生じた同心円状の縞として結晶内部に観察される（図 9.23）。多くは，結晶外形の相似形となっている。特定元素の取り込み条件（温度・圧力など）が既知の場合は，組成の累帯構造から環境履歴を直接定量的あるいは定性的に解読できる。組成だけでなく，形成年代が異なることもあり，花崗岩中のジルコンやモナズ石-(Ce) では，結晶の中心と縁で形成年代が大幅に異なることがある。火成岩中で形成されたジルコンとモナズ石は，風化や熱に強いので，風化で堆積物中に移り，それが埋没して時間が経った後に地下深部で再び火成岩に取り込まれる可能性がある。この場合，最初と後の火成岩中の 2 段階で結晶が成長し，中心が古い年代で周辺が新しい年代を示す結晶ができる。複数の成長段階を示すジルコンやモナズ石は地殻のリサイクリングの情報として重要である。

包有物

包有物（inclusion）は，成長過程あるいは成長後に結晶内部に取り込まれた固体や液体などの異物で，固体の場合を**固相包有物**（solid inclusion），液体の場合を**流体包有物**（fluid inclusion）とよぶ（図 9.24）。いずれも成長時の周囲の固相や液相環境を示す直接的証拠として重要である。固相包有物は高い過飽和度で成長速度が速い時に取り込まれやすい。形成後の加熱やストレスで析出する場合もある。

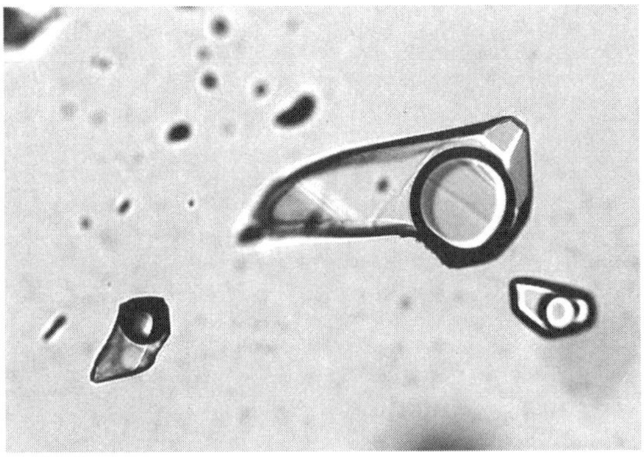

図 9.24　石英の流体包有物（山梨県北杜市八幡山）
石英結晶の顕微鏡写真（横幅 250 μm）. 全体は石英で，その中に不定形の流体包有物が点在. 包有物中の丸いのは気泡.

流体包有物は高い過飽和度で成長速度が速い時に，樹枝状結晶の隙間や層成長の際のオーバーハングで周囲の液体を捕獲したものである。成長後に生じた割れ目に侵入した液体を捕獲することも多い。いずれも中身は炭酸ガスを少量含む塩水のことが多い。マグマ中で成長した鉱物が周囲のマグマを取り込んだ場合をメルト包有物とよぶ。

結晶内部の不均質性の観察

累帯構造は，偏光顕微鏡下で結晶内部に同心円状の色や屈折率の差，異物の存在として観察される。巨視的なサイズで著しい組成変化を伴う累帯構造であれば，色のちがいとして肉眼やルーペで十分観察できる。花崗岩中の大きく自形状に成長したカリ長石の断面を観察すると，固相包有物として取り込まれた黒雲母などの有色鉱物が累帯構造をつくっていることがある。これは，マグマ溜まり内部でのカリ長石の成長途中での環境変化を示すものである。包有物は基本的に顕微鏡下で観察されるが，水入り水晶など肉眼で確認できる流体包有物や固相包有物もある。

(5) 鉱物の集合組織

次に同種の鉱物が 2 つ以上集合した状態から得られる情報について概説する。集合状態からは，一般に鉱物の形成順序と前駆相，形成過程・条件の情報が得られる。重要な集合状態を表9.5に示す。

表 9.5　鉱物の集合組織

1）双晶
2）平行連晶
：同種鉱物の連晶
：異種鉱物間の連晶
　a) 共軸連晶（例：ジルコンとゼノタイム）
　b) 共融組織（例：文象構造）
　c) 交代作用で形成（例：ミルメカイト）
　d) 離溶・偏析（例：離溶ラメラ）
　e) 分解反応（例：シンプレクタイト）
　f) エピタキシー
3）幾何学的選別
　：底面に垂直な結晶のみ伸長
　（例：コロフォーム状組織）
4）反応縁・マントル構造

平行連晶

平行連晶（parallel growth）は，同種あるいは異種鉱物が同じ結晶学的方向に成長したもので，同時成長の状態を示す。とくに異種鉱物同士の場合，同時成長が可能な化学的環境で共存した（共生）ことを示す。核形成など成長の初期段階で同種の 2 つの結晶が接する場合，結晶方位を揃えて接した方がエネルギー的に安定なため，方向を揃えるように成長して平行連晶になることが多い（図 9.25）。この場合，同方向に成長しているため，最終的に合体して大きな単結晶となることもある。異なる種類の結晶が接した場合は，両者の結晶格子の大きさや原子位置のちがいが少ない方向同士で接することが多い。脈や空洞で結晶が成長する

図 9.25　石英の平行連晶
同時期に同じ方向に成長.

際には，結晶が生えている底面に垂直方向に成長した結晶だけが成長を続け，他の方向に延びた結晶は頭打ちになって成長が阻まれる。結果として，ある方向に揃った平行連晶が生じることがある。

肉眼で観察できる同種結晶の平行連晶の例には，熱水石英脈の石英結晶があり，異種結晶同士の例としては文象構造がある。**文象構造**（graphic structure）はアルカリ長石中に六角柱状の石英が一定方向に伸びて接している組織で，花崗岩の固結末期に両者が同時晶出して形成されたものである。

双　晶

双晶（twin）は，同じ種類の鉱物が互いに対称の位置関係を保ち，ある結晶面で接合したものである（図 9.26）。形成機構によって成長双晶，転移双晶，機械的双晶に分けられ，それぞれ異なる情報をもつ。

成長双晶（growth twin）は，結晶成長の過程の核形成の段階で，2 つの異なる方位をもつ同種結晶が接触することで発生する。通常，マグマや溶液中で同種結晶の 2 つの核が接触すると，同じ結晶方位同士に揃った方がエネルギー的に安定なため，核同士がゆっくり回転して互いに結晶方位を揃えるようになる。ところが，冷却速度が速く，過飽和度が高い状況では核形成の頻度が高く，

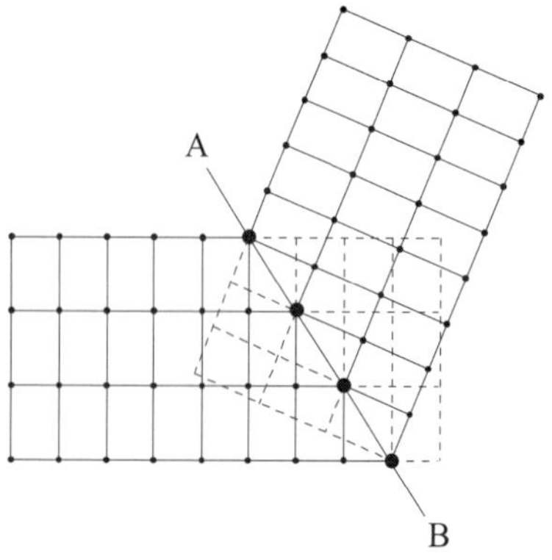

図 9.26　双晶関係
2 つの同種結晶が，単位格子のつくるある結晶面で対称的に接する．A-B は双晶境界（双晶面）．

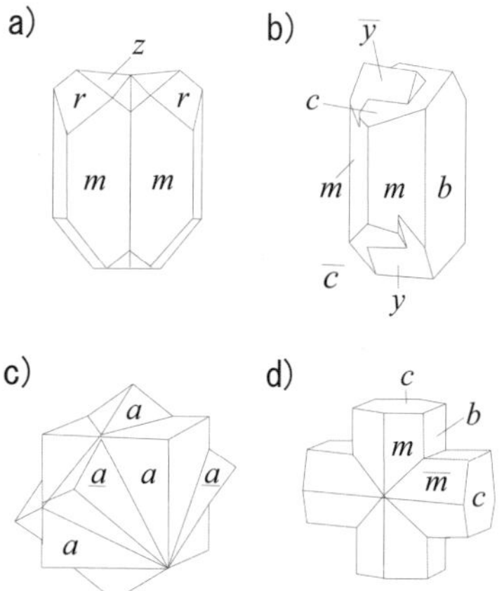

図 9.27　接触双晶と貫入双晶
a)，b）は接触双晶の例．c)，d）は貫入双晶の例．

次々と核同士が接着するため結晶方位を揃える余裕がない。そのため，異なる方位でもエネルギー的に準安定な方向に結晶が接合することがあり，そのまま成長すると双晶になる。したがって，成長双晶の存在は過大な過冷却や環境変化によって生じた，核形成頻度の大きい条件での結晶成長を示唆する。形状は接触型や貫入型など単純なものが多い（図 9.27）。

また，双晶が存在すると，単結晶には本来存在しない凹みが 2 つの結晶の接合によって生じる。結晶に凹みがあると，その部分に原子や分子を安定に固定できるため，双晶のない結晶とある結晶では，後者の方が結晶成長に非常に有利である。そのため，単結晶よりも大きくなり，肉眼で観察可能な大きさに成長することが多い。

転移双晶（transition twin）は，高温から低温へ冷却する際の構造相転移で，単結晶内に異なる方向で接する部分が生じて形成される双晶である。結晶構造に高温型と低温型がある鉱物では，高温型の結晶構造の方が相対的に高い対称性を示し，低温型の方は対称性が低い場合がほとんどである。そのため，図 9.28 のように，単結晶が高温型から低温型へ相転移して結晶格子が変化すると，結晶格子の向きが 2 方向に可能な場合が生じる。単

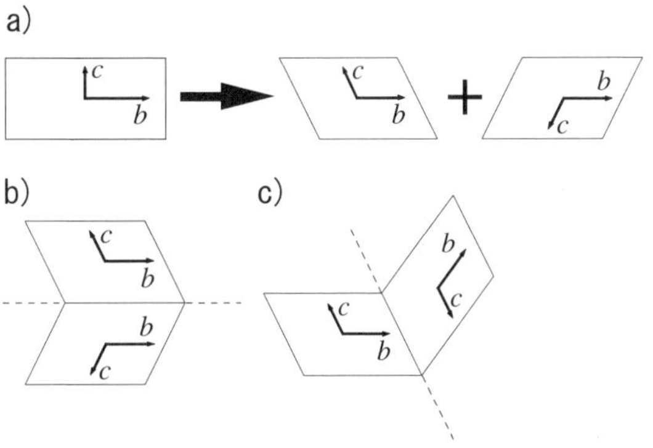

図 9.28　転移による双晶形成
a) 相転移で高温型結晶の単位格子（長方形）から低温型の単位格子（平行四辺形）に変化する場合，平行四辺形には 2 通りの向きが可能となる．b)，c) のように向きの異なる 2 つの平行四辺形が接すると双晶になる．

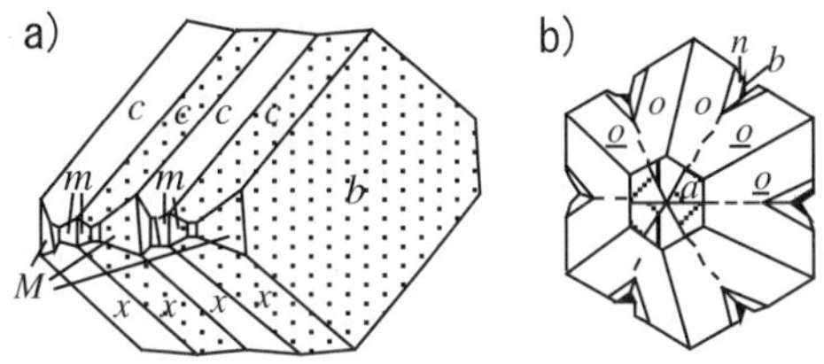

図 9.29　集片双晶と繰り返し双晶
a) 集片双晶の例．対称的な方位関係にある複数の板状結晶が接合．b) 繰り返し双晶の例．3 つの結晶が接合．成長双晶に多い．

結晶中のある部分がどちらの向きになるかは確率的に決まるが，隣同士の結晶の向きを揃えた方がエネルギー的に安定なため，ゆっくり冷却する場合はなるべく向きを揃えるようになる。そのため，単結晶内で向きの異なる領域が接している部分（双晶）は少なくなる。転移双晶は，向きが異なる小領域が細かく繰り返している集片双晶とよばれる形状になることが多い（図 9.29a）。これらを肉眼やルーペで識別することは難しく，多くは偏光顕微鏡や電子顕微鏡で観察される。転移双晶の存在は，高温型が安定な温度条件で結晶が初生的に形成され，その条件から冷却されたことの証拠であり，形成温度の下限を示すものとして重要である。

機械的双晶（すべり双晶 mechanical twin）は，

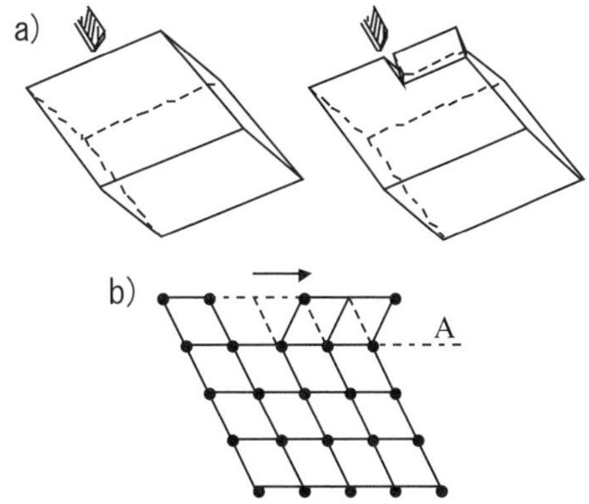

図 9.30　機械的双晶の形成
a) 単結晶にナイフをあてると容易に格子の一部をずらして双晶をつくることができる．b)格子レベルでのイメージ．

単結晶に外力（剪断応力）を加えたときに生じる結晶の歪みを解消するため，結晶格子の一部が反対方向にずれて歪みを解消し，その結果，双晶となったものである（図 9.30）。この場合も集片双晶となっていることが多い。岩塩ドームや氷河の流動など塑性変形を行う現象では重要となる。岩塩や方解石では，肉眼で観察できる大きさの機械的双晶を容易につくることができる。

双晶の観察は，基本的に偏光顕微鏡で行われ，一見，単結晶のような形状を示す結晶が偏光顕微鏡下で結晶方位の異なる部分から構成されていることで確認される。成長双晶だけは肉眼やルーペで観察可能なことも多い。単結晶の成長過程では鋭角または鈍角の凹みは生じないため，それらは複数結晶の境界（双晶）であることが多い。単結晶に本来存在しない凹みがある，平滑な結晶面にわずかに傾きの異なる部分がある，後述の離溶ラメラの方向が異なるなどの場合に双晶の存在が確認される。火山岩の斑晶の多くは成長双晶となっており，斑晶鉱物の種類を自形から判定する際には注意を要する。新鮮な花崗岩や花崗斑岩のカリ長石の断面に光を当てながら動かし，肉眼でその反射の様子を観察すると，結晶の半分だけが輝き，残り半分は反射しないことがある。これは長石の双晶によってへき開面の角度や離溶組織のなす角度がわずかに異なるために生じる。小規模な岩脈などに含まれる斑晶は成長双晶になっており，結晶がX字型や十字型に接触あるいは貫入したような双晶の形状を示す。これは，急速な冷却で核形成頻度が高くなり，核同士が接する状況を示している。

離　溶

離溶（exsolution）は，高温で1相の固溶体が低温で2相の固溶体に分離する現象である。多くの場合，高温で大きな陽イオンを収容した結晶構造が低温で収縮して不安定になり，大きな陽イオンを別の安定構造に排出して構造調整を行うことで生じる。この場合，母相から排出された少量の別相を**離溶ラメラ**（exsolution lamellae）とよぶ。この過程では，新たな構造の形成や余分な陽イオンの排出のために元素の移動（拡散）が必要で，それには十分な温度が必要である。そのため，ゆっくり冷却されると離溶ラメラがよく発達し，離溶ラメラの幅やサイズが冷却速度の指標になる。深成岩のように徐冷された環境では幅広のラメラが発達し，火山岩のように急冷された環境では電子顕微鏡レベルのラメラ幅となる。また，離溶現象は母相の結晶学的方位によって支配されるので，ラメラには方向性がある。

離溶ラメラの観察は，偏光顕微鏡や電子顕微鏡で行うが，深成岩であれば肉眼で観察できることもある。よく知られているのは，KとNaを含むアルカリ長石の離溶である。花崗岩中のカリ長石は高温時に少量のNa成分を固溶するが，徐冷の際にはそれをナトリウム長石（曹長石）として離溶する。その結果，カリ長石の母相に薄いナトリウム長石の離溶ラメラが形成される。これを**パーサイト**（perthite）とよぶ。肉眼でパーサイトに強い光を当てて観察すると，母相のカリ長石の中に霜降り状に白い筋が一定方向に多数入っている

図9.31　カリ長石の離溶ラメラ
全体がカリ長石で，白い筋状の部分が曹長石のラメラ．福島県石川町の花崗岩ペグマタイトの長石．写真横幅は5 cm.

のが認められる（図9.31）。この白い筋が離溶したナトリウム長石である。カリ長石がピンクや肌色になる場合，ナトリウム長石は常に白色なので観察が容易なことが多い。ラメラが肉眼で観察できるのは深成岩と一部の半深成岩の長石だけである。離溶ラメラの存在は，初生的に高温で1相の固溶体であったことを意味するので，転移双晶と同様に，形成温度の下限を示す情報となる。

(6) 生体鉱物

生体鉱物（biomineral）は，生体中で形成される無機あるいは有機結晶で，非晶質のこともある（表9.6）。これらはおもに生体の骨格の形成，特殊機能部位の構成，不要物の排出，ミネラルの貯蔵，病変などの理由で形成されたと考えられている。とくに骨格にかかわる鉱物形成は，生物の進化過程で獲得されたものであり，生物の環境適応と放散を検討するうえで重要な鍵となっている。特殊機能部位とは，歯・走磁性細菌の磁性体・脊椎動物の耳石などであり，生体で重要な役割をもっている部分である。とくに耳石は成長に伴って

表 9.6　おもな生体鉱物の種類

方解石	$CaCO_3$	藻類外骨格
アラゴナイト	$CaCO_3$	貝殻，魚類耳石
非晶質炭酸塩	$CaCO_3 \cdot nH_2O$	植物 Ca 貯蔵
水酸燐灰石	$Ca_5(PO_4)_3(OH)$	脊椎骨格、歯
非晶質燐酸塩		脊椎先駆物質
ウェーベライト	$CaC_2O_4 \cdot H_2O$	植物 Ca 貯蔵
ウェッギライト	$CaC_2O_4 \cdot 2H_2O$	同
石膏	$CaSO_4 \cdot 2H_2O$	クラゲ幼生耳石
重晶石	$BaSO_4$	藻類平衡器
天青石	$SrSO_4$	棘針類
オパール	$SiO_2 \cdot nH_2O$	藻類外骨格
磁鉄鉱	Fe_3O_4	細菌，貝歯
針鉄鉱	α -FeOOH	貝歯
レピドクロサイト	γ - FeOOH	軟体動物歯
非晶質鉄化合物	$5Fe_2O_3 \cdot 9H_2O$	動植物 Fe 貯蔵

年輪状に発達するため，その分析から生物の育った環境情報を読み解くこともできる。

生体鉱物の特徴は，細胞内部での低過飽和度溶液中で晶出していること，タンパク質や糖鎖が核形成や成長過程に関与していること，常温常圧の条件で形成していることなどである。低過飽和度条件での晶出は，生体鉱物表面に渦巻模様がしばしば観察されることからも裏づけられる。ただし，病変によって生じる場合は，比較的高過飽和度で晶出したと考えられる針状結晶やその球状集合体も認められ，サイズや形状などに生体機能による規制が働いていないと考えられる場合も多い。二枚貝の貝殻は，方解石やアラゴナイトなどの炭酸カルシウムから形成されており，とくに内側の真珠層の部分は，真珠形成の機構解明などの点から研究が進んでいる。

生体鉱物の観察は基本的に実体顕微鏡，偏光顕微鏡や走査型電子顕微鏡で行われる。野外で観察されることは少ない。観察には，軟体部を除去す

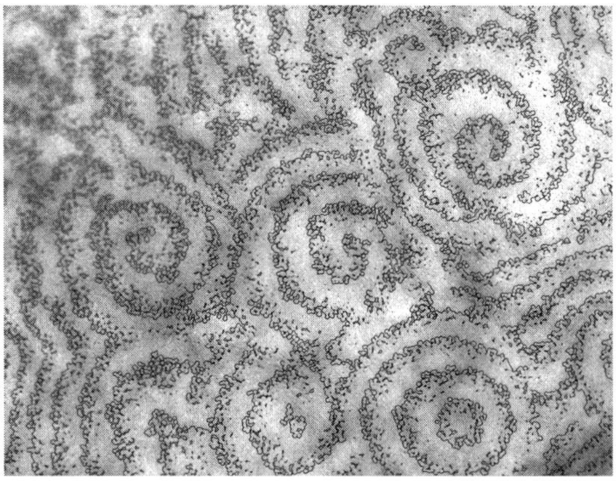

図 9.32　アコヤ貝の真珠層の渦巻状ステップパターン
微小な六角板状のアラゴナイト結晶が渦巻状に配列．三重県志摩市の養殖アコヤ貝．写真横幅 200 μm．反射顕微鏡で撮影．

るか溶剤で溶かした後，水洗し，乾燥する。観察表面の汚れを除去することが重要である。

養殖アコヤ貝の殻の内側には真珠層が発達しており，強い光を当てて，観察面がほぼ全反射の状態で観察すると，実体顕微鏡でも独特のステップパターンが観察できる。ステップパターンは，等高線状の段差を示すことが多いが，指紋のような渦巻状を示すこともある（図 9.32）。渦巻状パターンは，微小な単結晶アラゴナイトの集合体で構成されており，先述の渦巻成長層とは異なり，隣接結晶の方位のわずかな違いから渦巻状に積み重なりが生じている。ただし，個々のアラゴナイト結晶の面上には，小さな渦巻成長層が存在するので，低過飽和度溶液からの成長であることがわかる。渦巻成長パターンは季節により形や大きさ・貝殻内部での分布が異なる。異物として生じる真珠の表面にも微細な渦巻成長パターンが認められる。

3. 隕　　石

ここでは最初に太陽系の形成過程と地球型惑星の分化について概説し，隕石の観察法と地球表層の構成鉱物と構成岩石の観察法について説明する。

(1) 星の誕生と一生

宇宙誕生は約 137 億年前とされ，最初は H や

He など軽元素のみが分子や極めて薄いガスとして存在した。これらが重力などによって1カ所に集まり，それが最初の星の誕生につながったと考えられている。物質が集まる過程では，中心に向かう物質の流れから渦のような回転運動が生まれるため，分子やガスの固まりは回転する円板状になる。中心部は，自重による圧縮と物質集積の際の重力エネルギーの解放によって高温高圧となり，収縮しながら自ら光を放つ**原始星**（protostar）となる。この時，原始星は回転円盤の垂直方向に激しいガスの噴出（双極分子流）を伴う。原始星は収縮と内部でのさまざまな反応を経ながら周囲の物質を集め続ける。収縮によって中心部がある温度圧力条件を超えると水素の核融合が始まり，自らエネルギーを放つ**恒星**（fixed star）となる。この過程で He をはじめとする軽元素が次々と合成される。太陽よりもはるかに大きな恒星の内部では，中心部での温度圧力が極めて高いため，炭素や酸素などが合成され，さらに鉄までの元素の合成も進行する。

核融合の進行が最後まで進むと，太陽質量の 0.5 ～ 4 倍程度の星は，内部での激しい核融合反応によって膨張して赤色巨星となり，やがて星の外層を宇宙空間に放出して中心部に白色矮星を残す。太陽質量の 4 倍以上の星は膨張して赤色巨星となった後，最終的に爆発的な反応によって宇宙空間にガスと元素を放出する。これを**超新星爆発**（supernova explosion）とよぶ。この爆発過程で鉄より重い元素も合成される。星の中心部は爆発での圧縮を受けて超高密度の塊として残され，中性子星などになる。

宇宙空間に放出されたさまざまな元素を含む高温ガスは，冷却されて細かな鉱物の塵や分子を析出しながら宇宙空間を漂い，**星間ガス**（interstellar gas）となる。星（恒星）の一生は，材料のガスや塵の集合と収縮で始まり，恒星の誕生，膨張と超新星爆発，そして爆発による新たな星の材料の放出で終わる。

(2) 太陽系と地球型惑星の形成

今から約 46 億年前，銀河系の端で起きた超新星爆発の衝撃波や星間ガスの密度の濃い部分での自己重力によって，複数の恒星から供給された星間ガスが集積と収縮を開始した。このガスは希薄で H や He を主体とし，少量の固体粒子（塵）として C，Si，O，Mg，Fe を，さらに U などの重元素も極微量に含んでいた。これらは，最初の星での元素合成を経た後の世代の物質である。

星間ガスが収縮する過程で，回転する円盤状の塊が生じ，中心部にほぼ 9 割の質量が集まって原始星（原始太陽）となり，原始太陽系星雲が誕生した。原始太陽周辺の物質は，中心への引力と回転による遠心力の合力で回転円盤の赤道面付近に集積した。そのため，原始太陽系星雲は，原始太陽を公転する薄い円盤型の形状となった。とくに原始太陽近傍の円盤内部は，原始太陽からの熱と赤道付近へ物質が集積する際の重力エネルギーの解放によって高温となっていた。そのため，ほとんどの固体は蒸発してガスとなった。双極分子流の効果も併せて，この時期に原始太陽系星雲内部の物質は化学組成的にも同位体的にも均質に混合された可能性がある。この間，原始太陽は，引き続く物質集積と自己重力によって収縮し，中心の温度圧力が高くなって核融合を開始し，太陽（恒星）となった。

太陽への物質集積がおさまると，原始太陽系星雲は輻射によって冷却された。その結果，鉱物が融点の高い順番に星雲ガスから再び凝縮した（図 9.33）。これらの鉱物は 1 μm 以下の塵となっていた。太陽に近い内惑星領域は高温のために金属鉄や珪酸塩・酸化物の塵が多く，外惑星領域はさらに低温で水やメタン・アンモニアなどの氷が多く凝縮していた。これらは回転円盤の赤道付近に移動し，H や He のガスとともに回転を続けた。

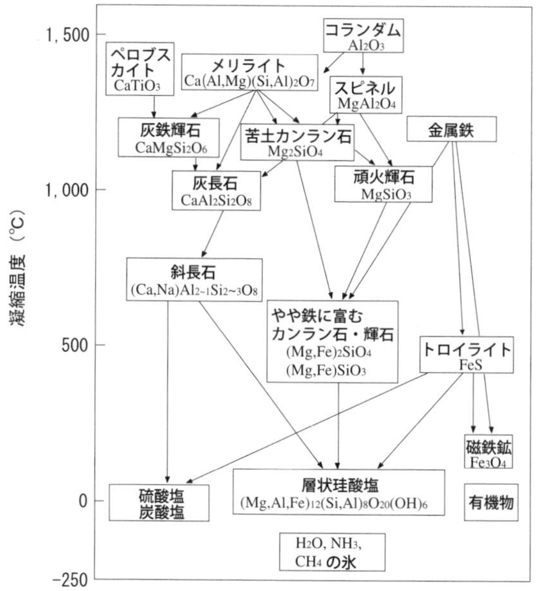

図 9.33　平衡凝縮モデルに基づく原始太陽系星雲ガスからの鉱物粒子の形成過程（ガス圧は 10^{-3} 気圧で計算）

赤道付近の微小な塵同士は，回転に伴って付着合体を繰り返し，成長した塊が回転円盤の赤道面に沈積するようになった。これは土星の輪に類似し，将来の惑星の軌道面になった。塵の塊が赤道面で十分薄い層に集積すると，塊同士での自己重力が強まり，軌道ごとに分裂して集積し，直径数百 m から数十 km の**微惑星**（planetesimal）にまで成長した。その後，わずかに軌道の異なる塊同士も衝突による合体を続け，軌道を超えた物質の移動と撹拌が生じたため，内惑星領域と外惑星領域の物質の一部が混合した。

微惑星同士の衝突では，衝突エネルギーの一部が熱に変換されるため，直径百 km を超える微惑星では表層が高温状態となった。また，^{26}Al など短寿命放射性核種の放射壊変に伴う発熱もあるため，サイズの大きな微惑星の内部は高温となって溶融し，結晶分化によって層構造を形成し始めた。内惑星領域の微惑星では，溶融した金属成分が中心に集まってコアを形成し，溶融したケイ酸塩成分あるいは融け残りの岩石成分が地殻やマントル

表 9.7　おもな隕石の分類

＜始原的隕石＞	
石質隕石 （コンドライト）	普通コンドライト 炭素質コンドライト エンスタタイトコンドライト
＜分化隕石＞	
鉄隕石	ヘキサヘドライト オクタヘドライト アタクサイト
石鉄隕石	パラサイト メソシデライト ロドナライト
石質隕石 （エイコンドライト）	ハワルダイト ユークライト ダイオジェナイト オーブライト ユレイライト アングライト ブラチナイト 火星起源隕石 月起源隕石

になった。さらなる微惑星同士の衝突からやがて惑星が形成され，現在の太陽系が誕生した。

(3) 隕石の分類と特徴

隕石（meteorite）は，小天体や惑星の破片が地球軌道に捕まって地表に落下したものである。多くは太陽系形成時あるいは惑星形成後に，衝突過程によって小惑星クラスの天体が破壊されてできた破片である。そのため，隕石は太陽系や惑星の形成過程の貴重な情報源となる。

隕石は，分化隕石と始原的隕石の大きく 2 つに分けられる（表 9.7）。**分化隕石**（differentiated meteorite）は，溶融・分化した痕跡があるもので，惑星レベルの分化した天体の地殻・マントルやコアの破片である。形成年代は 45 億年から 44 億年を示す。**始原的隕石**（未分化隕石，primitive meteorite）は，溶融・分化の痕跡がない，やや小規模な天体の破片で，太陽系形成初期の形成過程の情報をもつ。この隕石は，コンドリュールとよばれる地球物質にはない球状集合体を含むため，コンドライト隕石ともよばれる。形成年代はほぼ 45 億年で，発見された隕石の 85%はコンドライト隕石である。

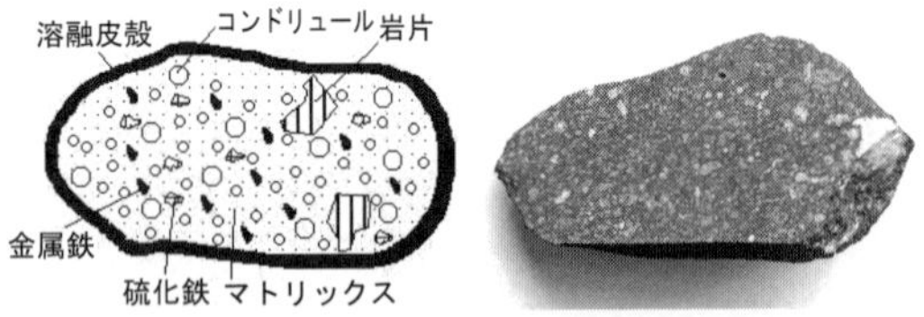

図 9.34　コンドライト隕石の断面
左はコンドライト隕石の模式断面図．右は炭素質コンドライトの断面．黒色のマトリックス中に灰色のコンドリュールと白色包有物が点在．一番右端の灰色の塊は白色包有物．アエンデ隕石．横幅は 5 cm．

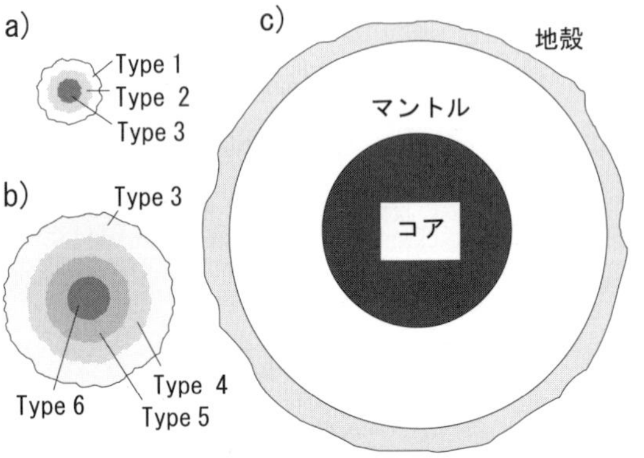

図 9.35　隕石母天体の模式図
a) 炭素質コンドライト隕石の母天体．表層から内側に向かって，タイプ 1 からタイプ 3 へと変成度が進む．b) 普通コンドライト隕石の母天体．表層から内側に，タイプ 3 からタイプ 6 へと変成度が進む．c) 分化した隕石の母天体．

コンドライト隕石

コンドライト隕石（chondrite）は，数ミリ大のコンドリュール・岩片・金属鉄・硫化鉄とそれらの隙間を埋める微小な含水鉱物のマトリックスからなる，レキ岩のような岩石である（図 9.34）。**コンドリュール**（chondrule）はおもにカンラン石と輝石の球状集合体，岩片はコンドリュールや他の隕石の破片，金属鉄は細粒の鉄ニッケル合金で，硫化鉄はおもにトロイライト（FeS）からなる。含水鉱物は Mg に富む層状珪酸塩（粘土鉱物）で，マトリックスに有機物を含むこともある。これらは原始太陽系星雲ガス内での形成温度がまったく異なるため（図 9.33），それぞれの温度領域や形成時期に晶出した鉱物が微惑星の集積過程で集まって固結したとされる。

コンドライト隕石は，さらに構成物の量比によって，**エンスタタイトコンドライト**（enstatite chondrite），**普通コンドライト**（ordinary chondrite），**炭素質コンドライト**（carbonaceous chondrite）の 3 種類に分類される（表 9.7）。炭素質コンドライトは，含水鉱物や有機物，揮発性物質に富んでおり，形成後の熱による変化が少ない。3 種類のコンドライトは，原始太陽系内部での形成場所が違っていたと推定されている。原始太陽に一番近い高温領域では，金属鉄が多く還元的な鉱物組成をもつエンスタタイトコンドライトが形成され，原始太陽から遠い低温領域では水が多く酸化的な鉱物組成の炭素質コンドライトが，その中間領域で普通コンドライトが形成されたと考えられている。普通コンドライトは珪酸塩鉱物の酸化鉄の量から，さらに H，L，LL に細分される。

コンドライト隕石は，破片となる前は小惑星クラスの天体（**隕石母天体**，meteorite parent body）を形成しており（図 9.35），一部は火星と木星の間の小惑星帯に残されている。反射スペクトルの研究から，コンドライト隕石に類似した組成の小惑星も数多く発見されている。小惑星探査機「はやぶさ」が着陸・試料回収した小惑星「イトカワ」もその 1 つで，普通コンドライトに類似したスペクトルを示す。これらの試料や隕石からは，太陽系形成初期の貴重な情報が得られる。

隕石母天体の構成岩石は，内部の熱によって変成作用を受けている。変成作用の程度は岩石学的タイプとよばれ，マトリックスの含水鉱物の再結晶の程度やコンドリュールの輪郭の明瞭さなどから，タイプ 1 〜 7 に識別される。タイプ 1 が最も変成が少なく，タイプ 7 は変成作用による再平衡化が進み，完全に再結晶化している。母天体での熱水変質作用の痕跡が認められることもある。

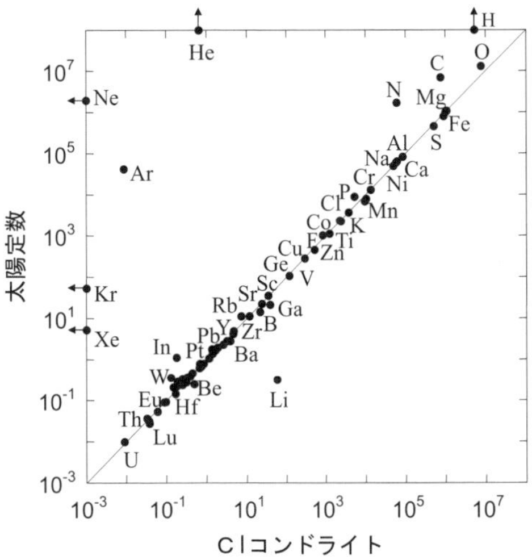

図 9.36　CI コンドライトと太陽表層の元素存在度
（両者の Si を 10^6 個とした時の存在度）

炭素質コンドライトの始源性

炭素質コンドライトの中で最も変成作用の影響が少ないタイプ 1 のものに **CI コンドライト**（CI chondrite）とよばれるものがある。この隕石の全岩化学組成は，いくつかの揮発性元素を除けば，太陽表層の発光スペクトルから得られた太陽の元素組成とほぼ完全に一致する（図 9.36）。太陽は太陽系の全質量の 99%を占めており，太陽表層の組成は内部の核融合による元素組成変化の影響を受けていない。そのため表層の組成は，太陽系全体の平均化学組成にほぼ等しい。太陽系の平均組成と太陽から遠い場所で形成された CI コンドライトの組成が一致することは，初期の高温状態で原始太陽系内の物質が非常によく混合されたことを示す。さらに，この隕石が形成後に化学的な分化を受けていない始源的な隕石であり，太陽を冷却固化するとほぼコンドライトになることも示している。この CI コンドライトの形成年代は 45.6 億年で，太陽系物質で最古の形成年代を示すので，この年代をもって太陽系誕生の年代としている。

コンドライト隕石（とくに炭素質コンドライト）には，CAI（Ca，Al-rich Inclusion）あるいは白色包有物とよばれる，スピネルやメリライトなど Ca や Al に富む鉱物の細粒集合体が含まれている。これらの鉱物は原始太陽系の中では非常な高温で形成される（図 9.33）。そのため，高温状態の原始太陽系星雲が冷却する際に一番最初に形成された，あるいは星雲周辺部に存在した低温領域の中で高温でも蒸発せずに生き残った，太陽系最初期の歴史を保存している貴重な物質である。

CAI の鉱物には，太陽系物質に比べて大幅に異なる酸素同位体比をもつものが存在する。同位体存在度がどのような値になるかは，恒星内部での核合成の過程により決定される。太陽系では，複数の恒星から供給された材料物質が，形成初期に内部で均質に混合されたため，どの物質の同位体組成もほぼ一定の値となっている。物理的化学的過程では，一定の規則に従って温度に依存した同位体比の変動を示すが，その変動幅は極めて小さい。太陽系の同位体存在度と大幅に異なる値の存在は，超新星爆発の際に飛来した物質の一部が，太陽系初期の高温撹拌で均質化されずに取り残された可能性を示している。そうだとすると，同位体異常を示す物質は，人類が入手した初めての太陽系外起源物質ということになる。これらは，太陽系形成以前の材料物質の情報をもたらす点で極めて貴重である。CAI の同位体比異常は，酸素以外の元素にも認められる。

コンドライト隕石のマトリックスには非常な高温に耐性のある鉱物微粒子が含まれており，それらにも同位体比異常がみつかっている。これら微粒子は，太陽系形成以前の材料に関する情報をもつという意味で，プレソーラー粒子とよばれている。

分化隕石

分化隕石は，太陽系形成末期に生じた惑星レベルの天体の破片である。月や火星に巨大クレーターが生じた際に宇宙空間に放出された破片が隕石となることもある。コンドライトが集積した母天体が溶融分化した場合，玄武岩質の地殻と，カンラン岩質あるいはカンラン石と鉄合金の混在したマントル，鉄ニッケル合金のコアができる（図9.35）。

地殻の破片とされる玄武岩質の隕石は，地球のソレアイト質玄武岩と変わらないが，地殻表層での頻繁な微惑星衝突による変形・破砕と攪拌によって，角レキ岩化していることもある。地殻のやや深い部分に由来する隕石には，粗粒玄武岩やマグマ溜まり深部で斜方輝石（エンスタタイト）が沈積してできた輝岩の破片があり，これらにも衝撃による変形組織が認められる。マントルの破片としては，月や火星隕石からカンラン岩の破片が回収されたことがあるが，通常は，カンラン石と鉄ニッケル合金が混在した**パラサイト**（pallasite）とよばれる隕石がほとんどである。カンラン石は隕石母天体のマントル物質，鉄ニッケル合金はコアの物質と考えられるので，この隕石はコア－マントル境界の破片と推定されることもある。コアの破片としては，鉄ニッケル合金からなる**鉄隕石**（**隕鉄**，iron meteorite）がある。

ほとんどの鉄隕石には**ウィドマンシュテッテン構造**（Widmanstätten structure）とよばれる特徴的な離溶組織が認められる。これは，鉄ニッケル合金が，母天体の中心付近で100万年に数度の割合で徐冷されたため，Niの多い部分（テーナイト）と少ない部分（カマサイト）に離溶してできた組織である。

一部の分化隕石には，同一の母天体から由来したと考えられる，表層角レキ岩・地殻の玄武岩と輝岩・マントルの輝岩・コアの鉄隕石がある。これらは，化学的・同位体的特徴が一致しており，さらに岩石学的特徴からも同一母天体の構成物質として考えて矛盾がない。この隕石母天体は小惑星として現在もその一部が残っていると推定されている。

なお，鉄隕石に対して，コンドライト隕石や地殻・マントルの破片などケイ酸塩鉱物を主体とする岩石からなる隕石を**石質隕石**（stony meteorite），パラサイトのように鉄合金と石の両方を主体として含むものを**石鉄隕石**（stony-iron meteorite）とよぶ。また，石質隕石のうち，未分化でコンドリュール（球粒）を含む隕石をコンドライト（球粒隕石）とよぶのに対し，コンドリュールを含まない分化隕石を**エイコンドライト**（無球粒隕石，achondrite）とよぶ（表9.7）。

（4）隕石の調査と観察

隕石の調査

隕石は発見の様子から落下（目撃）隕石と発見隕石に分けられ，前者は落下が目撃されたもの，後者は落下状況が不明で後から回収されたものである。隕石落下時には空中に火球とよばれる発光体や衝撃音が観測されることがある。複数地点での火球の進行方向の観測から大気圏への隕石の侵入経路や隕石の落下地点を推定できる。隕石は大気中で燃え尽きるものがほとんどであるが，稀に地表へ落下する。落下の際に大気中で分裂し，侵入経路に沿って複数の隕石として落下することがある。

落下隕石の回収では，大気圏突入の際に隕石表面にできる溶融皮膜，鉄ニッケル合金の有無，内部組織を手がかりに落下物を探索する。後述のように溶融皮膜は表面に残る黒い焼けで，地球岩石との識別に有効である。隕石の約85%は石質隕石のコンドライト隕石であり，多くは鉄ニッケル合金やコンドリュールを含む。鉄ニッケル合金は強い磁性を示すので，磁石や金属探知機が有用である。破断面が認められれば，コンドリュールや角レキ状組織から判断できることもある。

人家付近に落下した隕石は探索と回収が容易である。隕石を発見した場合，宇宙空間での高エネルギー線照射により生じた単寿命核種など短時間で失われる有用情報を測定するため，博物館や公共研究機関等に速やかに連絡するのがよい。日本の場合，隕石の所有権は基本的に発見者にある。1996年1月7日に茨城県つくば市に落下した「つくば隕石」では，つくば市から牛久市にかけての23カ所から約800gの普通コンドライト隕石が回収され，多数の発見者からの連絡と貸与によって回収後速やかに単寿命核種が測定された。

発見隕石の回収は，おもに砂漠や氷河で行われる。隕石類似の岩石が少なく，表面の溶融皮膜によって目立つために回収が容易なためである。そのため，近年，サハラ砂漠一帯で多数の隕石が回収されている。氷河上に落下した隕石は氷河の流動によって特定の場所に寄せ集められるため，効率的な回収が可能である。日本は南極探査の一環として隕石を積極的に回収しており，世界最大の隕石保有国となっている。この他，衝突クレーターの痕跡や堆積物中に偶然発見されることもある。石質隕石は風化されやすいので，発見隕石の回収では鉄隕石が多い。

石質隕石の観察

隕石の外観の観察では，汚染を防ぐためにビニール手袋をして扱うことが望ましい。とくに鉄ニッケル合金の部分は錆びやすい。観察するときも，アルミ箔上に隕石を置くとよい。外観は回収試料をそのまま観察する。泥が付着している場合は，水洗後，陰干しで速やかに風乾する。断面の観察では，低速ダイヤモンドカッターで蒸留水を潤滑剤に切断する。薄片の作成は通常の岩石試料と同様である。

風化や破損が進んでいない場合，外観が丸みを帯びている。空中であまり回転せずに落下した場合，円錐形となって表面に流れたような筋（流理構造）がついていることもある。落下途中で割れると角張った形になる。表面には厚さ1mm前後の**溶融皮殻**（fusion crust）が認められることが多い。溶融皮殻は大気圏突入時にできた黒色の焼けで，珪酸塩ガラスと微粒の磁鉄鉱の混合物からなる。隕石の種類（鉄含有量）によって色が微妙に変化し，新鮮な場合，普通コンドライトは黒〜黒褐色，炭素質コンドライトは光沢のない真黒，エイコンドライトはガラス光沢の黒，斜長岩質の月起源隕石は飴色となる。発見隕石の場合は風化と酸化が進んで赤褐色になっていることもある。途中で割れて落下した場合は，溶融皮殻の厚みが薄くなる。

普通コンドライト隕石の断面をルーペで観察すると，断面は溶融皮膜よりは白っぽくなっており，直径数mmの暗灰色球状のコンドリュール，数mm径で銀色小粒の鉄ニッケル合金，数mm以下の真鍮（しんちゅう）色あるいは黄褐色小粒の硫化鉄，まれに数mm大の角レキ状岩片が，灰色のマトリックスに点在しているのが確認できる。発見隕石では風化が進んで，内部が酸化鉄によって茶色に変色している場合もある。コンドリュールは全体の体積の6割以上を占めるので確認しやすいが，隕石母天体での変成作用が進むと輪郭が不明瞭になる。鉄ニッケル合金は強い磁性があり，体積の1割以上を占めるので，普通コンドライト隕石は通常の棒磁石でも磁性が確認できる。隕石中の鉄ニッケル合金は3〜25%のNiを含むが，地球上の自然鉄には1wt.%以下しか含まれないため，Niの有無によって隕石かどうかを判断できる。簡便には，金属粒を塩酸に溶かしてジメチルグリオキシルを滴下し，ダークチェリーのような濃赤色を呈したらNiが存在することになる。蛇紋岩中に微粒で産出する鉱物のアワルアイト（Ni_3Fe）もNiを多量に含むが，巨視的な塊として存在することはない。コンドリュールの組織などを詳しく調べるにはさらに薄片にして偏光顕微鏡で観察する。

エンスタタイトコンドライト隕石も普通コンドライト隕石の組織とほぼ同様であるが，鉄ニッケル合金が非常に多く，硫化鉄が非常に少ない。

炭素質コンドライト隕石の断面をルーペで観察すると，断面は暗灰色で，直径数mmの暗灰色球状のコンドリュール，白色不規則状のCAI，数mm以下の真鍮色あるいは黄褐色小粒の硫化鉄が，暗灰色のマトリックスに点在しているのが確認できる（図9.34)。コンドリュールは全体の2割以上の体積を占め，マトリックスに比べて白っぽいので明確に観察できる。マトリックスが暗色なのは有機物と含水鉱物の存在による。CAIはコンドリュールよりも白く，大きさも1cmから数mmで，形状もさまざまである。CAIはCV3タイプの炭素質コンドライトに多量に含まれている。炭素質コンドライトは，酸化的な環境で形成されたため，硫化鉄は多いが，鉄ニッケル合金はほとんどど含まれていない。そのため，通常の棒磁石で磁性は確認できない。

分化隕石の石質隕石の断面は，基本的には暗色で地球の火成岩とほぼ同じで，コンドリュールなど隕石に特徴的な組織は観察されない。衝撃による角レキ状組織が肉眼で認められることはある。鉄ニッケル合金も1例を除けば，ほとんど確認できない。そのため，判別には偏光顕微鏡での薄片の観察が必要である。鏡下では，角レキ状組織や激しい変形組織など，特有の組織から判別することが可能である。

鉄隕石の観察

鉄隕石は錆びやすいので，上述のようにビニール手袋をして扱う。外観は回収試料をそのまま観察する。断面の観察では，ワイヤーソーで切断し，切断面を研磨する。5%硝酸を含むエタノール溶液を表面に2分ほど塗布してエッチングすると内部組織が観察しやすい。

外観の形状は，丸みを帯びることもあるが，角張っていることが多い。窪みがしばしば存在し，これは融点の低い鉱物が空中飛行時に除去された跡とされる。表面に流れたような筋（流理構造）がついていることもある。表面には黒色で厚さ1mm以下の薄い溶融皮殻が観察できる。溶融皮膜

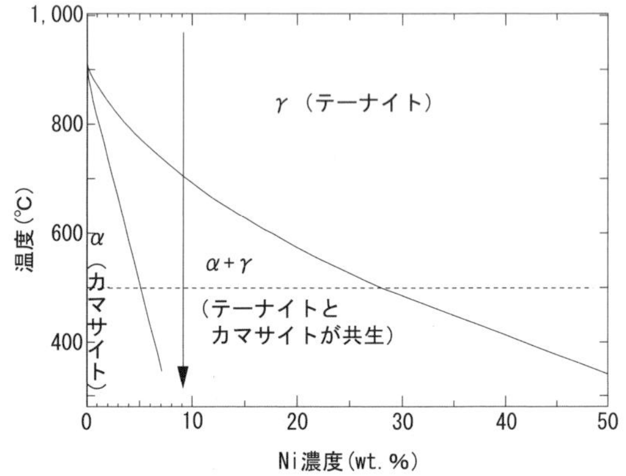

図9.37　鉄ニッケル合金の低温部分の相平衡図
溶融状態から固結した鉄ニッケル合金は全てγ相（テーナイト）となる．その後，冷却が進むとγ相からα相（カマサイト）が離溶し続ける．ただし，500℃以下になると元素拡散が進まないため，析出は停止する．

はおもに微粒の磁鉄鉱からなるので，発見隕石の場合は風化と酸化で赤褐色になったり，失われることも多い。

鉄隕石は，ニッケル含有量によってヘキサヘドライト（4.5～6.5 wt% Ni）・オクタヘドライト（6.5～13% Ni）・アタキサイト（13～60% Ni）に分類される。鉄ニッケル合金はゆっくり冷却すると，最初はテーナイト結晶（γ相）になり，その後，Ni濃度によってはカマサイト結晶（α相）が析出（離溶）する（図9.37)。鉄隕石のNi濃度が6.5～13%の範囲にあると，冷却の過程でγ相の母相にα相の離溶ラメラが発生し，徐冷によってラメラ幅が増加する。離溶はγ相の特定結晶方位に生じるので，エッチングした断面を肉眼ないしルーペで観察すると，特有の離溶組織である**ウィドマンシュテッテン構造**が観察できる（図9.38)。

Ni濃度が6.5%以下の場合は，最初のγ相がすべてα相になる（図9.37)。このため，離溶組織は生じない。ただし，母天体での激しい衝突過程によって機械的双晶が形成されており，エッチング断面ではそれらが細かい筋（集片双晶）として観察される。これをノイマンラインとよび，ヘキサヘドライトにのみ認められる重要な組織となっ

図 9.38　鉄隕石のウィドマンシュテッテン構造
ギベオン隕石のエッチングした断面．写真幅 7 cm．筋状の模様が離溶によって生じたウィドマンシュテッテン構造．

ている。また，立方体に割れるへき開を示すので，空中を飛翔中に割れると，多面体の形状になる。

Ni 濃度が 13％以上であると，離溶開始温度が拡散終了（離溶停止）の温度である 500℃に近くなる。そのため，離溶が生じてもラメラが微視的にしか成長できず，γ 相と α 相の細粒混合物になるので，ウィドマンシュテッテン構造は観察されない。また，Ni 濃度が 30％以上であると，γ 相のまま冷却するので，ウィドマンシュテッテン構造は観察されない。

鉄隕石の断面には，他に固相包有物が認められることがある。ほぼ球形から楕円形で真鍮色（エッチングすると黄褐色）の鉄硫化物（トロイライト），銀色細粒状のニッケル鉄リン化物（シュライバサイト）と鉄炭化物（コーヘナイト），黒色不規則状のグラファイトなどがよく認められ，稀に珪酸塩鉱物も認められる。シュライバサイトは隕石中にのみ認められる鉱物である。

石鉄隕石の外観は，でこぼこした形状で，珪酸塩部分がへこんでいることが多い。表面には黒色で微粒の磁鉄鉱からなる厚さ 1 mm 以下の溶融皮殻が観察できる。溶融皮膜は風化と酸化で赤褐色になったり，失われることも多い。パラサイトの断面には，鉄隕石中に粗粒のカンラン石が散在しており，地球物質にはない組織を示す。メソシデライトのようにカンラン石の他に珪酸塩の岩片を含むものもある。

4．地球の構成物質

(1) 地球の層構造の形成と構成物質

地球は，コンドライト隕石などの珪酸塩を主原料として集積した。集積途中で微惑星などの衝突や短寿命放射性核種からの熱によって，コンドライト物質は部分溶融し，地球表層に**マグマオーシャン**（magma ocean，ケイ酸塩マグマの海）が生じた。マグマ内部で鉄ニッケル合金や硫化鉄は比重が高いために深部へと沈降し，集積してコアとなった。マグマの海は地表から数百 km の深さまで生じていた可能性はあるが，まだ確定はしていない。深さが浅いと下部マントルがコンドライトの化学的特徴を保持している可能性がある。

コンドライト物質の溶融で生じたメルトは，玄武岩よりも著しくマグネシウムに富むので，マグマオーシャン深部ではマグネシウム酸化物が晶出・沈降し，下部マントル付近に堆積した。マグマオーシャン上部ではカンラン石がおもに晶出・沈降して上部マントル付近にカンラン岩を形成した。その結果，マグマオーシャン最上部に残されたマグマの組成は玄武岩質になって，冷却の過程で地表に玄武岩の地殻を形成した。

マグマオーシャン発生の際に，水などの揮発性成分は蒸発し，輻射などにより地球が冷却される過程で雨となって再び地表へ戻り，海洋の源となった。この後，地球形成の最終段階で火星サイズの小天体が地球に衝突し，地表部分や初期大気をリセットした可能性があるが，その状況はわかっていない。原始地球の状況は，月や隕石母天体に部分的に残されているとされる。その後，少なくとも42億年前までには現在と同じプレートテクトニクスが機能し，海洋に堆積した堆積物が付加体深部で変成岩を形成していたという証拠がグリーンランドで得られている。この時期までに地球の内部体制は完成していた可能性が強い。

現在の地球内部は，大まかに**コア**（core），**下部マントル**（lower mantle），**上部マントル**（upper mantle），**地殻**（crust）に分けられる。このうち，地殻と最上部マントルの物質は，断層やプレート境界による地表への露出やマグマ中の捕獲岩として直接確認できる。確認されている上部マントルの岩石は，世界中どこから産出するものも基本的にカンラン岩で，鉱物組成や化学組成に極端な変化はない。

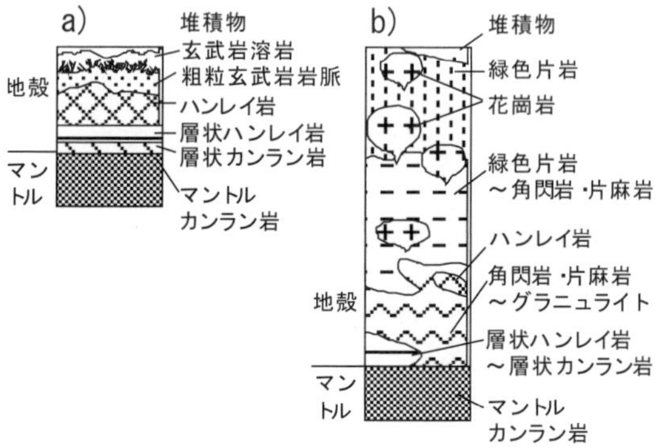

図 9.39　海洋地殻と大陸地殻の模式図
a）海洋地殻（厚さ約10 km）．玄武岩・粗粒玄武岩・ハンレイ岩は同じ玄武岩質マグマが固化して形成．冷却速度の違いで組織が異なる．b）大陸地殻（厚さ約30 km）．緑色片岩・角閃岩・片麻岩・グラニュライトはいずれも変成岩．

地殻は，表層堆積物とその変成岩および火成岩からなり，弾性波の伝わる速度から上部地殻と下部地殻に分けられる。**上部地殻**（upper crust）は，表層堆積物を除くと，変成岩・玄武岩・花崗岩からなっている。**下部地殻**（lower crust）は不明な点も多いが，片麻岩やグラニュライトなどの変成岩，火成岩であるハンレイ岩からなると考えられている。大陸地域と海洋地域の地殻では，厚みと構成が異なる（図9.39）。**海洋地殻**（oceanic crust）が玄武岩質で層構造なのに対し，**大陸地殻**（continental crust）は全体として花崗岩質で，複数岩石種が混在しながら下方に漸移的に変化する。このちがいは，海洋地殻が中央海嶺でのプレート生産で生じ，大陸地殻がプレート運動による堆積物の付加と下部から貫入したマグマにより形成されたことに関係する。

地球の地殻は，月の地殻や他の地球型惑星と比べると異なる特徴をもつ。月や隕石母天体では，表層に砂岩・泥岩など海中での堆積作用による岩石がなく，玄武岩や天体衝突で破砕された玄武岩の破片が固結した角レキ岩が主である。また，上部地殻にも多量の花崗岩および結晶片岩・片麻岩等の変成岩は認められない。月や隕石母天体の下部地殻はハンレイ岩質であるが，シリカを多く含む岩石の変成岩は確認されていない。堆積岩とその変成岩および花崗岩は，水やプレートテクトニクスがないと生じない岩石である。初期地球の地殻は月や隕石母天体の地殻の状況とほぼ同じであった可能性があるが，太陽系の中で置かれた状況やその後の進化によって地殻は大きく変貌したことがわかる。

(2) 上部マントル物質

カンラン岩（peridotite）は SiO_2 に乏しい超塩基性岩で，地殻で生じることが稀な岩石である。そのため，地表に露出するカンラン岩はほぼ上部マントルの構成物質の断片である。地球だけでなく，月や火星隕石からも報告されている。

カンラン岩は，おもにカンラン石，斜方輝石（エンスタタイト），単斜輝石（ディオプサイド）からなり，少量のザクロ石かスピネルあるいは斜長石を含む**等粒状**（equigranular）の深成岩である。ザクロ石は高圧下で，スピネルは相対的にやや中圧下，斜長石は低圧下で形成されたカンラン岩に含まれる。カンラン岩は，カンラン石・斜方輝石・単斜輝石の割合によって，さらに細かく分類され

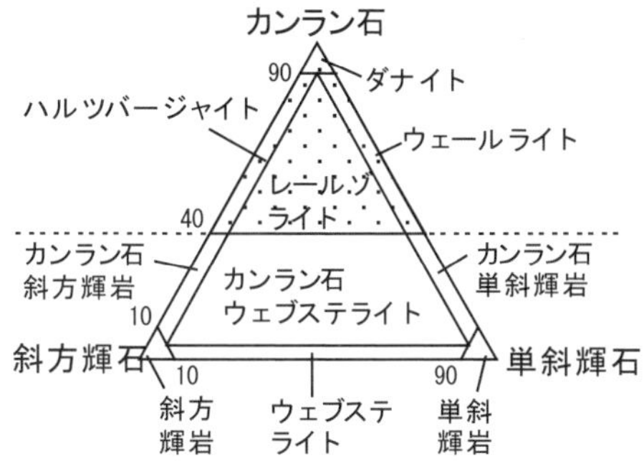

図 9.40　超塩基性岩の分類

カンラン石・斜方輝石・単斜輝石の量比で細分．カンラン石を 40% 以上含む岩石をカンラン岩，それ以下を輝岩とよぶ．

ている（図 9.40）。カンラン岩がマントル条件で部分溶融すると，最初にザクロ石や単斜輝石が優先的に溶け出し，次に斜方輝石が，最後にカンラン石が溶け出す不一致融解を示す。カンラン岩の部分溶融で生じる玄武岩の組成が，単斜輝石に少量のカンラン石を加えた組成に近いのはそのためである。したがって，単斜輝石を多く含むレールゾライト（図 9.40）の方が玄武岩をたくさん生み出すことができる。換言すると，単斜輝石に富むレールゾライトは，形成以後，部分融解をあまり経験していない，より始源的なカンラン岩ということになる。そのため，上部マントルの物理的・化学的性質は，単斜輝石に富むレールゾライトの性質に基づいて考えられている。

カンラン岩には**マントル捕獲岩**（mantle xenolith）と**アルプス型カンラン岩**（alpine-type peridotite）の 2 通りの産状がある。マントル捕獲岩は，上部マントル内部を上昇するマグマが途中のマントル物質を捕獲したものである。捕獲するマグマは，単成火山をつくるようなアルカリ玄武岩マグマやキンバーライトマグマが多い。マントル捕獲岩としてのカンラン岩の特徴は，鉱物粒が肉眼で明瞭に確認できることである。密着して固結したものが多いが，固結が弱く，手に取った際にぽろぽろと鉱物粒が分離することもある。後者は運搬途中でのマグマの熱の影響と考えられている。カンラン岩とともに細粒で黒緑色等粒状の深成岩が随伴されることがある。これは，輝石を主体として少量のカンラン石とスピネルを含む輝岩（図 9.40）で，マントル内を上昇する玄武岩マグマがカンラン岩中で脈状に固結したものである。玄武岩マグマが貫入固化しているカンラン岩を偶然捕獲すると，輝岩を随伴したカンラン岩が生じる。分離して，輝岩のみの捕獲岩となることもある。

アルプス型カンラン岩は，海洋プレート下部のカンラン岩がプレートの衝突あるいは拡大に伴って断層沿いに露出したものである。島弧・大陸造山帯の大断層が発達する部分や深海底の海嶺付近の割れ目のドレッジから得られる。全体に塊状で鉱物粒が明瞭でないが，薄片を偏光顕微鏡で観察すると構成鉱物はマントル捕獲岩と全く同じであることがわかる。著しい熱水変質を受けていることが普通で，変質により生じた蛇紋岩に伴われることが多い。また，野外では複数種類のカンラン岩が層状構造を構成していることが多く，輝岩の岩脈やシルが観察されることもある。北海道様似町幌満には幌満岩体とよばれるアルプス型カンラン岩の岩体があり，新鮮なマントル物質が露出していることで世界的に有名である。

日本のマントル捕獲岩のカンラン岩は，北海道から九州までの日本海沿岸のアルカリ玄武岩中にしばしば含まれている。マントル起源の輝岩，捕獲岩が分離して生じた鉱物粒，途中の下部地殻起源の角閃石岩などの捕獲岩も同時に含まれていることが多い。野外で観察すると，マントル捕獲岩は楕円形の塊で，アルカリ玄武岩中に不均質に分布する。風化すると捕獲岩の塊は茶褐色の皮膜で覆われ，周囲のアルカリ玄武岩は風化で灰色となる。マントル捕獲岩は，玄武岩の特定部分に濃集していることが多いので，採集には丹念な露頭調査が必要である。

捕獲岩のカンラン岩を肉眼やルーペで観察すると，粗粒の鉱物集合体からなる等粒状組織（完晶質）となっている。レールゾライトでは，黄緑色のカンラン石，茶色の斜方輝石，鮮緑色細粒の単斜輝石，黒色微粒のスピネルが観察できる。全体としてカンラン石の割合が多く，カンラン石が上部マントルの主要構成鉱物であることがわかる。風化が進むと，カンラン石は黄白色や白色半透明になる。

アルプス型カンラン岩を野外で観察すると，表面が風化で生じた茶褐色の皮膜で覆われていることが多い。断面を観察すると暗緑色塊状で，鉱物粒子は明瞭には確認できない。ただし，レールゾライトやハルツバージャイトであれば，茶色の斜方輝石や鮮緑色の単斜輝石の部分が確認できる。新鮮なカンラン岩は灰色〜暗緑色で，カンラン石中の微量の鉄が空気中で酸化されると明るい緑色になる。また，アルプス型カンラン岩は地表へ露出する過程で熱水変質を受けやすく，その結果，部分的に蛇紋石が生じていることが多い。蛇紋石の集合体を蛇紋岩とよび，比重が軽く，低いモース硬度，暗緑色で蛇肌の外観からすぐに判別できる。カンラン岩を手に持ったときはずっしりと重く感じるが，蛇紋岩に変質したカンラン岩はそれと比べて非常に軽いので判別可能である。

（3）下部地殻物質

下部地殻は不明な点も多いが，おもに大陸地域ではハンレイ岩や片麻岩（グラニュライト）からなり，大陸縁辺部ではグラニュライトからなると考えられている。

ハンレイ岩

ハンレイ岩（gabbro）は，玄武岩質マグマが地殻深部でゆっくりと冷えて固結した深成岩である。おもに斜長石と輝石からなり，少量のカンラン石を含む。大陸地域では，南アフリカのブッシュフェルト岩体やグリーンランドのスケアガード岩体など直径 10km を超える巨大なマグマ溜まりとして固結したものがある。固化の際に結晶分化が生じ，晶出鉱物の沈積によって地層のような層状構造をつくることが多い。日本列島ではそのような大規模岩体はなく，むしろ非常に小規模な岩体が多い。また，輝石の代わりに角閃石が含むことが多く，含水マグマが発生しやすい島弧の環境を反映している。

玄武岩マグマは粘性が低いためにマグマの流動や対流が活発で，ハンレイ岩体の露頭では角閃石・輝石と斜長石の互層やラミナなどの堆積構造がしばしば観察される。角閃石や輝石・カンラン石はマグマに比べやや密度が大きいので岩体下部に沈積し，わずかに軽い斜長石は浮上する。その結果，岩体上部に斜長石が濃集した斜長岩が形成されることがある。この過程は初期地球の環境を考える上で重要である。形成当初の月や原始地球では，玄武岩マグマの海に浮上した斜長石によって斜長岩の原始地殻が形成されたとされている。地球の原始地殻はその後の進化によって失われたが，月には，白く反射率の高い地域の「高地」に斜長岩の地殻として残されている。

ハンレイ岩を肉眼やルーペで観察すると，粗粒の鉱物集合体からなる等粒状組織であることがわかる。おもに黒色の角閃石・輝石と灰白色の斜長石からなり，角閃石が多く外観が暗色のものでも，よく観察すると斜長石が体積の半分近くを占めている。風化すると，岩石表面に茶褐色の風化皮膜が生じ，斜長石は角閃石より容易に風化されるので凹んでいることが多い。黒色微粒の磁鉄鉱や真鍮色微粒の磁硫鉄鉱を含むことが多く，棒磁石で磁性が確認できる。

ハンレイ岩体の調査では，岩体下部から上部に向かって，構成鉱物・粒径の変化を追跡する。結晶分化によって，岩体下部が有色鉱物に富み，上部が細粒かつ相対的に斜長石に富むことが多い。一部は石英閃緑岩にまで分化する。また，岩体の周辺部は急冷されて粗粒玄武岩（ドレライト）になっていることがある。この部分はハンレイ岩体の初期マグマの組成を知るうえで重要である。各部分の流動構造を観察すると，マグマ溜まり内部の対流の様子がわかる。ハンレイ岩体では，固結末期の揮発性成分や残液が移動して，粗粒の角閃石を含むハンレイ岩質のペグマタイトやアプライト等の脈岩をつくることが多い。その貫入の様子や方向から冷却過程や当時の応力場を推定できる。

グラニュライト

グラニュライト（granulite）は，やや高圧で超高温の条件でできるグラニュライト相の変成岩である。細粒等粒状の組織で，源岩は塩基性岩から酸性岩までさまざまである。後述の角閃岩や片麻岩がさらに高温条件になってできる岩石で，角閃石や黒雲母等の含水鉱物が分解され，無水鉱物が主体となっている。斜方輝石やMgに富むザクロ石を含むことが多い。島弧のような地温勾配が高い地域の下部地殻では，上部地殻の片麻岩から漸移的にグラニュライトになっている可能性が高い。日本の地表部での露出は極めて少ないが，古い地質時代の飛騨変成帯に部分的に露出し，阿武隈変成帯や日高変成帯のハンレイ岩体に近い部分に少量分布している。見た目は後述の片麻岩とほぼ同じで，光学顕微鏡による観察で含水鉱物が極めて少ないことやその形成温度から判別される。肉眼での観察と野外調査法は後述の片麻岩と同じである。

（4）上部地殻物質

上部地殻は，表層の堆積岩を除けば，おもに花崗岩と片麻岩からなる。地表部にはさまざまな岩石種が存在するが，地球型惑星を代表する火山岩として玄武岩を説明する。

花崗岩

花崗岩（granite）は流紋岩質マグマが地下深部でゆっくり冷えて固結した深成岩である。石英・

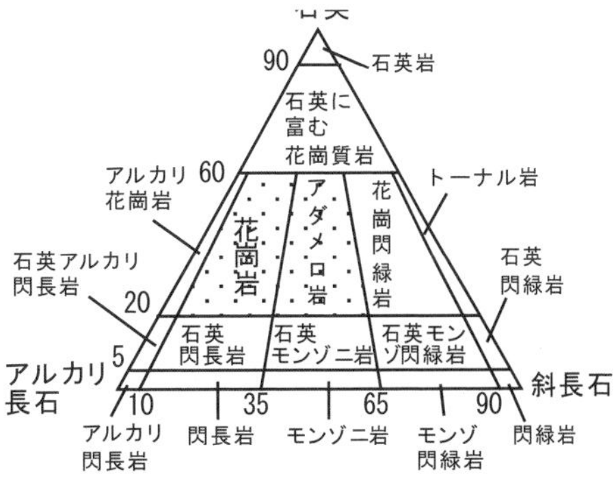

図 9.41　花崗岩の分類

石英・アルカリ長石・斜長石の量比で細分．花崗岩とアダメロ岩をあわせたものを広義の花崗岩という．

アルカリ長石・斜長石などの無色鉱物に富み，少量の黒雲母・角閃石等の有色鉱物を含む。無色鉱物の量比によって細分されている（図 9.41）。アルカリ長石はカリ長石とナトリウム長石（曹長石）の固溶体であるが，日本の花崗岩は結晶分化によってカリウムを多く含むので，アルカリ長石もカリに富むカリ長石となっていることが多い。

花崗岩マグマは，玄武岩質や安山岩質マグマの結晶分化，堆積岩（変成岩）の溶融，マグマと堆積岩・変成岩の混合などの成因が推定されているが，不明な点も多い。花崗岩は化学組成・構成鉱物および同位体の特徴から，S，I，A，Mなどのタイプや，磁鉄鉱系列とチタン鉄鉱系列等に分類されることがある。前者のタイプ分けは花崗岩マグマの成因と密接とされ，後者の系列分類は随伴する金属鉱床の種類と密接な関係がある。

花崗岩は，多量の水（海）とプレートテクトニクスのある惑星で大量に生産される岩石である。地球上では，大陸地域でバソリスとよばれる大規模岩体をつくり，島弧や大陸縁辺部では直径10km程度の岩体が帯状・列状に分布することが多い。日本海が開く前の中生代白亜紀の花崗岩は，シベリアから西南日本を経て，韓国，中華人民共和国の香港付近まで約2,000kmにわたって列状に分布している。これらの花崗岩は，当時の大陸縁辺部の火山フロントの深部にあった花崗岩のマグマ溜まりが帯状に連なっていた跡だと推定されている。

花崗岩内部には**捕獲岩**（xenolith；エンクレーブ, enclave）や有色鉱物による流理構造が存在することが多い。捕獲岩はマグマ上昇過程で捕獲された周囲の堆積岩などであるが，結晶分化でマグマ溜まりの底に沈積した塩基性岩を再捕獲したり，別の塩基性マグマが花崗岩マグマに混合することでも暗色細粒の捕獲岩ができる。

花崗岩を肉眼やルーペで観察すると，粗粒ないし細粒の鉱物集合体からなる等粒状組織であることがわかる。おもに透明あるいは白色の石英と灰白色のカリ長石・斜長石からなり，黒雲母や角閃石を含む。多量のカリ長石を含む深成岩であることが花崗岩の特徴である。カリ長石は薄いピンク色・肌色となって離溶ラメラが観察できることもある。カリ長石が白色の場合，斜長石との判別は花崗岩の風化面で行う。斜長石の方がはるかに風化しやすいので，風化面では判別が容易である。また，長方形のカリ長石自形結晶が数 cm 大に成長することもあり，これをカリ長石の斑状結晶とよぶ。斑状花崗岩は斑状結晶を含む花崗岩である。磁鉄鉱系列の花崗岩には黒色微粒の磁鉄鉱が含まれており，棒磁石で磁性が確認できることが多い。

花崗岩体の調査では，岩体の中心部から周辺部に向かって，構成鉱物の量比・粒径の変化を追跡する。直径数 km の孤立した岩体では，結晶分化によって中心にシリカの多い花崗岩が分布し，周辺を有色鉱物に富む石英閃緑岩がとりまく累帯構造がしばしば認められる。岩体周辺部は細粒になったり，ザクロ石や白雲母などアルミに富む鉱物を含むこともある。後者は，泥質岩の同化によってアルミに富む花崗岩になると出現する。ほとんどの花崗岩には捕獲岩（エンクレーブ）も含まれる。これらは，大きさ数 cm から数 m の球形から楕円形で，黒色細粒鉱物の塊となっており，場所によって多量に存在する。また，岩体を垂直方向に調査すると，岩体最上部は半深成岩の花崗斑岩になっていることがある。

花崗岩マグマは水を多く含んでいるので，固結末期に水や残留揮発性成分を濃集した流体が発生し，岩体上部に晶洞やペグマタイト脈・アプライト脈をつくることも多い。晶洞は，揮発性成分により形成されたガス穴に結晶が大きく成長した部分である。ペグマタイトは同じく揮発性成分に富むメルトが移動してできた脈岩（半深成岩）で，著しく粗粒の石英・長石・雲母などからなる。めずらしい元素を含む鉱物を含むことがある。アプライトは組成と構成鉱物はペグマタイトと同じだが，非常に細粒の脈岩である。これらの岩脈の貫入の様子や方向から冷却当時の応力場を推定できる。

片麻岩

片麻岩（gneiss）は，高温かつ中程度の圧力下の広域変成作用でできる変成岩である。変成作用の際に石英・長石などの無色鉱物と角閃石・黒雲母などの有色鉱物に分離して再結晶化するため，白い部分と黒い部分の縞状組織になっている。塑性変形が生じる温度圧力条件下で形成されるので，細かく褶曲していることが多く，偏光顕微鏡下では応力による流動変形の様子が観察できる。野外で他の変成岩と区別するポイントは，白黒の縞状組織で塊状に割れることである。外観は，等粒状の岩石で，源岩は塩基性岩から酸性岩まで様々である。ザクロ石などの斑状変晶が生じていることも多い。地下深部の地温勾配と応力に加え，地下に貫入するマグマの高温の影響を受けて形成されるため，大規模貫入岩体の付近に形成されることが多い。片麻岩や類似組織の岩石は，他の天体や隕石から報告されたことがない。

片麻岩を肉眼やルーペで観察すると，粗粒の鉱物集合体であることがわかる。縞状の黒色部はおもに角閃石・黒雲母からなり，白色部はおもに石英・斜長石からなる。非常に堅く，大型ハンマーでないと割るのが困難なことがある。片麻岩の調査では，水平方向に岩相変化を追うことが重要となる。堆積岩が源岩の場合は，砂岩・泥岩・凝灰岩など源岩の変化によって，外観や構成鉱物（岩相）が変化する。結晶片岩や角閃岩とは断層関係で接したり，漸移することもある。熱源となる深成岩体がある場合は，岩体周辺近傍に片麻岩が分布し，遠ざかるにつれて岩相が変化する。深成岩体との接触部では部分溶融してメルトが生じていたり，片麻岩の縞状組織に沿ってマグマが侵入していることもある。また，褶曲の様子から，形成温度・圧力の状況を定性的に推定できる。

玄武岩

玄武岩（basalt）は，上部マントルのカンラン岩の部分溶融によって生じた塩基性マグマが，地表付近で急冷されてできた火山岩（溶岩）である。一般に斑晶と石基からなる**斑状組織**（porphyritic texture）を示す。斑晶は地下のマグマ溜まり内部で晶出した結晶で，肉眼で識別できる数 mm 大の自形結晶である。石基は，肉眼で識別できない微細な結晶とガラスの集合体で，マグマの急冷時に地表付近で生じたものである。マグマの急速上昇などにより上昇過程で結晶が晶出する機会がない場合は，斑晶のない無斑晶状玄武岩が生じることがある。おもな斑晶鉱物は，カルシウムに富む斜長石，カンラン石，輝石である。

玄武岩は，斑晶が乏しい場合は黒色緻密で，斑晶が多い場合は暗灰色から灰色を示す。外観は産状によって多様で，溶岩の表面付近はガス孔の多い多孔質で，中央部は緻密，ときに細粒結晶の集合体となる。100m 以上の厚みをもつ溶岩流ではややゆっくり冷えるため，数 mm 大の結晶からなる**等粒状組織**（equigranular texture）になることがある。これを**ドレライト**（**粗粒玄武岩**，dolerite）とよび，玄武岩とハンレイ岩の中間的な組織を示す。

玄武岩は，地球型惑星の表層に最もありふれた岩石である。地球上では，中央海嶺・海洋島・島弧・大陸内部など広範囲に分布しており，組成も多様であるが，化学組成と斑晶鉱物からソレアイト玄武岩やアルカリ玄武岩などいくつかのタイプに分けることができる。これらは，上部マントルでカンラン岩が部分溶融する際の圧力・部分溶融の程度・H_2O 量・CO_2 量のちがいによって生じる。タイプによって外観が異なり，結晶分化によって生じる残液の組成変化も異なっている。日本の第四紀の玄武岩では，ソレアイト，高アルミナ玄武岩，アルカリ玄武岩のタイプ分けがよく使用され，それぞれ太平洋側から日本海側に順番に帯状に配列している。

日本の玄武岩を肉眼やルーペで観察すると，通常，斑晶を含む斑状組織が確認できる。斑晶が乏しく無斑晶に見える場合でも，微粒の斑晶が少量含まれていることが多い。一般にソレアイトや高アルミナ玄武岩では斑状組織が発達し，数 mm 大で白色長方形の斜長石，微粒で黄褐色のカンラン石（風化で茶褐色），黒色粒状の輝石などの斑晶が認められる。アルカリ玄武岩は斑晶に乏しい場合が多く，微粒のカンラン石あるいは輝石がわずかに含まれることが多い。また，マントル捕獲岩を含むことがあり，その場合，マグマによる運搬途中でカンラン岩が分離して生じた大粒のカンラン石や輝石が見かけ上，斑晶のように含まれていることもある。また，フォッサマグナ地域には，玄武岩のタイプに関係なく，数 mm 大の粗粒のカンラン石斑晶を著しく多量に含む玄武岩（ピクライト質玄武岩）が小規模に点在している。

玄武岩の調査では，地層に挟まれている場合に水平方向への流動を考慮して，走向方向に分布を追跡する。溶岩流では，表層・内部・下部の接触面と冷却速度がちがうので，それぞれ分けて観察する。表層や境界面には細粒あるいはガラス状の急冷縁が認められることが多い。斑晶の量は部分によって異なる。捕獲岩の量も同様である。柱状節理が発達することもある。

地層に挟まれている玄武岩の調査では，上下の地層の層準や年代が重要である。とくに同時代に複数火山が連続噴出すると，地層のように広域的に分布する。この場合，結果的にソレアイト・高アルミナ玄武岩・アルカリ玄武岩がほぼ同じような層準に並ぶことがある。海底下で噴出した場合は塊状で斑晶が少ない枕状溶岩となることも多い。地層に挟まれている玄武岩では，続成作用によって沸石・緑簾石など変質鉱物が生じていることが多く，試料採取では変質の少ないものを選ぶことが重要となる。上下の地層との境界に著しい急冷縁がある玄武岩は，判別が難しいが，地層に沿って貫入した貫入岩（シル）の可能性がある。地層に貫入した塩基性マグマは，通常，半深成岩の粗粒玄武岩となるが，脈幅が小さく地表近くで急冷されると斑晶が成長せずに小さく，見かけ上，玄武岩となる。

厚い溶岩流では，ややゆっくりした冷却によって粗粒玄武岩（ドレライト）になることが多い。ドレライトは，内部が結晶分化によって鉱物組み合わせの異なる複数のレイヤーに分かれ，それらが数十 cm の厚みの層をつくることが多い。斑晶としては粗粒の輝石や斜長石が目立つ。非常に小規模で急冷された岩脈では，深緑色で細粒塊状の脈岩になることがある。このタイプの脈岩には，目立った斑晶が認められない。

5．火成岩・変成岩の観察

地質体から得られる情報の種類やその調査法は，構成岩石によって異なる。そのため，野外で岩石の種類が判定できると，地質体の形成過程の情報がその場で得られたり，調査方針を効率的に決定することができる。ここでは，日本列島の代表的火成岩と変成岩の野外での判別法と，それに必要な造岩鉱物の簡単な肉眼鑑定法について概説する。

(1) 地球岩石の主要造岩鉱物の判別

鉱物種は化学組成と結晶構造で定義され，通常は機器分析で決定されるが，鉱物の物理的性質によって同定可能なものも多い。鉱物種は約 4,400 種あるが，岩石名の決定に重要な主要鉱物はそれほど多くない。通常の地殻と上部マントルの岩石を構成する主要造岩鉱物は，組成から考えると 8 グループしかなく，それらで地殻と上部マントルの 9 割を占有している（表 9.8）。そのため，8 グループの鉱物が判別できれば，野外での岩石名の決定や産状の推定にはほぼ支障がない。ここでは，日本列島の代表的火成岩を構成する造岩鉱物の肉

表 9.8　化学組成から推定した地殻と上部マントルの構成鉱物の量比

	地　殻	上部マントル
カンラン石		55%
ザクロ石		15%
輝石（斜方輝石，単斜輝石）	11%	30%
角閃石	5%	
雲母	5%	
長石（斜長石，アルカリ長石）	51%	
石英	12%	
鉄を主成分とする酸化鉱物	＜ 1%	＜ 1%

表 9.9　主要造岩鉱物の特徴と判別

- 無色（淡色）
  - へき開なし → 石英
  - へき開 1 方向（薄く板状に剥げる） → 白雲母
  - へき開 2 方向（約 90 度で交差） → 長石
- 有色（濃色）
  - 黄緑色 ――― へき開なし → カンラン石
  - 濃赤～橙～桃色 ― へき開なし → ザクロ石
  - 黒～黒緑～褐色
    - へき開 1 方向（薄く板状） → 黒雲母
    - へき開 2 方向（約 90 度） → 輝石
    - へき開 2 方向（約 120 度） → 角閃石
  - 黒色・亜金属光沢：へき開なし
    - 磁性あり → 磁鉄鉱
    - 磁性なし → チタン鉄鉱

眼鑑定の方法を概説する。造岩鉱物の肉眼鑑定は，鉱物の物理的性質を利用して行う。通常，色，結晶形，へき開，磁性，硬度の順で判別する（表 9.9）。

色（外観色）

色は，物質中の化学結合や組成・不純物の情報であり，鉱物種固有の情報ではないが，日本列島の地表に広く認められる鉱物では色はほぼ共通である。肉眼で簡単に判別できるため，最初に観察する。造岩鉱物は外観色によって，無色（淡色）鉱物と有色（濃色）鉱物に分けられる。無色鉱物は，無色透明という意味ではなく，Si や Al に富み，白色や薄いピンクや肌色など淡色を示す鉱物で，石英・長石・白雲母が該当する。有色鉱物は濃色で，Mg, Fe を多く含む鉱物である。黒・黒緑・褐色は輝石・角閃石・黒雲母，黄緑色はカンラン石，濃赤・オレンジ・ピンク色はザクロ石，黒色で金属光沢のものは磁鉄鉱・チタン鉄鉱となる。概観色は風化・変質で変化するので，新鮮な断面の色を観察する。

結晶形

結晶形は，自形を示す場合，色と組み合わせて鉱物判別の有用な情報となる。岩石中で自形が明瞭に認められるのは火山岩と半深成岩の斑晶だけで，深成岩の構成鉱物は他形であることが多い。火山岩中の斑晶の多くは双晶となっているため，自形に近いものを探して判別する。マグマ中で早期に晶出した有色鉱物に自形を示すものが多い（図 9.42）。

有色鉱物の自形の形状は，ザクロ石が球状に近い多面体，カンラン石と輝石は短柱状，角閃石は柱状である。角閃石と輝石は色や形が似ているが，柱の断面形状が長方形の四隅が切れたような八角形の場合は輝石，扁平六角形の場合は角閃石である（図 9.43）。

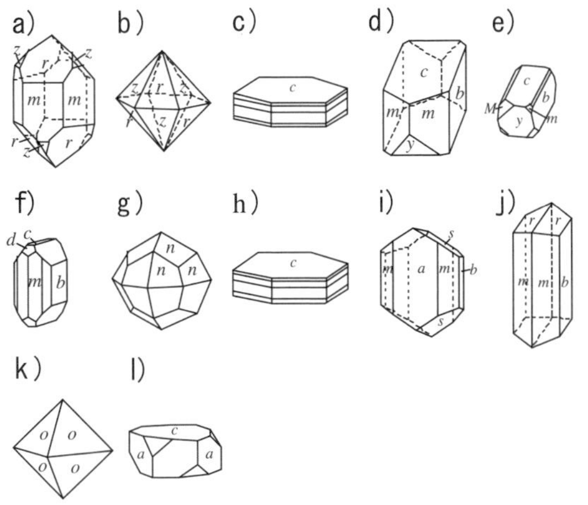

図 9.42　造岩鉱物の代表的な自形形状

a) 低温型石英，b) 高温型石英，c) 白雲母，d) カリ長石，e) 斜長石，f) カンラン石，g) ザクロ石，h) 黒雲母，i) 普通輝石，j) 普通角閃石，k) 磁鉄鉱，l) チタン鉄鉱.

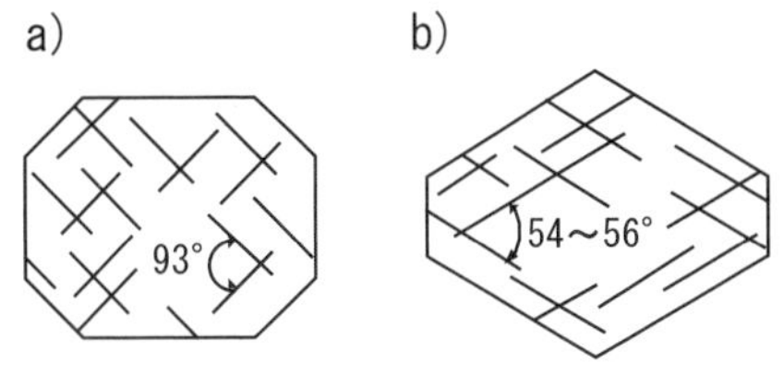

図 9.43　普通輝石（a）と普通角閃石（b）の自形断面形状とへき開

無色鉱物で，長方形の断面形状を示すのは長石で，六角両錐で柱面が短い場合は石英（高温型石英の仮晶）である。仮晶（仮像）とは，温度圧力・化学的変環境の変化によって，元の結晶の外形を保ったまま，化学組成や結晶構造が変化したものを指す。高温の酸性～中性マグマから晶出する石英は，結晶構造が高温型で，その外形も低温型とは異なる（図 9.42a, b）。高温型石英は冷却時に結晶構造が低温型へと変化するが，その外形は高温型の結晶のまま残る。これを高温型石英の仮晶とよぶ。高温型石英の仮晶は酸性から中性の火山岩が起源である。

へき開

へき開は，自形が確認できない場合でも利用でき，鉱物判定の最も重要な情報となる。無色鉱物でへき開がない（不規則状断口）のは石英，薄く板状に剥がれる 1 方向のへき開は白雲母，2 方向のへき開は長石である（表 9.9）。岩石中の構成鉱物のへき開を調べる場合，ナイフや焼き入れした釘など（モース硬度 6.5）で傷つけると，白雲母は簡単に剥がれて判別が容易である。また，雲母はモース硬度 2.5 以下なので簡単に傷がつく。

有色鉱物では，明瞭なへき開がないのがザクロ石・カンラン石（弱いへき開あり）・磁鉄鉱・チタン鉄鉱で，1 方向の薄く板状に剥がれるへき開が黒雲母，柱状に垂直な面に 2 方向のへき開があるのが輝石と角閃石である。2 方向のへき開面の間の角度が約 90° の時は輝石，約 120° のときは角閃石である（図 9.43）。柱面の上からみると，輝石は直角の階段状のへき開，角閃石は屋根のように 120°で面が交わるへき開となる。また，角閃石の方がへき開面が平滑で輝きが強く，普通の造岩鉱物で黒色長柱状で強い輝きのへき開面をもつ鉱物はほとんど角閃石である。輝石には裂開が現れることがあるので注意する。輝石と角閃石の判別は，マグマの含水条件を検討するのに重要で，角閃石の存在はマグマ中に 5%以上の水が含まれていたことを示す。

磁性・モース硬度

ここまでの情報でほとんどの造岩鉱物は判別できる（表 9.9）。磁鉄鉱とチタン鉄鉱は，両方とも黒色・金属光沢であるが，磁鉄鉱は棒磁石で吸い寄せられるほどの磁性を示す。真鍮色で棒磁石に付くのは，磁硫鉄鉱（へき開なし）である。チタン鉄鉱は吸い寄せられない。花崗岩中の磁鉄鉱の存在は，マグマが酸化的であることを意味し，還元剤となる炭素を含む堆積岩をほとんど同化していないことを示す。圧縮の応力場でマグマが貫入すると，周囲の堆積岩を取り込んで還元的になるので，磁鉄鉱の存在は伸張場での貫入を暗示する。この他，ナイフなど（モース硬度 6.5）で引っ掻くと，長石（モース硬度 6）は傷がつくが，石英（モース硬度 7）は傷がつかない等の性質も利用できる。

長石の細分

火成岩の判別では，長石の種類（斜長石・アルカリ長石・カリ長石）の区別が必要となる場合がある。長石の細分は，色・風化の程度・離溶ラメラを手がかりにするとよい。通常，長石で色がつくのはアルカリ長石で，とくにピンク色や肌色になるのはカリ長石だけである。風化の程度では，一番風化しやすいのが斜長石で，カリ長石・アルカリ長石は風化しにくい。離溶によりラメラができるのはアルカリ長石だけで，高温でカリ長石に固溶した曹長石成分が霜降り状に離溶する組織がよく認められる。ただし，肉眼で離溶組織が認められるのは，深成岩と半深成岩のアルカリ長石だけである。

(2) 岩石の分類

岩石とは鉱物の集合体を指し，数～数十 cm の鉱物集合体に岩石名を与える。岩石の種類は，鉱物種のようにちがいが自然に現れている自然種とは異なり，構成鉱物や化学組成等に基づき人為的に区分するため，どちらにも当てはまる中間種も存在する。

岩石の判別では，最初に成因に基づいて堆積岩・変成岩・火成岩に大分類する必要がある。その後，細かい種名がそれぞれ異なる指標に基づいて命名される。成因に基づくと，堆積岩は水中や大気中での堆積作用・続成作用によって形成された岩石で，変成岩は源岩（火成岩・堆積岩・変成岩のいずれも可）が以前と異なる温度・圧力条件で固体状態のまま別の鉱物組み合わせと組織に変化した岩石で，溶融していないことが条件となる。火成岩はマグマの固結で形成された岩石である。これらの成因は，野外での産状から判断する必要がある。

一般に，堆積岩は構成鉱物の粒度や種類の変化によって生じた層理が明瞭で，側方にかなりの距離で追跡できることが特徴となる。大型化石が含まれている場合は簡単に判別できる。変成岩は，硬く緻密で，構成鉱物のちがいによる白黒の縞状組織，ハンマーで割ったときに薄い板状に割れる性質（片理），火成岩の周囲に存在するなどの産状から判断する。火成岩は，硬く緻密で塊状に割れ，鉱物粒子が等粒状組織か斑状組織を示す。化石は含まない。岩体として存在する場合は，他の地質体から明瞭な境界で区別される一定の大きさと形をもつ。

これらの判定法は便宜的なもので判定困難なことも多い。この場合，とりあえず野外で便宜的に決めた岩石名（**フィールドネーム・野外名，field name**）に基づいて調査を行い，室内での偏光顕微鏡による薄片観察で正確な岩石名を判定する。以下，火山岩と変成岩の野外名の判定法を説明するが，正式な岩石名は，偏光顕微鏡による鉱物の種類と組織の観察，火山岩のように細粒の岩石の場合は全岩組成を分析して決定する。

(3) 火成岩の判別

火成岩の多様性

火成岩の名前は，構成鉱物と組織あるいは全岩組成によって与えられ，おもな岩石名は62種類ある。火成岩の種類の多様性は，マグマから晶出する鉱物の組み合わせの多様性によっておもに生じる。晶出鉱物の組み合わせに影響する要因には，マグマの SiO_2 量，マグマのアルカリ / アルミナ比（$(Na_2O+K_2O+CaO)/Al_2O_3$），結晶分化の形式，温度・圧力・揮発性成分量（H_2O，CO_2）があり，このうち最初の2つの影響が最も大きい。

マグマが SiO_2 量に富む場合は石英が晶出するため，石英と共存可能な長石・雲母・角閃石・輝石が造岩鉱物となる。乏しい場合には，組成的に SiO_2 が少ないカンラン石が晶出し，カンラン石と共存可能な輝石・角閃石が造岩鉱物となる。カンラン石は石英と反応関係にあり，両者は共存できない。SiO_2 量はマグマの構造にも密接な関係がある。ケイ酸塩マグマは，溶融状態でも SiO_4 四面体の鎖状構造や3次元的なネットワークが存在し，それらの構造が晶出鉱物の種類に影響を与える。

マグマのアルカリ／アルミナのモル比は，多くのマグマでほぼ1であるが，アルカリが過剰になると，NaやKに著しく富む輝石や角閃石が造岩鉱物として出現する。マグマのアルカリ量がさらに過剰になると，相対的にマグマの SiO_2 量が減少し，長石の代わりにネフェリンやリューサイトなど組成的に SiO_2 が少ない準長石が晶出する。逆に，マグマのアルミナ量が過剰になってアルカリ／アルミナ比が1より小さくなると，アルミに富む白雲母・電気石・ザクロ石・紅柱石が晶出する。また，マグマのアルカリ量は結晶分化の様式

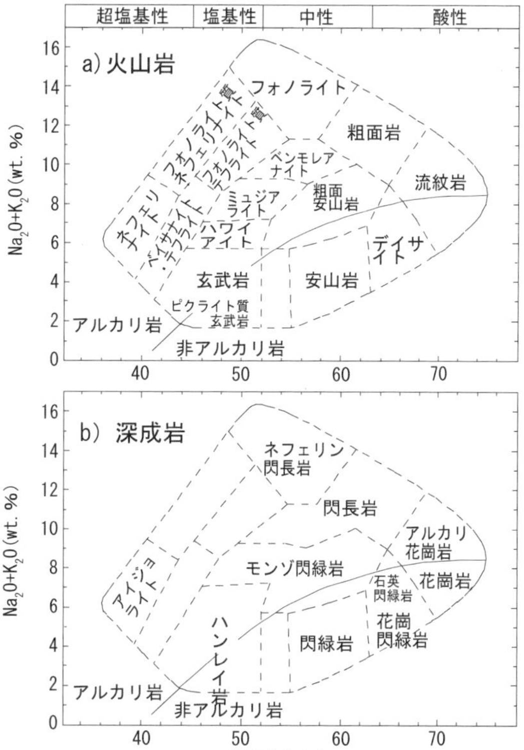

図 9.44　SiO_2 と Na_2O+K_2O 量による火山岩と深成岩の分類

も変える。そこで，おもな火成岩を SiO_2 量とアルカリ量で整理したのが図 9.44 である。この図で曲線の上がアルカリに富む**アルカリ岩**（alkali rock），下が**非アルカリ岩**（subalkalic rock）となる。アルカリ岩は，上部マントル深部の高圧下で，揮発性物質が少なく部分溶融程度が低いときに生じるマグマから形成され，おもに大陸・海洋島に産出する。非アルカリ岩は，上部マントルで部分溶融程度が高い，あるいは水が多い条件下での部分融解で生じたマグマから形成され，おもに大陸の造山帯や島弧に産出する。日本列島にはアルカリ岩が非常に少ないので，ここでは非アルカリ岩の火成岩の野外名の判別法を説明する。非アルカリ岩の火成岩は約 10 種類しかなく，判別が比較的容易である。

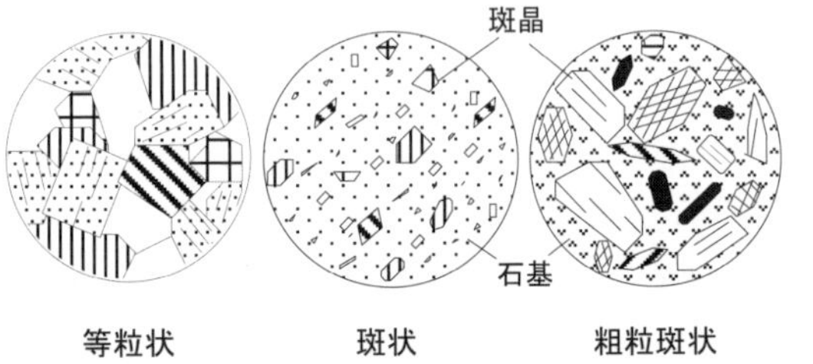

図 9.45　火成岩の組織
深成岩は等粒状組織，火山岩は斑状組織を示す．半深成岩は粗粒斑状か細粒の等粒状組織を示す．粗粒斑状では，斑晶および石基の構成粒子が粗粒．

火成岩の野外名

野外名の判別では，肉眼やルーペで，粒度と組織，色指数，構成鉱物を観察する。岩石を水で濡らすと各鉱物が判別しやすくなる。

粒度と組織はおもに冷却速度を反映しており，5 mm 大以上の等粒状組織の場合は**深成岩**，数 mm 大の斑晶をもつ斑状組織は**火山岩**である（図 9.45）。5 mm 大以上の粗粒斑晶と粒子が肉眼で識別できる石基をもつ斑状組織，あるいは細粒の完晶質は，地下浅部でややゆっくり冷えてできた半

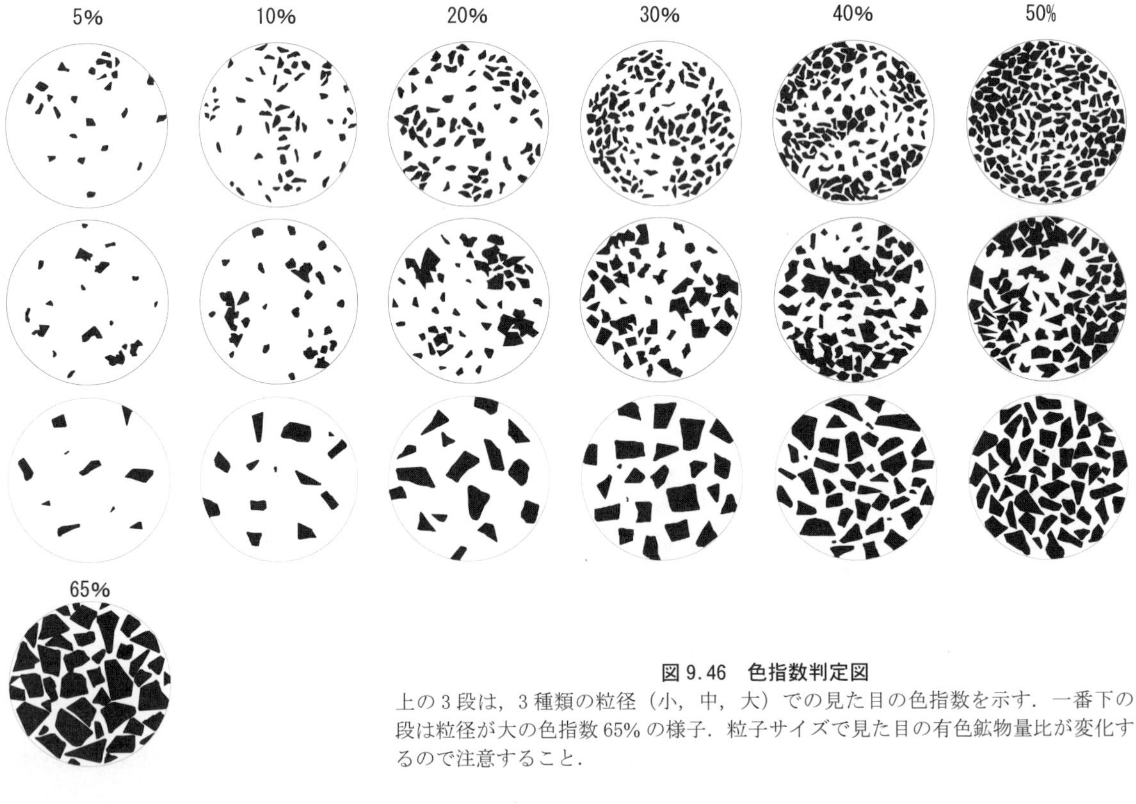

図 9.46　色指数判定図
上の 3 段は，3 種類の粒径（小，中，大）での見た目の色指数を示す．一番下の段は粒径が大の色指数 65% の様子．粒子サイズで見た目の有色鉱物量比が変化するので注意すること．

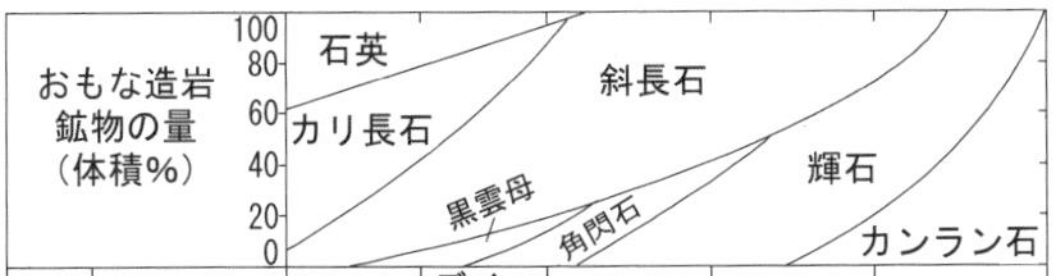

斑状	火山岩	流紋岩	デイサイト	安山岩	玄武岩	——
	半深成岩	斑岩	斜長斑岩	ヒン岩	ドレライト	——
等粒状	深成岩	花崗岩	花崗閃緑岩	閃緑岩	ハンレイ岩	カンラン岩
SiO2（重量%）		酸性	63	中性　52	塩基性　45	超塩基性
色指数（体積%）		珪長質	20	中間質　40	苦鉄質　70	超苦鉄質

図 9.47　火成岩（非アルカリ岩）の判別表

深成岩である（図 9.45）。野外で脈岩の場合は半深成岩となる。

深成岩の場合は，次に**色指数**（color index）を判定する。色指数は有色鉱物の量比（体積%）のことで，有色鉱物は Mg や Fe に富み，相対的に Si に乏しいので，色指数は岩石の SiO_2 量と逆相関を示す。有色鉱物は，カンラン石・輝石・角閃石・黒雲母である。色指数は見た目の外観色にもある程度反映されるが，前述のハンレイ岩のように構成鉱物を詳細に観察しないと見誤る。野外では，図 9.46 の色指数判定図と有色鉱物の量比を見比べて判定する。粒度や鉱物の形状によって見た目が変化するので注意する。色指数から酸性岩・中性岩・塩基性岩のいずれに該当するかを判断し，さらに構成鉱物の量比を勘案して，図 9.47 の判別表から岩石の名前を判別する。

斑晶鉱物による火山岩や半深成岩の判別

火山岩や半深成岩の色指数は，斑晶を多量に含む場合には判定可能であるが，少ない場合は困難である。そこで，火山岩や半深成岩では，斑晶鉱物に基づいて酸性岩・中性岩・塩基性岩のいずれかを判断する。とくにマグマ溜まり内で最初に晶出した斑晶鉱物は，マグマの化学組成を直接反映している。日本列島に普通に分布する火山岩では，斑晶鉱物の種類がほぼ決まっている。

酸性岩は，結晶分化が進んでマグマが Si や K に著しく富むため，一般に自形石英あるいは自形カリ長石を斑晶として含む。自形石英の斑晶は，高温型石英の仮像（仮晶）であることが多く，その断面形状は正方形か菱形となる。カリ長石の存在は，ピンク色や肌色で自形の断面形状が長方形で，2 方向のへき開がある場合に確認できる。

塩基性岩は多くの場合，微粒のカンラン石を斑晶として含む。カンラン石はサイズが小さく，風化による変質で黄褐色や茶褐色となっていることが多い。中性岩は，輝石あるいは角閃石と斜長石を斑晶として含む。結晶分化が進んだ中性岩では，分化に伴ってマグマの水分量も増加するため，角閃石を斑晶として含むことが多い。

構成鉱物による深成岩の判別

日本列島の深成岩も鉱物組み合わせがある程度決まっている。花崗岩は約 40%（体積比）のカリ長石＋約 20%の石英＋斜長石＋少量の黒雲母・角閃石からなる（図 9.47）。ほとんどのカリ長石には離溶ラメラが確認できる。色指数が 10 ～ 20 で外観色がやや暗色の場合は**花崗閃緑岩**（granodiorite）として区別され，有色鉱物のほとんどは自形角閃石になる。閃緑岩は約 20%の自形角閃石＋斜長石で，外観は花崗閃緑岩に非常に似ているが，石英を含まない。ハンレイ岩では約 50%の角閃石（＋輝石）＋斜長石（＋カンラン石）となる。

(4) 火成岩の観察

ここでは各火成岩の特徴とその他の観察ポイントについて，簡単に説明する。花崗岩・ハンレイ岩・玄武岩・ドレライト・カンラン岩については前節に記した。

流紋岩

流紋岩は SiO_2 含有量が 70 wt%以上の酸性火山岩で，おもに石英・カリ長石，少量の斜長石・黒雲母・角閃石を斑晶として含む。斜長石よりカリ長石の方が多いことが特徴であるが，斜長石が多いものもあり，斜長流紋岩とよぶ。長石の判別は風化や色を手がかりとする。外観色は白っぽいことが多いが，風化により赤褐色のこともある。

酸性マグマは一般に粘性が高く，元素の移動が遅い。そのため，温度低下に対して結晶成長が間に合わず，石基がガラス質となることが多い。また,石基に結晶が集まって流れたような縞模様(流理構造）が発達することがある。デイサイトは SiO_2 含有量が 63 ～ 70％の酸性火山岩で，斑晶としておもに斜長石を含み，流紋岩よりも黒雲母や角閃石の斑晶が目立つ。石英斑晶を含むことは少ない。流紋岩との厳密な区別は，全岩化学組成分析で行われることが多い。

流紋岩は非常に粘性が高いので，地表に噴出して溶岩流となることは少ない。むしろ火山の火道出口付近で固結し，溶岩ドーム（円頂丘）をつくることが多い。溶岩ドームは崩れて火砕流の源となることがある。

酸性マグマが水中などで急冷されると，結晶がほとんど晶出せずに全体がガラス状の岩石になる。マグマの含水量が少ないと黒色でガラス質の黒曜岩となり，含水量が多いと深緑色で松脂のような光沢をもつガラス質の松脂（しょうし）岩となる。これらは暗色であるが，鉄の含有量は少ない。黒曜岩中にときどき含まれる赤い部分には赤鉄鉱が濃集している。松脂岩と同様に水分量が多く，薄緑色で球状の粒が集まったような割れ目と真珠のような光沢をもつガラス質の岩石を真珠岩とよぶ。

花崗斑岩（斑岩）

酸性火成岩の半深成岩が**斑岩**（花崗斑岩，porphyry, granite porphyry）である。火山岩と半深成岩の判別では，産状が重要で，脈岩の場合は半深成岩である。また，半深成岩の方が，石基の鉱物粒が肉眼で識別でき，斑晶サイズも大きいことに注意する。斑晶鉱物はおもに石英・カリ長石で，流紋岩と変わらない。ただし，やや急冷された脈岩では白色の微粒集合体となる。石英斑晶が多いものは石英斑岩とよぶ。斜長石斑晶が多い場合，斜長斑岩とよぶことがあり，これは組成的にデイサイトや花崗閃緑岩に対応している。

産状は，脈岩以外に，花崗岩マグマのマグマ溜まり上部の急冷によって花崗岩体上部に発達することも多い。このタイプは周辺部に大規模な熱水性金属鉱床を伴うことが多く，鉱床探査では重要となる。

安山岩

安山岩（andesite）は，SiO_2 含有量が 53 ～ 63 wt％の中性火山岩で，一般に輝石あるいは角閃石と斜長石を斑晶として含む。石英をほとんど含まないことが特徴である。輝石斑晶は，茶色（斜方輝石）と深緑色（単斜輝石）の 2 種類のこともある。斑晶の量は，多いものからほぼ無斑晶のものまである。外観も緻密なものから発泡したものまで多様で，色合いも風化によっても変化する。一般には石基の中の多量の斜長石のために灰色～暗灰色である。

デイサイトと安山岩の区別は，前者がややシリカに富んで石基に石英を含むことで区別される。斑晶にも石英がある場合は肉眼で区別可能であるが，ない場合は区別できない。

安山岩は花崗岩と同様，地球にしか確認されていない岩石である。地球上ではプレートの沈み込み帯に多量に分布し，安山岩の分布は過去の沈み込み帯の位置を復元する手がかりとなる。最初にアンデス山脈に広く分布が確認されたことから安山岩の名がついた。安山岩マグマはマントル物質の含水条件での部分融解で生じるが，塩基性マグマと酸性マグマ（あるいは砂岩など）の混合により形成されることも多い。安山岩マグマの火山は爆発的な噴火を示すことが多い。

ヒン岩

ヒン岩（porphyrite）は中性岩の半深成岩で，閃緑ヒン岩（diorite porphyrite）ともいう。粗粒自形の角閃石あるいは斜長石の斑晶が特徴である。石基の鉱物粒は肉眼で識別できるサイズで，変質によって緑泥石と斜長石の微粒集合体になっていることが多いため，深緑色の外観色を示すことが多い。斑晶に石英はほとんど含まれない。やや急冷されるような小規模の岩脈では，深緑色で細粒塊状の岩石となり，目立った斑晶が認められない。

閃緑岩

閃緑岩（diorite）は中性の深成岩で，自形角閃石と斜長石からなり，石英とカリ長石をほとんど含まない。黒雲母と輝石を少量含むことがある。結晶分化によって SiO_2 成分がやや増えて酸性になり，少量の石英を含むものを石英閃緑岩，さらに酸性になって石英と少量のカリ長石を含むものを花崗閃緑岩とよぶ。これらの間は連続的に変化しており，野外での区別が困難なことが多い。外観では花崗閃緑岩から石英閃緑岩，さらに閃緑岩へと相対的に暗色になる。閃緑岩の斜長石には自形が目立つ。

花崗閃緑岩からさらに SiO_2 成分が増えて酸性になると，花崗岩となる。両者の判別は，カリ長石が斜長石より多いと花崗岩，斜長石が多いと花崗閃緑岩である。石英の量は両者ともほぼ同じである。

閃緑岩は独立した大岩体をつくることが少なく，花崗閃緑岩の岩体の周辺部を取り巻くように少量分布するか，ハンレイ岩体に伴われて少量分布する。石英閃緑岩と花崗閃緑岩は孤立した大岩体をつくる。

蛇紋岩

蛇紋岩（serpentinite）は蛇紋石をおもに含む岩石で，火成岩ではなく熱水変質岩である。高温でカンラン岩と水が反応して形成され，組成的にはカンラン岩と同じ超塩基性岩に相当する。蛇紋石は板状・脈状・柱状・繊維状で，暗緑色で軟らかく（モース硬度 3.5），密度が非常に小さいのが特徴である。蛇紋岩をハンマーで割ると，暗緑色で脂肪光沢をもつツルツルした曲面で割れる。これを蛇肌とよぶ。蛇紋岩の繊維状の部分は石綿（アスベスト）とよばれ，蛇紋石の一種であるクリソタイルが集合している。

蛇紋岩はマントルで形成された後，地殻の花崗岩やハンレイ岩よりも密度が小さいので，密度差で地表へと上昇する。また，非常に軟らかいので，断層等に揉み込まれて，断層沿いに上昇する。そのため，野外では大断層に沿って分布する。アルプス型のカンラン岩を伴うことが多く，そのカンラン岩も大部分が蛇紋石に変質していることが多い。新鮮なカンラン岩は，蛇紋岩に比べ比重が重く，堅いのが特徴である。蛇紋岩化が進行すると，軽くて軟らかくなる。また，蛇紋岩化が著しいときはスピネルが磁鉄鉱に変質しているので，棒磁石で磁性が確認できる。

（4）変成岩の判別と観察

変成岩の分類と命名

変成岩の分類と命名は，源岩の種類，鉱物配列の組織，変成岩特有の名称（角閃岩・グラニュライト・エクロジャイトなど）を基準として行われることが多い。源岩の種類による分類は，野外での詳しい産状の観察と全岩化学組成の分析が必要なので，ここでは，肉眼的な組織による分類を解説する。この分類では，温度・圧力・応力によって生じた組織と粒度によって，粘板岩・千枚岩・結晶片岩・片麻岩・ホルンフェルス・マイロナイトなどに分類される。

粘板岩

粘板岩（スレート，slate）は，続成作用や低温低圧の変成作用によって，泥質岩や凝灰岩が薄く板状に割れる性質をもったものである。薄く剥げるように割れることもある。これらの性質は，続成作用や変成作用で生じた粘土鉱物や緑泥石などの板状の微細鉱物が一定方向に並ぶこと（定向配列）で生じる。鉱物粒子は肉眼で識別できない。粘板岩はハンマーで割ると板状に割れ，これをスレートへき開とよぶ。割れた面は，板状鉱物が平面上に並ぶために弱い光沢をもつことが多い。割れ目の方向は，もとの地層の層理に平行に発達するが，層理を切る形で発達することもある。泥質岩起源のものは外観が暗黒色で，塩基性凝灰岩起源のものは緑泥石などにより緑色になる。黄鉄鉱の塊や化石が含まれていることもある。変成作用による再結晶化が進行すると，千枚岩になる。広域変成帯の一番変成度の低い部分や接触変成帯の変成度の低い部分に産出する。

千枚岩

千枚岩（phyllite）は，粘板岩よりさらに薄く剥がれるように割れる。白雲母や緑泥石など顕微鏡サイズの板状鉱物の定向配列によって生じる面構造（**片理**，schistosity）が明瞭に認められる。鉱物粒子はルーペでかろうじて識別できるが，鉱物種はわからない。微細な板状鉱物が平面に敷き詰められることによって，片理面が絹糸光沢のように輝くことがある。源岩が泥質岩起源のものは石墨等の出現により外観が黒色で，塩基性凝灰岩起源のものは緑色である。変成作用による再結晶化が進行すると，結晶片岩になる。広域変成帯の変成度の低い部分に出現し，結晶片岩に漸移することが多い。

結晶片岩

結晶片岩（片岩，schist）は細粒～中粒で，片理（片状構造）が非常によく発達している。肉眼で板状・

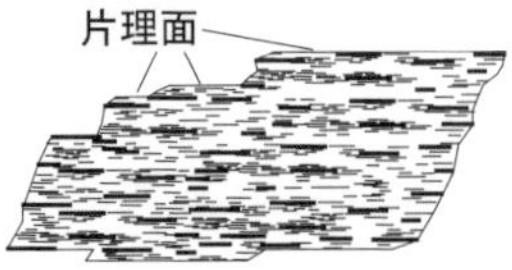

図 9.48　結晶片岩（高知県本山町汗見川）
左は結晶片岩の組織と片理の様子. 右は紅簾石片岩の写真. 筋状の部分は薄く板状に割れる片理. 横幅 10 cm.

柱状の有色鉱物の濃集部分とそうでない部分が層状に見える（図 9.48）。ルーペで鉱物種が識別できることが多い。無色鉱物は石英・長石で，有色鉱物は黒雲母・緑泥石・緑簾石・紅簾石・藍閃石など源岩の種類により出現する鉱物が異なる。ハンマーで割ると片理に沿って薄い板状によく割れる（図 9.48）。片理面は板状鉱物の集積によって真珠光沢のように輝くことが多い。変成度が進んだものでは小褶曲が認められる。黒雲母・曹長石・ザクロ石などの斑状変晶を含むこともある。**斑状変晶**（porphyroblast）は，成長速度の大きい変成鉱物で，自形を示すので判別は容易である。源岩の組成や温度圧力条件の指標となることが多い。

結晶片岩の外観色は，源岩が泥質岩の場合，結晶化した石墨・黒雲母やスティルプノメレンによる黒色や茶色となり，泥質片岩（黒色片岩）とよばれる。源岩が砂質岩やチャートの場合は石英・白雲母による白色や紅簾石による紅色となり，白色の場合は石英片岩（珪質片岩），紅簾石を含む場合は紅簾石片岩とよぶ。白雲母による絹糸光沢が著しい場合は，絹雲母片岩とよぶことがある。源岩が塩基性岩の場合，緑泥石・緑簾石・角閃石によって緑色あるいは藍閃石によって暗青色となり，それぞれ**緑色片岩**（greenschist）や**藍閃石片岩**（青色片岩，glaucophane schist，blueschist）とよばれる。緑色片岩の中で，緑泥石の濃集部分は深緑色になり，緑簾石の濃集部分は黄緑色となる。石灰質岩の場合は石英・方解石による白色地に赤や緑などの有色鉱物が点在する。低温低圧～やや

図 9.49　片麻岩（福島県古殿町）
左は片麻岩の縞状組織．無色鉱物と有色鉱物の濃集した層が互層する．右は砂質片麻岩の写真．横幅 10cm.

低温高圧の広域変成作用で生じる。

片麻岩

片麻岩（gneiss）は，中粒～粗粒で，再結晶化が進んでいるため，石英・長石など無色鉱物の濃集部分と角閃石・黒雲母などの有色鉱物の濃集部分に分離し，白黒の互層からなる縞状組織となっている（図 9.49）。緻密で堅く，粒状鉱物が多いために塊状に割れる。細かく褶曲していることが多い。ザクロ石・菫青石などの斑状変晶を含むこともある。結晶片岩よりも高温の広域変成作用で生じ，花崗岩などの大規模貫入岩体の周辺にとくによく発達する。結晶片岩に並列して分布することが多く，両者は大断層で接していることが多い。

ホルンフェルス

ホルンフェルス（hornfels）は細粒緻密で，再結晶でできる鉱物が方向性のある配列をしないため，片理や縞状組織などの明瞭な組織をもたない塊状の変成岩である。細粒のために外観が暗色となっていることが多い。非常に堅く，ハンマーで割りにくい。産状が重要で，花崗岩など貫入岩体の周囲で高温低圧条件下の接触変成作用で生じる。貫入岩体から離れた低温の場所でも生じるが，再結晶粒子が顕微鏡サイズとなるため，肉眼では接触変成作用の影響がわからないことがある。源岩はさまざまであるが，泥質岩起源の場合は微細な黒雲母によって外観が暗色で，菫青石や紅柱石を斑状変晶として含むことがある。黒色緻密で斑状変晶を含まない場合は，無斑晶の玄武岩と見間違えやすい。石英質の砂質岩やチャートが源岩の場合は，再結晶化によって石英の微粒～細粒集合体となり，外観が白色となる。これを珪岩とよぶことがある。

斑状変晶の菫青石は，長方形や六角柱の自形断面形状をもち，ときに花弁状に広がる集合体をつくる。新鮮なものは灰色～暗青色でガラス光沢，へき開がない。変質により白雲母の細粒集合体になる。紅柱石は自形が細長い角柱状で，新鮮なものはピンク色，2 方向のへき開がある。変質を受けると白雲母の細粒集合体になる。

マイロナイト

マイロナイト（圧砕岩，mylonite）は，地下深部の断層運動によって源岩が変形・破砕し，さらに差応力によって塑性流動する過程で，もとの鉱物が細粒化・再結晶化して形成された岩石である。新たに別の種類の鉱物がつくられることは少ない。縞状構造や線構造が特徴で，外観は片麻岩によく似ている。非常に堅く，ハンマーで割りにくい。顕微鏡下では，源岩の鉱物粒が細粒化・多結晶化し，圧砕を逃れた長石・石英の残晶が観察できる。肉眼サイズのレンズ状・眼球状の残晶が観察されることもある。産状が重要で，中央構造線など大断層の近傍に数 km ～数十 km の幅で分布する。

その他の変成岩

その他に重要な変成岩として，角閃岩・グラニュライト・エクロジャイト・大理石がある。

角閃岩（amphibolite）は粗粒で，おもに黒色柱状の角閃石（普通角閃石）と斜長石からなる，明瞭な組織をもたない塊状の変成岩で，非常に緻密で堅く，ハンマーで割りにくい。比較的高温の広域変成作用で形成され，結晶片岩のやや高温部，貫入岩体の周囲に多い。これより高温条件では片麻岩になる。源岩は玄武岩や凝灰岩などの塩基性岩である。ザクロ石などの斑状変晶を含むこともある。

グラニュライト（granulite）は，粗粒で縞状の岩石で，外観は片麻岩に非常によく似るが，より高い形成温度で含水鉱物がほとんど分解している。ザクロ石やコランダムなどの斑状変晶を含むことがある。

エクロジャイト（榴輝岩，eclogite）は粗粒で，おもに輝石とザクロ石からなる，明瞭な組織をもたない塊状の変成岩である。非常に緻密で堅く，かつ比重が大きい。塩基性岩が高圧のエクロジャイト相の変成作用を受けて形成される。源岩は，おもに沈み込む海洋プレートの玄武岩や塩基性凝灰岩であるが，マントル内部で玄武岩質メルトが固結して変成したものもあるとされる。

大理石（結晶質石灰岩，marble）は，石灰質岩が花崗岩などの貫入岩による熱の影響（熱変成作用）で再結晶化し，方解石の粗粒集合体となったものである。貫入岩と石灰岩が直接接した部分には，元素の移動を伴う交代作用が生じる。そうした部分をスカルンとよぶ。方解石は白色で，モース硬度 3，3 方向のへき開が非常によく発達する。希塩酸で発泡して溶解する。

【演習】地球物質の基本的特徴

課題 1

地球惑星物質の特徴に関する下記の記述で正しいものに○，誤っているものに×を記せ。（よく調べて答えること）

a）原始太陽系では，星雲ガスから鉱物が直接凝集した。

b）普通コンドライトは多量の有機物や水を含む隕石である。

c）隕鉄は極めてゆっくりと冷却した Fe-Ni 合金の破片である。

d）地球大気は基本的に地球材料物質からの脱ガスによって形成された。

e）地球の上部マントルには多量の炭酸ガスが存在する。

f）強い放射線を長時間照射されると，石英は黒色あるいは煙色に変色する。

g）火成岩中のカリ長石には常に肉眼あるいは実体顕微鏡で離溶ラメラが認められる。

h）雲母は層状の構造をした珪酸塩鉱物である。

i）輝石は化学組成式に水を含む鉱物である。

j）角閃石は結晶構造を反映して，長柱状の形状を示すことが多い。

k）カンラン石は熱水変質を受けると，蛇紋石という鉱物になる。

l）ザクロ石にはへき開が現れることがある。

m）磁鉄鉱は正八面体，チタン鉄鉱は六角板状の自形を示すことが多い。

n）カンラン岩は玄武岩マグマがマントルで固結して形成されたものである。

o）地震波の速度構造からみると，地球の下部地殻には花崗閃緑岩が多い。

p）ハンレイ岩は日本の地表に最も多く露出している深成岩である。

q）花崗岩は他の（非アルカリ岩の）深成岩に比べて K_2O 成分を多く含む。

r）片麻岩の黒色部分には，黒雲母や角閃石が濃集している。

課題 2

岩石の特徴に関する下記の記述で正しいものに○，誤っているものに×を記せ。（よく調べて答えること）

a）マグマ中のSi，O，Na等の結合状態によって，晶出鉱物の種類が大きく影響される
b）外観色によって火成岩の種類を判別することができる
c）花崗岩には周囲の堆積岩が捕獲岩として取り込まれることがある
d）日本の花崗岩は磁鉄鉱系列とチタン鉄鉱系列に二分される
e）流紋岩にはMgに富む苦土カンラン石が含まれることがある
f）安山岩は石英を含むことがある
g）安山岩は酸性マグマと塩基性マグマの混合によってできることがある
h）結晶分化がほとんど無い玄武岩には斑晶を含まないもの（無斑晶）がある
i）アルカリ玄武岩はカンラン岩の部分溶融の程度が低い時にできる
j）日本列島では，アルカリ玄武岩は太平洋側に多く産出する傾向がある
k）ハンレイ岩は玄武岩マグマが地下深部で固結したものである
l）蛇紋岩は地質帯の境界となるような大断層に沿ってよく産出する
m）カンラン岩が部分融解すると玄武岩マグマが生じる
n）ホルンフェルスの源岩には玄武岩のような塩基性岩もある
o）巨視的にみると，日本列島の結晶片岩と片麻岩の分布は帯状で対になっている
p）藍閃石片岩は，高温高圧を示す結晶片岩である
q）角閃岩は塩基性岩が高温低圧の条件で広域変成作用を受けた時にできる

第X章　地下資源の探査

1．資源探査の実施

地下資源，とくに**鉱物資源**（mineral resource）は露頭が発見されそれをきっかけに鉱山開発に到った例が多い。しかしながら，近年このような経過で発見される鉱床は気候条件などにより，人が住めない遠隔地にしか期待できない。また，このような悪条件の僻地を地質技師がくまなく踏査することは事実上不可能である。したがって，近年の資源探査は人の入りやすい地域においては，地表に露頭のない鉱床を科学的な方法で探すこと，あるいは未開地においては有望地域を科学的に選定した後に合理的な方法で探査を実施するようになった。科学的かつ合理的な探査では，鉱床が存在する可能性を地質学的な想定に基づいて推定し，それを**地球化学的**（geochemical）および**地球物理学的**（geophysical）な手法によってさらに確かめ，最終的には試錐によって鉱床を確認することになる。これらのプロセスは，以下のように4段階にまとめられる。

まず，ある広大な地域から鉱床が存在する可能性のある有望地域を選び出すことから始まる（第1段階）。しかし，有望地域は地質学的な根拠から選び出され広範であるため，さらに地表調査を実施して範囲を狭める必要がある（第2段階）。このように選定された地域も直ちに試錐を行うには広すぎ，また鉱床が存在する信頼性も低いので，さらに地表の精査を行い，試錐の価値があるか，あるとすれば何処に，どのような深度の試錐を行うかを決めることになる（第3段階）。その後，試錐によって鉱床の規模や資源の含有量を把握し，坑道を掘削してさらに詳しい情報を得た結果を基に，開発計画を作成することになる（第4段階）。

(1) 地域評価のための調査（第1段階）

この作業はまず机上で行われる。既存の資料より地質学的な仮説をたて，鉱床が胚胎する可能性のある有望地域を選定する。最近はこの段階でリモートセンシングが利用されるようになった。リモートセンシングでは，人工衛星や航空機などに搭載したセンサーを用いて，広い範囲のデータを迅速に取得できる。リモートセンシングのセンサーには，地表面に当たった太陽光の反射スペクトルを測定する「光学センサー」と，センサー自らがマイクロ波を放射し，地表からの散乱波を受信する「合成開口レーダー」の2種類がある。非鉄金属資源探査では，リモートセンシングは鉱床胚胎有望地区の抽出に利用されており，光学センサーはおもに変質帯の識別，合成開口レーダーは地質構造等の判別に利用されている。このような方法で第1段階として広い地域が選定されるが，あくまで間接的な手法によって選定された地域であるため，得られた情報が実際の地質学的な状況と適合するのかをチェックする必要がある。チェックの際に第2段階に進むことが予想できれば，この段階での探査方法が決定される。

(2) 有望地域の精密な予察調査（第2段階）

第2段階の探査作業で普遍的に用いられるのは，川砂を利用した地球化学的探査である。乾燥地域など川砂を系統的に採集することが困難な場合は，地域を格子状に分割し一定間隔で土壌試料を採取することが行われている。川砂は採取地点の上流の地質状況を反映する。探査面積が広い場合には，まず粗い密度の試料採取を行い，鉱化作用がないと思われる地域を除外し（概査），残った地域においてより密度の高い試料採取を行って有望地域をしぼる（精査）。概査の場合は対象とする鉱床の主要元素，たとえば斑岩型鉱床の場合は銅・モリブデンなどの含有量を分析することが多いが，多元素の分析を行って，それらを統計的手法によって解析することも通常である。

（3）対象地区の精密地質調査（第 3 段階）

有望地域から抽出された地域において鉱床そのものを把握する作業である。精密な地質調査結果（熱水変質図・構造図など）と土壌による地球化学探査が中心に行われる。植物を利用した地球化学探査が行われることもある。第 3 段階で地球物理学的探査を主とするか，地球化学的探査を主とするかは対象とする鉱床のタイプにもよるが，前者は間接的な方法であり硫化物鉱体が把握できたとしても，対象金属が伴われているかなどの情報は必ずしも得られない。地球化学的探査は直接的な方法で，鉱床の金属の含有量とその分布を推定することも可能である。しかしながら，鉱床の深度分布を把握するには地球物理学的探査の方がより適している。両者を組み合わせることにより，鉱床の形態，含有金属の分布などを推定することが可能で，試錐の位置と深度を決定するための情報を得ることができる。

（4）精密な 3 次元的試料採取と予備評価（第 4 段階）

試錐による試料の採取が行われる。まず予察的な試錐が行われ，鉱床の位置が予測と合っているかが確認され，その後鉱床の広がりがどの程度かを確認する試錐に移行する。鉱体の広がりや規模の推定は一定間隔で格子状に試錐を行い，試料を採取することによって行われる。

2. 地下資源の探査に用いられる手法

（1）地質学的探査

多くの鉱床は特定の地質環境の下で形成されるため，地質情報によって鉱床が形成される条件が整っているかを判定することが可能である。すでに発見されている鉱床を詳細に調べることにより，その鉱床が形成された地質環境やメカニズムを知ることができ，同様の地質環境にある地域には未発見の鉱床が存在している可能性がある。探査の第 3 段階ではしばしば**熱水変質帯**（hydrothermal alteration zone）を識別することが重要となる。変質帯は熱水溶液が地殻中を移動する際に周囲の岩石と反応し，岩石の組成が変化することによって形成される。熱水変質帯の分布は鉱床本体の広がりよりもはるかに広範囲に及び，変質帯を見出すことによって鉱床を捕捉することが可能である。熱水変質帯ではしばしば変質鉱物が累帯分布をしており，変質鉱物の分布から**変質中心**（center of alteration）を推定することができる。変質中心は最も強く熱水の影響を受けたことを示し，鉱床はこの変質中心近傍に存在することが多い。熱水変質帯では，熱水の温度および pH によってさまざまな変質鉱物が形成され，それらが形成される条件をまとめたものが図 10.1 である。

（2）地球化学的探査

地球化学的探査は，いったん形成された鉱床がその後に破壊されることを利用している。地表付近で風化の影響を受けた鉱床は，鉱床を形成していた物質が周囲の地下水，土壌，植物あるいは大気中に流出し，ある元素の化学組成が周囲に比して異常に高くなる**地球化学的アノマリー帯**（geo-

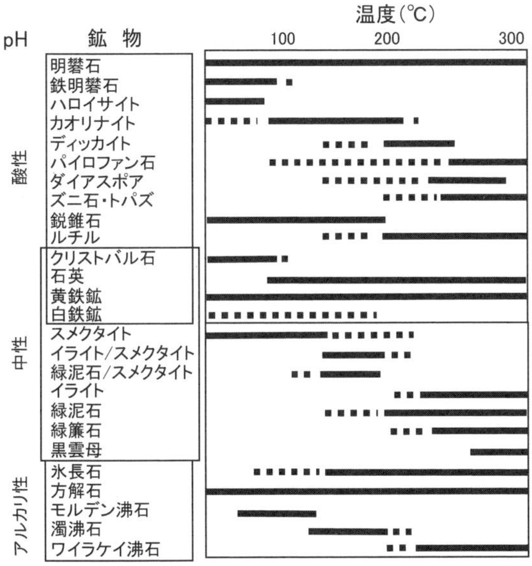

図 10.1　熱水変質帯に出現する鉱物の温度と pH による安定領域（Hedenquist *et al.*，1996 を改訂）

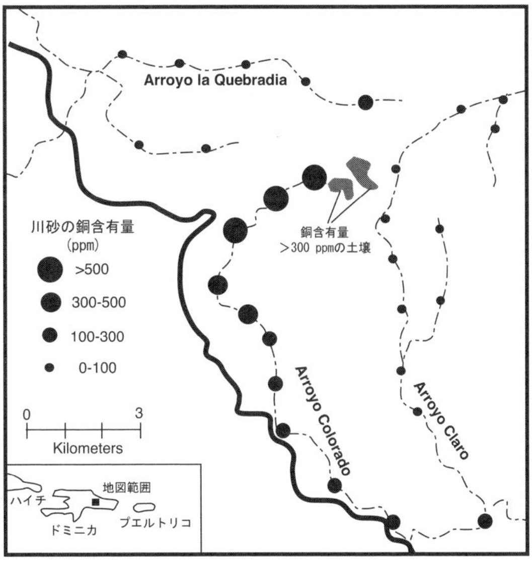

図 10.2　ドミニカ共和，Montica 鉱床（塊状硫化物鉱床）における川砂を利用した地球化学的探査の例
（Kesler，1994）

chemical anomaly zone）が形成される。ドミニカ共和国の Montico 銅・亜鉛鉱床が発見された事例などが，地球化学的アノマリーを利用した鉱床探査の典型的な例である（図 10.2；Kesler，1994）。

Montica 鉱床は熱帯雨林帯にある丘の頂部に位置している。鉱石は銅・亜鉛・鉄の硫化物が石英を主体とした基質中にみられる鉱染状鉱で，地表から少なくとも 30 m の深部まで風化の影響を強く受けている。その結果，Montica 鉱床の鉱石はリモナイトが表面を覆うことにより赤色を呈する石英と硫化鉱物が酸化する際に生じた硫酸酸性溶液の影響を受けた**溶脱帯**（leached zone）に変化してしまっている。風化が急速に進んだために，風化生成物は地表を広範に覆うことになる。石英とリモナイトの破片は**レゴリス**（regolith）となり，斜面崩壊や地すべりの際には斜面を下り，最終的に河川堆積物として沈殿する。水溶性の成分，たとえば亜鉛は雨水や地下水によって溶脱したが，重金属の一部は粘土鉱物や鉄酸化物の表面に吸着され，また一部は植物に取り込まれた。

Montica 鉱床は丘の麓に広がる赤褐色の堆積物と河川堆積物から見出された亜鉛と銅の地球化学的アノマリーによって発見された。Montica 鉱床周辺から流出する河川は Arroyo Colorado（スペイン語で「赤い川」を意味する）とよばれ，鉱石の風化によって生じた鉄酸化物による赤色堆積物が特徴であった。このように，河川名などの固有名詞が鉱床発見のきっかけとなることはめずらしくない。

地球化学的探査では植物が利用されることがあり，これは植物の根が地表を覆う土壌の下部に分布するレゴリス中に入り込み，植物によってより深部の情報が得られることを利用している。氷河によって覆われた地域では，氷河堆積物を化学分析することによって鉱床の賦存の可能性を探ることができる。石油や天然ガスの探査では，これらに起因するメタンやエタン等のガスの検出も重要な探査指標である。

地球化学的探査で一般的な川砂を利用する探査について簡単に紹介する。資源探査第 2 段階の初期に川砂を用いた地球化学的手法を適用する場合，試料採取密度は通常 1 サンプル /1 km^2 程度で行われる。採取地点の選び方は，たとえば1サンプル/1 km^2 の場合は，地形図または航空写真上に1 km^2 ごとの格子を描いて，その格子の中で地質や予測される鉱化作用を捕捉できる沢を選び，さらに地点を選定する。したがって，採取地点は必ずしも格子の中心点ではなく，格子の入り口，あるいはその手前であることもあり得る。実際の川砂採集に当たっては，沢や谷の地形上の制約から，図上で選定したように理想的な試料採取ができないこともあり得る。有望地域がさらに狭められた後に，10 ～ 15 サンプル/1 km^2 程度の密度で試料採取を行い，精密調査を実施する。

川砂の採取はスコップ等で砂利と一緒に砂をすくって，大きな石を取り除いて試料を持ち帰り，乾燥した後に篩(ふるい)によって砂を集める。この時得られる砂の量は一般に少なく，とくに 180 μm 以下の砂は数成分の分析には不十分な量しか集まらないこともあり，そのためには最初から多量の砂を持ち帰る必要がある。雨が多い温帯や熱帯地方などでは試料に有機物が多く含まれ，篩い分けの時に砂から除去できない場合もある。有機物が混入すると化学分析の障害となり，また有機物が特定の重金属を吸着しているために正確な分析値が得られないこともある。

川の流速が穏やかである場合や上流域では，採取した川砂に泥が混入することがあり，試料を乾燥すると砂と泥の分離が不十分となる。このような場合は，現地において水中で試料を分離し，有機物や泥を洗い流して砂のみを持ち帰る方がよい。いかなる粒度の川砂が地球化学的探査に適しているかは，対象とする鉱床，分析成分などによって異なる。また，同じタイプの鉱床であっても，乾燥地域，熱帯地域，永久凍土のある寒帯では異なる。一般には 500 μm 以下あるいは 180 μm 以下粒度の試料が用いられるが，後者は前者に比べ篩い分け等の作業時間をはるかに要する。試料採取時の記録として，採取箇所，付近の基盤岩，転石・礫の大きさと岩石の種類，流水の速さ，有機物の量などを記載する。また，水の pH も各沢の入口で測定しておくと，分析値が得られた後のデータの解釈に有用である（三枝，1977）。

試料の化学分析は海外の分析会社に送り，委託することが近年は普通となった。分析試料は微粉末にする必要があるが，微粉末化の処理を含めて分析会社に委託することができる。しかしながら，微粉末化の際の不適切な処理，たとえば試料を粉砕した乳鉢などの洗浄が不十分であったために前の試料の影響が汚染として次の試料に残ってしまう可能性など，トラブルに遭遇した例をいくつか聞いている。したがって，試料の粉末化などの前処理は依頼者側で行い，直ちに分析が行える状態の粉末を委託分析に廻すことが推奨される。

珪酸塩や鉱石試料の全岩分析を行う場合，試料は5 ～ 10 g 程度あれば十分である。川砂，土壌，試錐により採集された岩石など均質ではない多量の試料から分割縮小し，原試料を代表するように，円錐四分法，二分器法，インクリメント法などにより**縮分**（sample reduction）する。この縮分操作は，試料採取の誤差や化学分析の誤差に比較して，最も大きい誤差の原因となる場合があるので十分注意をする必要がある。縮分の際に生じる誤差の最大の原因は，試料の粒度がまちまちであるために完全な混合ができないことによることが多い。粗粒の岩石の場合，縮分操作前に全体の粒径を5 mm 以下に，できれば3 mm 以下にすることが望ましい。最大でも 10 mm 以下に粉砕して縮分する必要があろう。また，縮分過程の粉砕はできるだけ回数を少なくすることが必要である。**円錐四分法**（cone and quartering）は，全試料を清潔な紙上に円錐形に積み上げ，円錐を頂点から垂直に押し広げて円形とする。円形に広がった砂は中心を通る線で4等分し，相対する 1/4 量の扇形部分を採取して，これを合わせて 1/2 量に縮分する。この操作を繰り返し行う。

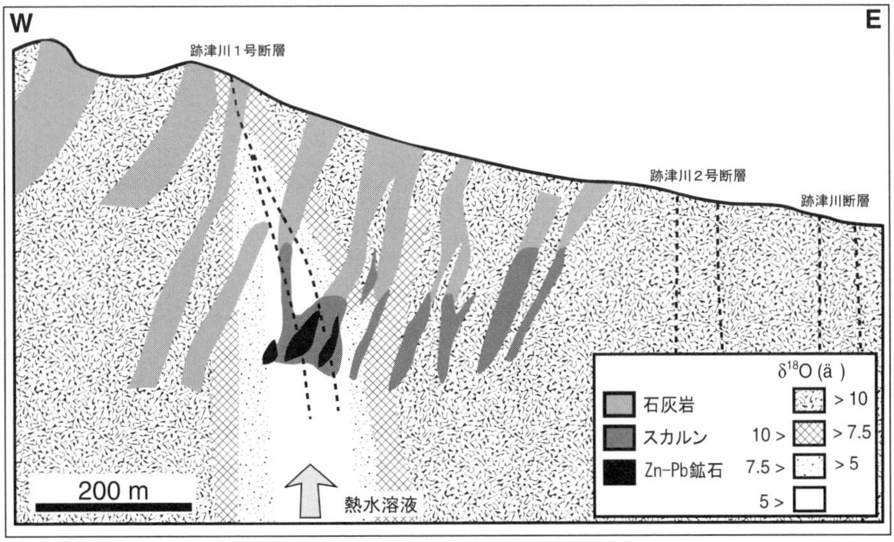

図 10.3　神岡鉱床における全岩酸素同位体比による変質中心の抽出（金属鉱業事業団，2001）

熱水変質帯に出現する変質鉱物の分布から，変質中心を推定できることをすでに述べた。地球化学的探査の一例として，全岩の酸素同位体比によって熱水系の構造を解析した例を紹介する。図 10.3 は岐阜県神岡鉱床における**酸素同位体比**（oxygen isotopic ratio）の分析例である（金属鉱業事業団，2001）。神岡鉱床は飛騨変成岩類中の石灰岩を交代した**スカルン型**（skarn type）の鉱床で，鉛・亜鉛鉱を産する。同地域にはいくつかの鉱床群が分布するが，図 10.3 は茂住鉱床がみられる佐古西地区の東西断面図である。

ボーリングにより回収された岩石試料の全岩の酸素同位体比を分析すると，未変質の変成岩類は δ^{18}O 値が 10‰以上であるのに対し，熱水の影響を受けた岩石は酸素同位体比が軽くなっており，5‰よりも軽い δ^{18}O 値を示す岩石も見出される。これは水分子の酸素と，造岩鉱物の結晶を構成する酸素が交換したことによる。δ^{18}O 値の分布は跡津川 1 号断層に沿った帯状配列をしており，断層沿いに熱水溶液が供給された結果，熱水の影響をより強く受けた岩石ほど酸素の交換反応が進み，δ^{18}O 値が軽くシフトしていることがうかがえる。鉱床は δ^{18}O 値が最も軽い部分に存在し，鉛・亜鉛を供給した熱水は断層に沿って上昇したことが示唆される。この例のように，岩石の酸素同位体比により変質中心を抽出することができる。

（3）地球物理学的探査

地球物理学的探査法は岩石の物理学的特性を測ることによって鉱床を発見する手法で，磁気強度，電気伝導度，放射能，地震波速度などが含まれる。これらの測定の中には探査対象の元素や鉱物の存在を直接検出することができる手法もあるが，多くの場合は地下に分布する岩石の一般的な性質に関する情報が得られる。鉱物や石油鉱床の探査では異なる地球物理学的手法を組み合わせて用いることが通常である。

鉱物資源の探査では磁気，電気および放射能を利用することが多い。条件がよければ地表下 100 m にある金属鉱床を検出することが可能である。そこで，これらの手法はカナダや北部ヨーロッパの広大な地域においてとくに更新世の新しい氷河堆積物に覆われた地域に適用して成果が得られている。地球物理学的測定の多くは航空機によって

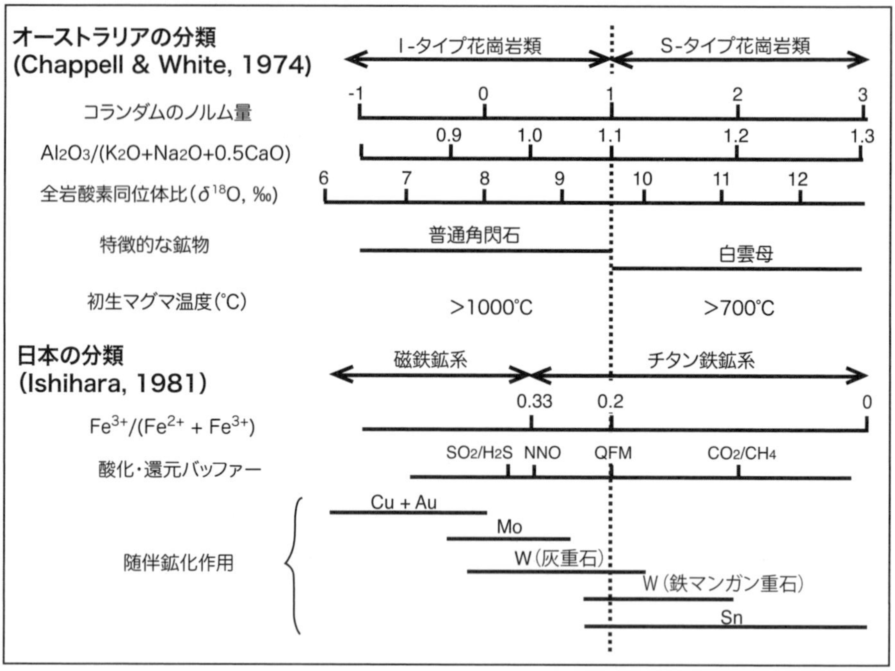

図 10.4　主要元素組成，含有鉱物などの特徴からみた花崗岩類の分類（Misra, 2000 を改訂）

行われることが多い。地球物理学的探査によって特定の鉱物や岩石が検出されるかどうかは，それらの化学組成，結晶構造，密度，電気伝導度などによる。磁鉄鉱，磁硫鉄鉱などの鉱物には磁性があり，これらの鉱物があるレベル以上存在すると，通常の地球磁場にひずみが生じることによって磁気異常が検出される。多くの金属鉱物は電気伝導度が周囲の岩石よりも低いことを利用して，測線に沿って検出器を配置して電気的または電磁気的探査が実施される。

熱水鉱床は地殻中－下部に貫入した花崗岩類マグマ周辺に発達する熱水系に伴われることが多い。地球物理学的探査法とは厳密にはよべないが，花崗岩類をその磁気的特徴によって分類し，花崗岩体に金属の鉱化作用が伴われる可能性の判定に利用することができる。花崗岩類の分類については多くの提案があるが，そのほとんどは花崗岩類の主成分に基づいており，鉱化成分については考慮されていないので，直接的には鉱化作用との関係は得られない。これに対し，マグマの酸化・還元状態を基に花崗岩類を分類する「**磁鉄鉱系 / チタン鉄鉱系**」（magnetite series vs. ilmenite series）花崗岩類（Ishihara, 1981）は，マグマの酸化・還元状態が硫黄の集積を大きく規制するので，金属が硫化鉱物として濃集かつ沈殿するかの判定に利用できる。

オーストラリアの古生代褶曲帯の花崗岩類の研究から提案された **I-type** と **S-type** は，それぞれ苦鉄質火成岩類の部分溶融，堆積岩類の部分溶融起源のマグマに対して名づけられた。I-type と磁鉄鉱系花崗岩類はしばしば混同されるが，オーストラリアの I-type 花崗岩類の平均値は S-type とともにチタン鉄鉱系の領域を占める。図 10.4 にはマグマの酸化・還元度に基づく花崗岩類の分類と鉱化作用の関連を示す（Misra, 2000）。

オーストラリアで提案された I-type/S-type の分類は岩石の化学組成に基づくので，野外で直ちに花崗岩類を識別することは困難である。一方，磁

鉄鉱系 / チタン鉄鉱系の分類は，花崗岩が磁鉄鉱を伴うか否かを基準とするため，岩石の**帯磁率**（magnetic susceptibility）を測ることにより容易に判定を行うことができる。さらに簡便にはペンシル磁石を用いると磁鉄鉱の存在を確認できるため，野外において直ちに花崗岩の識別が可能である。このような手法によって識別された情報は，第3段階の野外調査を行う際には鉱床賦存の可能性を知るために重要である。

第XI章　地球環境システム

ここでは地球環境，地球進化と人間活動の関連について，いくつかの調査法を紹介する。まず，化学組成分析のための分析機器に取り扱いについて説明を行い，その後水質と生物活性について紹介する。さらに，人間活動の影響を強く受ける地表面の土壌浸透能の測定法を学び，水質の広域的把握のためのリモートセンシング技術の基礎を紹介する。

1. 分析機器による化学組成分析

(1) 化学組成分析のセットアップ

「化学組成」は岩石，鉱物のような固体，水やマグマなどの液体，大気や噴気ガスなどの気体といった世の中に存在するすべての物質を表現する重要な指標の１つである。ここでは化学組成を得るための定量分析の基本事項について，実際の実験に基づいて説明する。

定量分析の基本－「較正」

同じ会社で販売されている同じ分析装置をもってきて，同じ人間が同じように作動させたとしても，出てくる信号がまったく同じものになるかどうかはわからない。個人の「味覚」がまったく同じではないように，分析装置にも「個性」があるためである。このような「個性」がある限り，結果を科学的に取り扱うことはできない。それでは，いかにこの分析装置の個性を取り除けばいいのだろうか。その答えが**較正**（キャリブレーション）とよばれる操作である。定量分析における「較正」とは，濃度既知の標準試料を分析したときに出る信号をあらかじめ得ることである。このようなデータを用いて濃度・信号の関係式（**較正曲線**，直線になる場合には**検量線**ともよばれる）を得ることで，未知濃度の試料を測定したときに得られる信号からその試料に含まれる物質の濃度を計算することが可能になる。

カリウム濃度の定量

本解説では放射線を計数することでカリウム（元素記号 K）の定量を行うことを例として紹介する（図 11.1）。

カリウムには ^{39}K（93.3%），^{40}K（0.012%），^{41}K（6.7%）の３種の同位体が存在する。このうち ^{40}K は電子捕獲もしくは陽電子放出（β^+ 崩壊）によって ^{40}Ar に，ベータ線放出（β 崩壊）により ^{40}Ca へ崩壊する（図 11.2）。

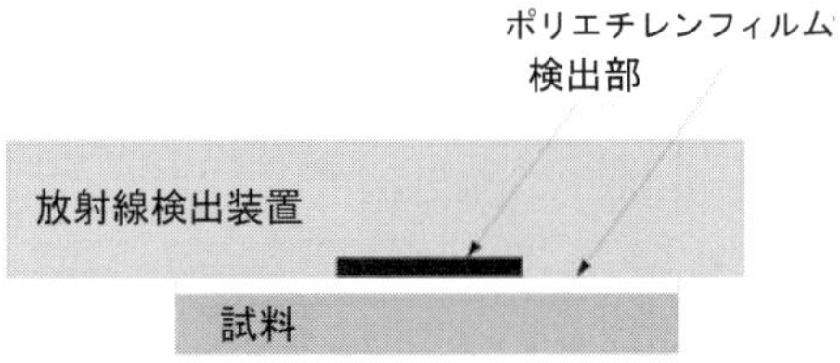

図 11.1　実験セットアップ

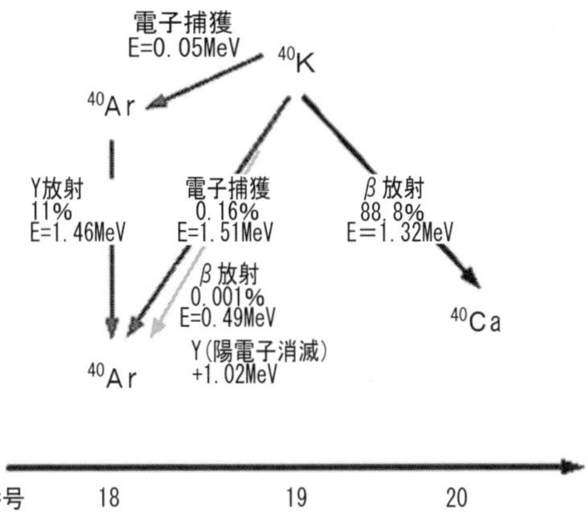

図 11.2　^{40}K の放射壊変

放射壊変は一定の確率で起こる。ある物質に含まれている ^{40}K の濃度を [^{40}K] と表現するときに単位量・単位時間にベータ線を放出する数は確率に関わる定数 λ を用いて λ [^{40}K] と表される。ここで λ は壊変定数とよばれる。^{40}K の半減期は 1.250 × 10^9 年であり，我々がカリウム濃度の定量に必要な時間においては ^{40}K の数は変化していないとみなすことができる。このとき単位時間あたりのベータ線の放出量は ^{40}K の濃度に比例していることになる。カリウム全体における ^{40}K の比率も測定時間内では一定とみなせるので，単位時間あたりのベータ線の放出量はカリウム濃度に比例している。既知カリウム濃度の物質からくるベータ線を計数することで検量線を引くことが可能になる。

ベータ線はガンマ線などに比べて物質の透過度が低く，測定する物質自体がベータ線を吸収する（自己吸収とよばれる）。試料の厚みが薄い場合には，試料の厚みが大きいほど，ベータ線が検出器に入る数が多くなる。しかし，ある厚み（これを無限厚とよぶ）を越えると，それよりも遠い位置からのベータ線はすべて吸収されるので，試料の厚さにかかわらず，一定数のベータ線が到達するようになる。したがって，実験を行う際には厚みが十分あることを確認する必要がある。

(2) 確率分布とその性質

二項分布

p をある事象の起こる確率として，n 回の試行のうち k 回その事象が起こる確率は

$$P(k,n,p) = \frac{n!}{(n-k)!k!} p^k (1-p)^{n-k}$$

と与えられる。このような確率分布を二項分布という。この分布はサイコロをイメージするとわかりやすい。n 個のサイコロを転がして，k 回「1」の目が出る確率分布を考える。サイコロ 6 個を撒いたからといって，必ず 1 から 6 のすべての目が出揃うわけではないし，1 の出るのが 6 個のうちの必ず 1 個だとは限らない。確率が支配するので，2 個のときもあれば 3 個のときもあり，6 個すべてが 1 の目である場合も起こりえる。このようなときに何個の 1 の目が出るのかということを確率により計算したものが，この二項分布である。

二項分布の母平均，母分散は以下のように求められる。

$$\mu = \langle k \rangle = \sum_{k=0}^{n} k \frac{n!}{(n-k)!k!} p^k (1-p)^{n-k} = np$$

$$\sigma^2 = \sum_{k=0}^{n} (k-\mu)^2 \frac{n!}{(n-k)!k!} p^k (1-p)^{n-k} = np(1-p) = \mu(1-p)$$

ここで「母」平均，「母」分散という言葉を使っているのは，測定等で得られる平均，分散と区別するためである。測定で得られる平均，分散は標本平均，標本分散とよばれ，これらはそれぞれ母平均，母分散の（最ももっともらしい）推定値に過ぎない（**最尤推定量**という）。

二項分布の母平均が np になっているのは，サイコロやコインで考えるとわかりやすい。サイコロで「1」の目が出る確率は 1/6 でそれにサイコロの数 n をかければ，何個の「1」が出るのかという期待値になっている。

ポアッソン分布

サイコロをイメージした二項分布において「面」を増やしていくことを考える。すなわち p を小さくしていく。ただし，母平均 $=np$ はほぼ一定の値に保つように，サイコロの個数を増やすことを考える。このような変化のさせ方に違和感をもつかもしれないが，このことにより放射壊変の事象に確率分布を近づけている。1 個の壊変の確率は低いが，原子の個数は大きいので，カウント数は適切な値となる。このとき二項分布の式は次のように変形できる。

$$P(k,n,p)=\frac{n!}{(n-k)!k!}p^k(1-p)^{n-k}\rightarrow P(k,\mu)=\frac{\mu^k}{k!}e^{-\mu}$$

このような式で表される確率分布を**ポアッソン分布**とよぶ。この分布は放射壊変だけを表現するものではない。確率的には希に起こる現象であるが，その対象が大量に存在するような場合には一般的にこの分布に従う。たとえば，コイルの傷（単位長さあたりの傷がある確率は低いが，コイルの巻き数は多い）や1日の交通事故件数（1台の自動車が1日に交通事故を起こす確率は小さいが，自動車の台数は多数である）などを例としてあげることができる。

ポアッソン分布の母平均，母分散

ポアッソン分布における母平均，母分散はそれぞれ以下のように計算できる。

$$\langle k\rangle=\sum_{k=0}^{\infty}k\frac{\mu^k}{k!}e^{-\mu}=\mu$$

$$\langle (k-\mu)^2\rangle=\sum_{k=0}^{\infty}(k-\mu)^2\frac{\mu^k}{k!}e^{-\mu}=\mu$$

したがって，ポアッソン分布の母平均と母分散は等しくなる。これはポアッソン分布の非常に重要な性質である。

放射壊変を扱う実験において，測定カウント数 A に対する誤差として $\sqrt{A}$ を与えることが多い。これは $\sqrt{A}$ が分散の推定値の平方根になっているからである。A はある時間間隔に壊変数分布の母平均の推定値である。推定値であるので，真の値（母平均）とはずれている可能性がある。もともと（母平均）±（母分散）$^{1/2}$ くらいに分布が集中しているので真の値は $A\pm\sqrt{A}$ くらいにあるだろうと推定できる。

「和」のポアッソン分布

2種類以上の放射性同位体からくる放射線を一緒にカウントする場合を考える。それぞれの放射線のカウント数はポアッソン分布に従っている。このときに，2種の分布を区別せずに計測するときにどのような分布になるのかを考える。2つの放射性同位体からのカウント，x_1, x_2 がポアッソン分布に従っているとする。このときには

$$P(x_1;\mu_1)=\frac{\mu_1^{x_1}}{x_1!}\exp(-\mu_1)$$

$$P(x_2;\mu_2)=\frac{\mu_2^{x_2}}{x_2!}\exp(-\mu_2)$$

が成り立っている。$x=x_1+x_2$ がどのような分布になるのかを調べることが必要となる。x_1，x_2 が同時に得られる確率はそれぞれが得られる確率の積になる。$x=x_1+x_2$ の制限のもとで x_1，x_2 に関して和をとれば，x の確率関数 $f(x)$ が得られる。

$$f(x)=\sum_{x_1,x_2}P(x_1;\mu_1)P(x_2;\mu_2)=\sum_{x_1,x_2}\frac{\mu_1^{x_1}\mu_2^{x_2}}{x_1!x_2!}\exp(-\mu_1-\mu_2)$$

$x_1=x-x_2$ とおいて代入すると，

$$f(x)=\sum_{x_2=0}^{x}\frac{\mu_1^{x-x_2}\mu_2^{x_2}}{(x-x_2)!x_2!}\exp(-\mu_1-\mu_2)$$
$$=\frac{1}{x!}\exp(-\mu_1-\mu_2)\sum_{x_2=0}^{x}\frac{x!}{(x-x_2)!x_2!}\mu_1^{x-x_2}\mu_2^{x_2}$$

上記の式の和の部分は，$(\mu_1+\mu_2)^x$ を二項定理で分解したものと等しいので，$\mu=\mu_1+\mu_2$ とすれば，

$$f(x)=\frac{\mu^x}{x!}\exp(-\mu)$$

とすることができる。したがって，ポアッソン分布をする2つの事象の「和」の分布はポアッソン分布になる。それぞれの母平均の和が和の分布の母平均 μ になっている。バックグラウンドはいくつかの放射性元素を起源としているが，それらは

それぞれポアッソン分布に従うが，その和であるバックグラウンドもポアッソン分布に従うことになる。

「差」のポアッソン分布

次にラジオアイソトープの放射線とバックグラウンドを一緒に測ったときのカウント数を x_1，バックグラウンドだけのカウント数を x_2 とする。x_1，x_2 はともにポアッソン分布に従うとする。ここで簡単のため，測定時間は等しいとする。このとき，$x=x_1-x_2$ の分布はどうなるかを考える。先ほどの和の分布と同様に x_1，x_2 の分布をかけたものを足し合わせる。

$$f(x)=\sum_{x_2=0}^{\infty}\frac{\mu_1{}^{x+x_2}\mu_2{}^{x_2}}{(x+x_2)!x_2!}\exp(-\mu_1-\mu_2)$$

ここで母平均，母分散を計算してみると，

$$\mu=\langle x\rangle=\sum_{x=-\infty}^{\infty}xf(x)=\mu_1-\mu_2$$

$$\sigma^2=\left\langle(x-\mu)^2\right\rangle=\sum_{x=-\infty}^{\infty}(x-\mu)^2f(x)=\mu_1+\mu_2$$

となる。このように母平均と母分散が等しくならないので，ポアッソン分布の差の分布（たとえば，バックグラウンドを引いたカウント）はポアッソン分布に従わない。

測定時間の異なるデータ

k 秒の測定で得られたデータ y の母集団が，母平均 μ のポアッソン分布をしているとする。そのデータを k で割って 1 秒あたりのカウント数にした y/k はどのような分布になるのかを考える。この分布の母平均，母分散を調べると，

$$<y/k>=\sum_{k=0}^{\infty}\frac{y}{k}\frac{\mu^y}{y!}e^{-\mu}=\frac{\mu}{k}$$

$$<\left(\frac{y}{k}-\frac{\mu}{k}\right)^2>=\sum_{k=0}^{\infty}\frac{(y-\mu)^2}{k^2}\frac{\mu^y}{y!}e^{-\mu}=\frac{\mu}{k^2}$$

のようになり，母平均と母分散が等しくならない。したがって，この分布はポアッソン分布に従わなくなる。

平均値の誤差

先に述べたように，なんらかの計算をすると確率分布が変化することがある。扱っている値がカウント数なのか，計算値なのかを理解しておかないと，誤差の評価は正確にはできない。A に対する誤差を $\sqrt{A}$ としてよいのはあくまでも，A がポアッソン分布をしていると仮定できるときだけであり，それ以外の場合には適用してはならない。

n 個のデータ x_1，x_2，………x_n がいずれも母平均 μ のポアッソン分布からの標本であるとする。

$$\sum_{i=1}^{n}x_i=X$$

とおくと，X は母平均 $n\mu$ のポアッソン分布からの標本となる。この分布の母平均の推定値も X である。X はまた母分散の推定値にもなっている。したがって，和の母平均の推定値と誤差を表示するとすれば，$X+\sqrt{X}$ となる。しかし，平均値 $\bar{x}$ の誤差を $\bar{x}+\sqrt{\bar{x}}$ と書いてはいけない。正確には次のように書ける。

$$\bar{x}\pm\frac{\sqrt{X}}{n}=\bar{x}+\frac{\sqrt{n\bar{x}}}{n}=\bar{x}+\sqrt{\frac{\bar{x}}{n}}$$

$\bar{x}+\sqrt{\bar{x}}$ としてしまった場合には，実際の誤差よりも大きな誤差がつけられることになる。

(3) 検量線

図 11.1 のような実験セッティングで得られたデータをもとに検量線を書く。このために最小二乗法を用いる。ここで扱うデータは厳密にはポアッソン分布をしているので，正規分布を仮定する最小二乗法を使うのは間違いである。しかし，十分なカウント数がある場合にはポアッソン分布と正規分布の関数形は近くなるので，それほど間違

った結果を与えるわけではない。

検量線を書くにあたり，まずグラフを描くことを薦める。実際に「線」になっているかどうかはグラフを描いて確認しないとわからない場合も多い。直線からずれる場合でも，相関係数は1に近い値を示すことがあり，この値だけを信じてはいけない。

先に述べたようにポアッソン分布である場合には各測定データの誤差の見積もりは容易であるので，この誤差を用いた重みつきの最小二乗法について述べる。

x はカリウム濃度，y はカウント数として，n 組のデータ (x_1, y_1)，(x_2, y_2)，……… (x_n, y_n) に最もよく合う直線を求める。ここで合わせる関数は $f(x)=a_1+a_2x$ とする。y_i が正規分布に従っているとすると，その母集団が正規分布 $N(f(x_i), \sigma_i^2)$ となるように $f(x)$ を決める必要がある。y_i は $N(f(x_i), \sigma_i^2)$ からのただ1個の標本であり，n 組のデータ (x_1, y_1)，(x_2, y_2)，……… (x_n, y_n) から最もらしい $f(x)$ を決める。

(x_1, y_1)，(x_2, y_2)，……… (x_n, y_n) が同時に成り立つ確率は確率密度関数の積

$$L=\prod_{i=1}^{n}\frac{1}{\sqrt{2\pi}\sigma_i}\exp\left[-\frac{\{y_i-f(x_i)\}^2}{2\sigma_i^{\,2}}\right]$$

を含む。この関数が最大になるように $f(x)$ を決める。ここで σ_i^2 は母分散の推定値であり，測定ではえられないので標本分散 s_i^2 に置き換える。また，$w_i=1/s_i^2$ と置き換える。ここで，w_i は重みとよばれる量である。

$$L=\prod_{i=1}^{n}\frac{1}{\sqrt{2\pi}\sigma_i}\exp\left[-\frac{\{y_i-f(x_i)\}^2}{2s_i^{\,2}}\right]$$
$$=\prod_{i=1}^{n}\frac{1}{\sqrt{2\pi}\sigma_i}\exp\left[-w_i\{y_i-f(x_i)\}^2\right]$$

この関数を最大にするには，指数関数の肩にある二乗和 $\sum_{i-1}^{n} w_i\{y_i-f(x_i)\}^2$ を最小にすればよい（このために最小二乗法とよばれる）。ここで，未定の係数に a_1，a_2 に対しての偏微分が0になるようなところで二乗和は最小になる。

$$\sum_{i=1}^{n} w_i\cdot\{y_i-f(x_i)\}\frac{\partial f(x_i)}{\partial a_j}=0\quad (j=1, 2)$$

これを具体的に表現すると，

$$\sum_{i=1}^{n} w_i y_i=a_1\sum_{i=1}^{n} w_i+a_2\sum_{i=1}^{n} w_i x_i$$

$$\sum_{i=1}^{n} w_i x_i y_i=a_1\sum_{i=1}^{n} w_i x_i+a_2\sum_{i=1}^{n} w_i x_i^{\,2}$$

という連立方程式が得られる。これらの式から，

$$a_1=\frac{\sum_{i=1}^{n} w_i y_i\sum_{i=1}^{n} w_i x_i^{\,2}-\sum_{i=1}^{n} w_i x_i\sum_{i=1}^{n} w_i x_i y_i}{\sum_{i=1}^{n} w_i\sum_{i=1}^{n} w_i x_i^{\,2}-\left(\sum_{i=1}^{n} w_i x_i\right)^2}$$

$$a_2=\frac{\sum_{i=1}^{n} w_i\sum_{i=1}^{n} w_i x_i y_i-\sum_{i=1}^{n} w_i x_i\sum_{i=1}^{n} w_i y_i}{\sum_{i=1}^{n} w_i\sum_{i=1}^{n} w_i x_i^{\,2}-\left(\sum_{i=1}^{n} w_i x_i\right)^2}$$

を得る。

さらに，a_1，a_2 の誤差を求めることができる。誤差伝播の法則を用いて x_i には誤差がないと仮定した場合には，

$$s_{a_1}^{\ 2}=\sum_{i=1}^{n}\left(\frac{\partial a_1}{\partial y_i}\right)^2 s_i^{\,2}=\frac{\sum_{i=1}^{n} w_i x_i^{\,2}}{\sum_{i=1}^{n} w_i\sum_{i=1}^{n} w_i x_i^{\,2}-\left(\sum_{i=1}^{n} w_i x_i\right)^2}$$

$$s_{a_2}^{\ 2}=\sum_{i=1}^{n}\left(\frac{\partial a_2}{\partial y_i}\right)^2 s_i^{\,2}=\frac{\sum_{i=1}^{n} w_i}{\sum_{i=1}^{n} w_i\sum_{i=1}^{n} w_i x_i^{\,2}-\left(\sum_{i=1}^{n} w_i x_i\right)^2}$$

を得る。

(4) 測定誤差

実際に検量線をもとにして，未知の物質に含まれるKの濃度を得るためには，の a_1，a_2 の誤差を得るだけでは不十分である。測定値 y_0 をもとに計算して決めた濃度 x_0 に対する誤差を示す必要がある。x_0 は，y_0，a, b の関数であり，その誤差は誤差伝播測を用いることで得ることができる。

$$s_{x_0}{}^2=\left(\frac{\partial x_0}{\partial y_0}\right)^2\left(s_{y_0}\right)^2+\left(\frac{\partial x_0}{\partial a_1}\right)^2\left(s_{a_1}\right)^2+\left(\frac{\partial x_0}{\partial a_2}\right)^2\left(s_{a_2}\right)^2+2\left(\frac{\partial x_0}{\partial a_1}\right)\left(\frac{\partial x_0}{\partial a_2}\right)\left(s_{a_1a_2}\right)^2$$

から計算すると（導入は四角目・佐藤，2004を参照のこと，a_1，a_2 は独立ではないので共分散の項が入っている），

$$s_{x_0}{}^2=\frac{s_{y_0}{}^2}{a_2{}^2}+\frac{1}{a_2{}^2\sum w_i}+\frac{\left(y_0-\overline{y_w}\right)^2}{a_2{}^4\left(\sum w_i x_i{}^2-\overline{x_w}^2\sum w_i\right)}$$

を得る。ここで，$\overline{x_w}$，$\overline{y_w}$ は較正用データを用いた重みつき平均

$$\overline{x_w}=\frac{\sum_{i=1}^{n} w_i x_i}{\sum_{i=1}^{n} w_i}\qquad \overline{y_w}=\frac{\sum_{i=1}^{n} w_i y_i}{\sum_{i=1}^{n} w_i}$$

を表している。上記の式からも明らかなように重心から近いほど $\left(y_0-\overline{y_w}\right)$ が小さくなり，誤差が小さくなることを示している。

本節で使用した実験のセッティングでは「重み」の意味が明確であるが，統計的に厳密に重みを定義できないこともある。このような場合には，重みをすべて同じだと考え，w_i=1の条件のもとに回帰直線や測定誤差を決めることもある。このときの濃度の誤差は

$$s_{x_0}{}^2=\frac{s_{y_0}{}^2}{a_2{}^2}\left(\frac{1}{n}+\frac{1}{m}+\frac{\left(y_0-\overline{y}\right)^2}{a_2{}^2\sum\left(x_i-\overline{x}\right)^2}\right)$$

のように与えられる。m は検量線のデータ数を示す。また，nは y_0 の測定を n 回繰り返したことを示している。m は大きくなると誤差も小さくなるが、上記の式の第三項が存在するので m だけを増やしても誤差は変化しなくなる。m=6程度が適切とされている。

2. 水質と生物活性の測定

(1) 生物活性を測定する意義は？

水域にはさまざまな生物がいて活動を行っている。**光合成**や**呼吸**はそうした生物の基本的な活動であり，その速度の大きさ，すなわち活性によりその水域の環境状態を評価することができる。また，その結果として生産，消費される酸素，二酸化炭素は，グローバルな地球環境にも影響を及ぼすために，その動態の観測は極めて重要である。ここでは，池や湖沼での**生物活性**の測定・解析・評価方法を示し，またそれらに影響を及ぼす水質の測定方法も合わせて紹介する。

(2) 酸素，無機炭素動態の理論

物質収支式

水中の**酸素**（溶存酸素：DO Dissolved Oxygen），**無機炭素**（DIC Dissolved Inorganic Carbon）の物質収支は下記の式で表現される。

$$Ah\mathrm{d}C/\mathrm{d}t=QC_{in}-QC+Ak_L(C_{sat}-C_w)+AhB) \qquad (11.1)$$

ここで，A は表面積（m^2），h は水深（m），C，C_{in}，C_{sat}，C_w はそれぞれ，酸素，あるいは無機炭

素についての水中濃度（M=mol l^{-1}=kmol m^{-3}），流入水中の濃度，大気と平衡な水中ガス濃度，水表面でのガス濃度（M），t は時間（s），Q は流入水量（$m^3\ s^{-1}$），k_L はガス交換係数（$m\ s^{-1}$），B は水中での生物活動に基づく変化率（$M\ s^{-1}$）である。なお，無機炭素の場合，C_w はガス態のもの，すなわち水中の二酸化炭素ガスを意味する。

一般の湖沼では，他の項に比べ流入水と流出水の濃度差による項（$QC_{in}-QC$）は小さく，無視できる。また，比較的浅く，濃度の鉛直分布があまり大きくない水域では，C_w は C で近似される。この結果，生物活動に基づく変化率は，水中濃度の変化率から大気との交換量を差し引くことで推定できることになる。

大気との交換速度

ガス交換係数 k_L'（$cm\ h^{-1}$ で $k_L \times 6000$）については，風の強さで決まることが多く，下記のような式が用いられることが多い（Hartman & Hammond，1985）。

$$k_L' = 144(Dm_{20})^{0.5}(U_{10})^{1.5} \qquad (11.2)$$

ここで，Dm_{20} は各ガスの20℃での分子拡散係数（$cm^2\ s^{-1}$）であり，酸素で 2.06×10^{-5}，CO_2 で $1.64 \times 10^{-5}\ cm^2 s^{-1}$ 程度である。また，U_{10} は地上10 mでの風速（$m\ s^{-1}$）である。なお，二酸化炭素など後述するように水中で溶解する物質の場合，大気から水へのフラックスは増加する。そうした現象をchemical enhancementとよび，式（11.2）の右辺に下記に示すような EF を乗じる方式で予測することができる（Smith，1985）。

$$EF=rz\ coth(rz) \qquad (11.3)$$

$$r=(K_{12}[H^+]+K_{13}K_w)/Dm[H^+])^{0.5} \qquad (11.4)$$

$$z=0.072\exp(-0.215\ U_{10}) \qquad (11.5)$$

ここで，K_{12} は CO_2 が水と水和して HCO_3^- に解離する時間係数（$0.037s^{-1}$），K_{13} は OH^- と結合して HCO_3^- となる時間係数（$8500M^{-1}\ s^{-1}$），Dm はガスの水中での拡散係数（$cm^2\ s^{-1}$），式（11.5）の z は水表面の静止膜の厚さ（cm）を与える経験式である。一般的な数値を与えると EF は7～12程度の値となる。

pHからDIC濃度の算定

pHとアルカリ度からDIC濃度（DIC）の算定には次式を用いる。

$$DIC =Alkc\ ([H^+]^2+K_1[H^+]+K_1K_2)/K_1([H^+]+2K_2) \qquad (11.6)$$

ここで，Alk_c は炭酸アルカリ度（M）で $Alkc= Alk - [OH^-] + [H^+]$，$Alk$ はアルカリ度（M），$[H^+]$，$[OH^-]$ はそれぞれ水素イオンと水酸基イオン濃度（M）であり，K_1，K_2，K_w は以下の解離常数である。

$$K_1=[H^+][HCO_3^-]/[H_2CO_3^*] \qquad (11.7)$$

$$K_2=[H^+][CO_3^{2-}]/[HCO_3^-] \qquad (11.8)$$

$$K_w=[H^+][OH^-] \qquad (11.9)$$

ここに，$[H_2CO_3^*]$ は水中に溶解した $CO_2(aq)$ と水和した H_2CO_3 の和である。

この解離常数の値は次の経験式で与えられる。

$$\log K_1=3404.71/T+0.032786T-14.712-0.19178Cl^{1/3} \qquad (11.10)$$

$$-\log K_2=2902.39/T+0.02379T-6.471-0.4693Cl^{1/3} \qquad (11.11)$$

$$-\log K_w=4470.99/T-6.0875+0.01706T \qquad (11.12)$$

ここで，T は絶対温度，Cl は塩分（$^0/_{00}$）。

飽和濃度

CO_2 では C_w は $CO_2(aq)$ となるが，これはほぼ［H_2CO_3*］と等しい。DO ならびに CO_2 の飽和濃度は以下の式から計算できる。

$$C_{sat}(DO) = (14.4 - 0.394t + 0.00812t^2 - 0.000084t^3)\ /32000 \quad (11.13)$$

$$C_{sat}(CO_2) = (1.19 - 0.0438t + 0.00084t^2 - 0.00000638t^3)/44000 \quad (11.14)$$

ここで t は水温で℃である。式（11.14）は大気中の CO_2 濃度を 350 ppm と仮定した式であり，実際の CO_2 濃度がわかる場合にはそれに比例して増加することを考慮すればよい。

（3）観測の仕方とデータ解析

水中の酸素を測定するやり方としては，採水し，実験室で滴定する方法（ウィンクラー法）や隔膜電極，蛍光式センサーで測定するものがある（日本分析化学会北海道支部，1994)。一方，水中の無機炭酸濃度を測定する方法としては，「pH から DIC 濃度の算定」で紹介したように，pH を pH 電極で測定し，同時にアルカリ度を測定しておくことから CO_2 濃度を計算する方法，採水後に曝気して，放出された二酸化炭素の赤外吸収量を測定する方法（全有機物測定器で有機物分解を行わないモードで測定する）などがある。

こうした測定法を利用すれば，現地での DO や DIC 変化は，定期的に採水し，実験室で分析を行う方式，あるいは現地で採水した試料に電極を突っ込み，測定する方式，さらにこうした電極を直接，対象水域に設置し，連続観測を行う方式により観測することができる。

以上のほか，第 2 節に示した式の多くは水温に影響を受けている。このため，水温を定期的に測定するか，連続測定しておく必要がある。また，DIC を pH から算定する場合にはアルカリ度を測定しなければならない。また，大気とこの交換量を推定するためには風速の時系列データが必要であり，解離常数の推定のためには塩分濃度，CO_2 の水中飽和濃度推定には大気中の CO_2 濃度の測定が望ましい。

（4）水質項目の測定

水域の光合成は一般的に，リン，窒素といった栄養塩，光などに律速されることが多い。また，水中の一次生産を担う植物プランクトン量にも依存している。このため，水域の生物活性の測定とあわせて，リン，窒素などの栄養塩濃度やクロロフィル a 濃度，懸濁態有機物濃度を測定することが望ましい。また，そうした水質測定が難しい場合には，電気伝導度や透明度といった一般的水質項目を測定することから，**水質**のレベルを推定し，生物活性とどのような関係にあるのかを調べておくことが重要である。なお，電気伝導度は水温により大きく変化する。電極式の電気伝導度計では水温を同時に測定し，温度補正をして 20℃での値に変換してくれるものもある。しかし，この補正式は一般的な係数を仮定したもので，精度はあまり高くない。このため，実験室において対象水の水温をいろいろと変化させ，自分で補正式を作成し，水温と温度補正なしの電気伝導度をもとに，その式を利用してある水温に規格化した電気伝導度を計算する方がよい。

（5）生物活性の評価

DO や DIC 変化は水塊での生物反応のネット（生産－消費）の結果を表現している。このため，水域によっては生物生産が盛んな時期，分解が卓越する時期などが交互にやってくる。しかし，両者は量的にも密接な関係にあるので，そのどちらかを測定できれば水域の生物活性のレベルを明らかにすることができる。

3．表面の被覆と水の浸透

(1) なぜ人工降雨実験を行うのか

降雨が地表面下に浸透するかどうかによって，斜面の環境が大きく異なる。水が地下に浸透すれば，地中水がゆっくり移動して湧水から流出するという水循環経路をとる。このような水循環経路をとるのは，森林地域に多い。これに対し，降水が地下に浸透しない場合，水は表面を流れ，土壌侵食を引き起こす。このような水循環経路をとるのは，草原や半乾燥地域に多い。

開発途上国での，森林伐採による環境破壊，半乾燥地での砂漠化，荒廃人工林による表面流の発生などが問題となっている。その原因は，従来地下に浸透していた水が表面を流れるように変化したためであることが多い。すなわち，表面における植生や落葉などの被覆(これを**表面被覆**とよぶ)が減少する結果，雨滴が地表に直撃するために，土壌表面に「クラスト」とよばれる難透水性の皮膜が生じ浸透しにくくなるためである。したがって，水が浸透するかしないかということは，非常にミクロな減少であるものの，地球環境を考えるうえで極めて大切な視点なのである。

土壌への水の浸透特性を示すために使われる指標は，**最終浸透能**（略して単に**浸透能**とよばれることも多い）である。この指標は，水が単位時間，単位面積あたりにどの程度地表面からしみこむ能力があるかを示すものである。その単位は，1時間あたりの水高（mm/h）で表現することが多く，降雨強度と比較することによって水が表面を流れる量も評価できるため，大変有用な指標である。

そこで，この節では，落ち葉による被覆面積の異なる小土槽に人工降雨を与え，土槽内へ浸透する水の量を比較することによって，表面被覆による浸透能について実験を行う。

(2) 人工降雨実験の手順

測定方法

さまざまな表面被覆を有する土層を用意する(図 11.3)。土層に人工降雨を与え，人工降雨が安定した後，タイムキーパーの号令で実験を開始する。毎分，表面流出水をバケツに集水し，集めた水はろ過した後メスシリンダーで水量を測定する。実験は 10 分間行う。データを記録することとともに，地表面の様子の観察が重要である。

作業内容と役割分担

(a) 表面流出水の捕捉係（2 名：各小土槽に 1 名ずつ）実験開始と同時に，バケツを小土槽のホース部分にセットし，表面流出水が発生するのを待つ。ここで，メスシリンダー内に直接雨が入らないようにする。1 分ごとにバケツを交換する。

(b) 表面流出量の測定係（2 名：各小土槽に 1 名ずつ）集めた表面流出水を，メッシュの付いたろうとでろ過し，メスシリンダーで水量を測定する。

(c) タイムキーパー係（1 名）実験スタートの号令をかけ，その後 1 分ごとに時間を知らせる。

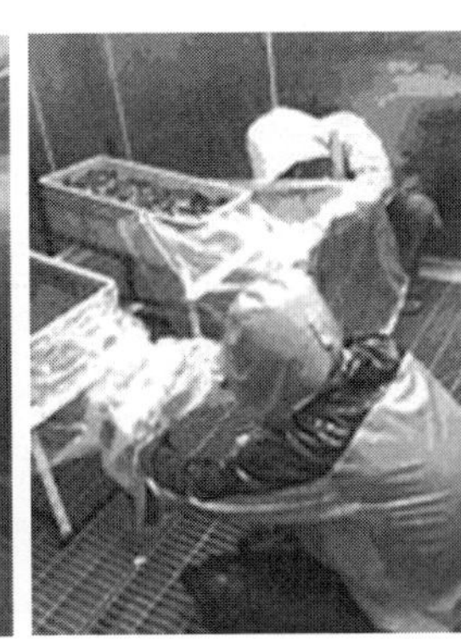

図 11.3　人工降雨実験における小土層の様子

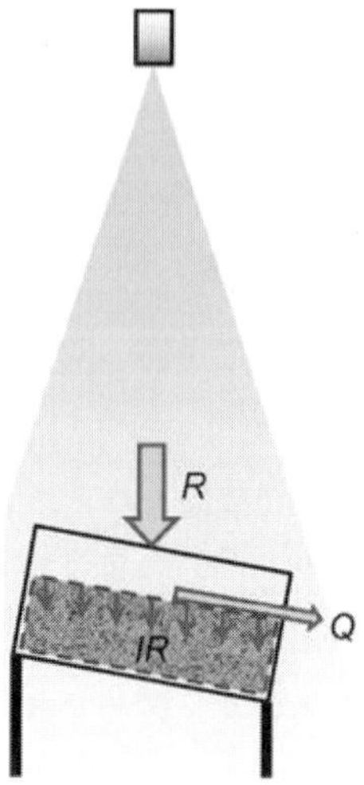

図 11.4　人工降雨実験における浸透強度の考え方
R：人工降雨量，Q：流出量，IR：浸透量.

表 11.1　実験データの記録用紙

実験データの記録用紙　　学籍番号＿＿＿＿＿　氏名

班	実験実施日	地表面の被覆率	降雨強度	小土槽の面積
		0%	355 mm/h	1886.43 cm^2

	測定項目	計算項目			備考
時間	表面流出量	流出高	浸透強度	浸透能	
分	（ml）	（mm/h）	（mm/h）	（mm/h）	
0					
1					
2					
3					
4					
5					
6					
7					
8					
9					
10					

10 秒前からカウントダウンを始める。

（d）記録係

表面流出水量を記録用紙に記入する（表 11.1）。

人工降雨実験では，表面流出水量を計測し，**降雨強度**との差分から単位時間当たりの浸透強度を算出する。**浸透強度**＝降雨強度－流出強度（単位はすべて mm/h）として計算する（図 11.4）。

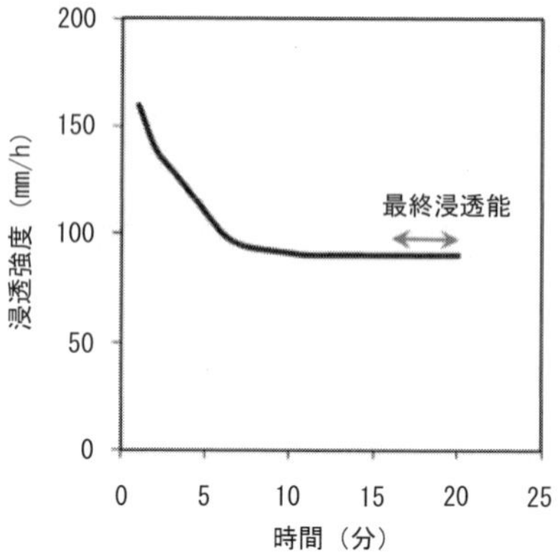

図 11.5　浸透強度の時系列変化のグラフ例

最終浸透能の算出の考え方

浸透強度は，時間の経過とともに一定の値を取るようになる。この一定となった浸透強度を最終浸透能という（図 11.5）。通常，実験終了前の数分間（ここでは 3 分間とする）の平均値を使用して，最終浸透能を算出する。

4．水域における分光反射率の測定法

水塊からの**分光反射率**（波長ごとの反射率）には，水中の植物プランクトン，トリプトン（その他の懸濁物），溶存有機物，および水分子の固有光学特性を含む。この分光反射率は人工衛星のセンサーで直接測定できるため，広域水域の基礎生産や水質パラメータの空間分布を推定する際に用いられる。しかし，生の衛星データには大気による影響が存在し，利用される前に大気補正を行わなければならない。この大気補正精度を検証するために，対象物の分光反射率を現地調査によって測定することは不可欠である。

水域における分光反射率の現地測定法は大きく分けて 2 種類がある。第一は水中測定法（Profiling method）であり，第二は**水面直上測定法**（above-water method）である。本節では，水面直上測定法について紹介する。

(1) 原　理

水面直上から反射してきた放射輝度（L：water leaving radiance）は以下の式で表す。

$$L = L_w + rL_{sky} + L_{wc} + L_g \qquad (11.15)$$

ここで，L_w は水塊からの放射輝度，L_{sky} は天空散乱光，r は大気－水の境界面の反射率（風なしの場合：0.022，風速 5 m/s 前後の場合：0.025，風速 10 m/s 前後の場合：0.026 ～ 0.028），L_{wc} は白波（white cap）からの放射輝度，L_g は波による太陽からの直達光に対する鏡面反射（sun glint）である。このうち，水中成分の情報を含んでいるのは L_w のみである。L_{wc} と L_g の影響に関しては，測定方法を工夫することによって避けることができる。L_{sky} に関しては直接測定できる。そして，水面直上からの分光反射率（リモートセンシング反射率とよぶ）R_{rs} は以下の式によって推定できる。

$$R_{rs} = [(L - rL_{sky})/(L_p \times \pi)] \times \mathrm{Cal} \qquad (11.16)$$

ここで，L_p は太陽からの下向きの放射輝度，Cal は標準反射板の反射率である。

(2) 測定方法

測器（図 11.6）

・FieldSpec HandHeld（ASD,INC.，NASA USGS の標準測器）

波長範囲：325 ～ 1,075 nm，本体重さ：1.2 kg，

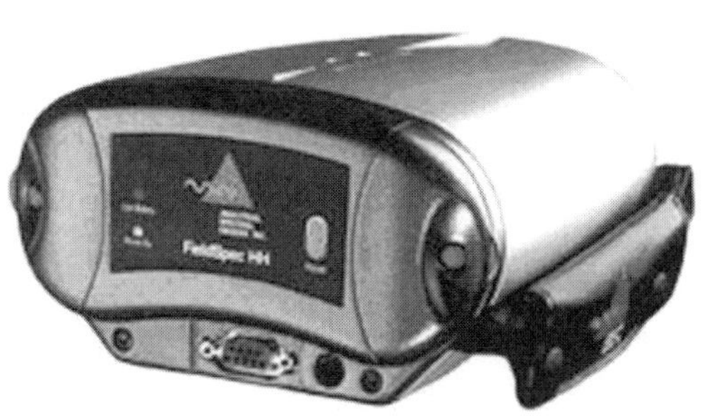

図 11.6　分光反射率の標準測器：FieldSpec HandHeld

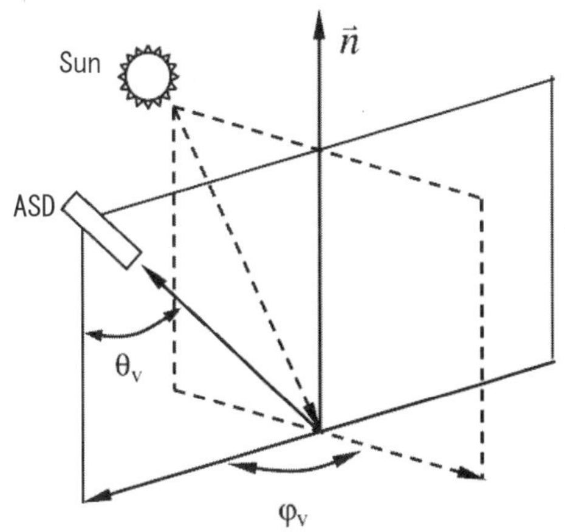

図 11.7　観測の幾何位置
図中の ASD は測器である.

バッテリー駆動時間：4 時間

サンプリングインターバル：1.6 nm，視野角：25 度

・標準反射板（反射率 30 %の灰色反射板を推奨）

・パソコン（専用ソフトウェア RS^3 を搭載）

観測の幾何位置（図 11.7）

・測器の観測平面と太陽の入射平面の夾角 Φ_v：90 ～ 135 度

・測器と水面法線方向の夾角 θ_v：30 ～ 45 度

・推奨観測幾何位置：Φ_v=135 度，θ_v=40 度

以上によって，太陽の直達光による水面からの鏡面反射 L_g および船からの影響を避けられる。ただし，船の揺れによる影響を受けやすい。

測定手順

①測器の設置およびウォーミングアップ

②測定開始時刻を記録する（太陽の天頂角，方位角を計算するため）

③測定開始後の天候状況を記録する（雲量，波の高さなど）

④パソコンにデータ記録フォルダを作成する（日付，地点名をフォルダ名に入れることを推奨）

図 11.8　下向きの放射輝度（L_p）の測定

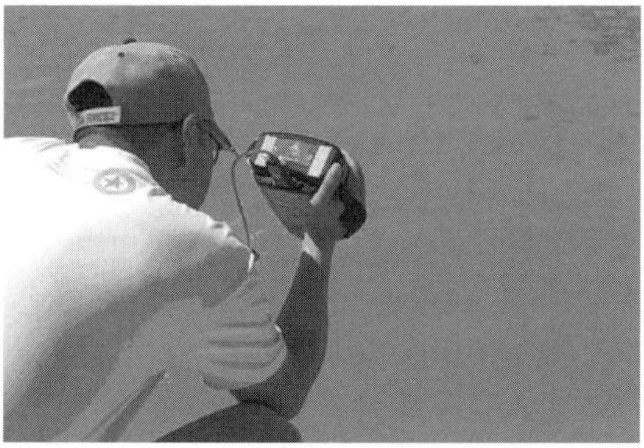

図 11.9　水塊からの放射輝度（L）の測定

⑤測器の最適化（Optimizing）および測定モードの設定（放射輝度モード推奨）

⑥標準反射板の測定（すなわち L_p の測定，図 11.8）

⑦対象水域の測定（すなわち L の測定，少なくても 10 回以上，図 11.9）

⑧天空散乱光の測定（すなわち L_{sky} の測定，図 11.10）

⑨標準反射板の再測定

⑩以上の④～⑧の手順を 3 ～ 5 回を繰り返す。

⑪測定終了時刻を記録する（測定期間太陽天頂角，方位角の変化を把握するため）

図 11.10　天空散乱光（L_{sky}）の測定

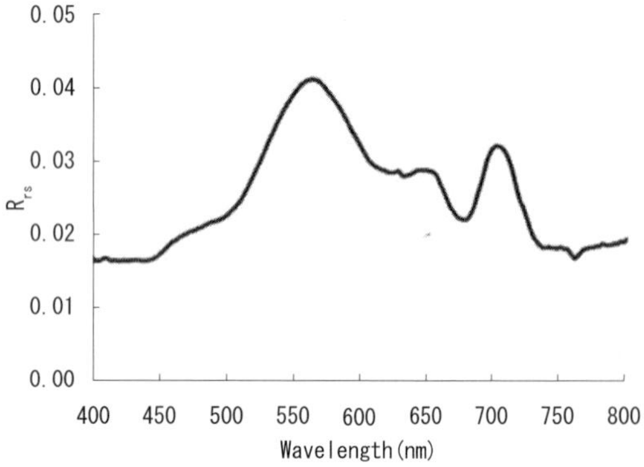

図 11.11　水塊からの分光反射率 R_{rs} のスペクトル

(3) データ処理手順

①記録されたデータをテキストファイルへ変換し，USB メモリに保存する。

②測定手順⑤と⑧で測定した L_p を比較し，大きなちがいが確認された場合，測定期間の光環境は不安定と考えられるため，これらのデータを廃棄する。逆の場合，データを保留する。

③保留したすべての L_p の平均値を最終の L_p 値とする。

④保留したすべての L_{sky} の平均値を最終の L_{sky} 値とする。

⑤保留したすべての L に対して値の大きさによって 2 つのグループに分ける。L の値が大きいグループのデータには，白波による鏡面反射（L_{wc}）の影響が含まれるため，解析から除外する。L の値が小さいグループのデータの平均値を最終

の L とする。
⑥最終の L, L_{sky}, L_p の値を式（11.16）に代入しリモートセンシング反射率を計算する。その結果を図 11.11 に示す。

海底堆積物が語る地球環境の変遷

海洋は地球表面の 7 割を占める，地球上で最も大きく，そして深い水瓶である。河川水とともに海洋に流入する陸源性の堆積物，海洋表層や海洋底に棲む生物の死骸，黄砂のような風成塵，宇宙からのダストや隕石の破片が降り積もって海洋堆積物を構成している。海洋堆積物は，すべての地球環境情報を無作為にかき集めているのである。

海洋プレートはマントルの部分溶融によって中央海嶺で連続的に生産され，中央海嶺の両側へ移動していき，沈み込み帯で地球深部に戻っていく。このようにして海洋地殻は常に更新されているので、海洋地殻の年代は最も古いものでもジュラ紀までさかのぼれる程度の若さである。海嶺から沈み込み帯に向かって次第に移動していくので，海洋地殻が生成した年代から連続的に，しかし堆積環境を変えながら地層が堆積していく。このため，ジュラ紀以降の地球規模の環境変遷を調べるのに適した連続性のよい試料を得ることができる。白亜紀／古第三紀境界や暁新世／始新世境界のような重要な生物絶滅イベントや環境変動イベントを含んでおり，これらの時代における地球規模の環境変動を高精度で解明することも試みられつつある。

若い海洋地殻に対して，大陸地殻の地質は 38 億年程度まで遡ることができる。したがって，太古代・原生代全体と顕生代の大部分の環境変動については，陸上地質の記録に依存している。しかしながら，カンブリア紀以前は大型生物がいないため堆積環境を推定することはより難しく，環境変遷の研究は酸素・炭素など元素の安定同位体により大きく依存している。また，変成・変質作用を被っている地層が多いので，古い時代の地球環境問題を扱うのに適切な試料を得ることはより困難である。

地層からどのような時間解像度で環境変動が議論できるかは，堆積速度に依存する。陸塊に入り込んだ海や湖沼に堆積した地層は，一般に堆積速度が速いため、高い時間解像度で環境変動を明らかにすることができる。しかしながら，地形がより複雑で，侵食作用と堆積作用が同位置で進行することがあるため、情報が不連続になることがある。流域を平均化した環境変動の記録が得られるわけだが，狭い流域では，局地的な影響を受けやすいなどの不利がある。これに対して，海洋底における地層の堆積速度は一般に遅いので，同じ間隔で試料を採取するかぎり，時間解像度は低くなる。その一方で，局地的な影響をより受けにくいので，地球規模の環境変遷を調べるのには適している。高精度で地球規模の環境変動を調べるためには，堆積速度の速い海洋堆積物を探すことが重要である。

試料採取地点を選定するためには，**音波（地震波）探査**をもちいて地層の重なり具合（堆積の連続性，断層，侵食構造や地すべり堆積物の有無）を調べたり，海底面の音波反射強度から試料採取に適切な軟らかさをもっているかを調べたりする。とくに，有機物が多く石油･ガス･メタンハイドレートなどの分布が予想される海域では，試料採取に伴う事故防止のためにこうした地震波探査が念入りに行われる。

環境変遷を調べるためには、連続性のよい地層から、欠損のない柱状試料を採取することが重要である。海洋底堆積物の試料採取は，**ピス**

図 11.12　パイプ長 15m のピストンコア（a）と船上からのピストンコアの投入（b）

トンコアや**海洋底掘削**によることが多い。

ピストンコアは長大な注射器状の堆積物採取器具で、これを調査船からワイヤーを使って海底面近くまでつり下げ，10 m 程度自由落下させて軟らかな堆積物に突き刺すものである（図 11.12)。通常 20 m までの長さの軟堆積物柱状試料を採取するのに用いられるが最大で 50 m の長尺ピストンコアも存在する。海洋底掘削では、やぐらを組んだプラットフォームから掘削パイプを海底まで下ろして試料を採取する。現在稼働している海洋研究開発機構の地球深部探査船“ちきゅう”は，2,500 m の水深から 7,000m の深さまで掘削する能力をもっている。

こうして採取された堆積物柱状試料から過去の地球環境の変遷を読み取るためには，環境指標の変動を明らかにすること，そして正確な堆積物の年代を求めることが必要である。貝殻や有孔虫などの炭酸塩の殻をもつ生物の遺骸が得られる場合，^{14}C 年代測定法を適用して正確な年代を決定することができる。^{14}C 年代測定法では 5 万年程度を越える年代は測定できないので，この年代を越える試料については、世界各地で集められた柱状試料データを総合して作成された海洋酸素同位体ステージや地球磁場記録と比較して年代を推定する。古い堆積物については，Sr 同位体の変動曲線も利用される。有孔虫や放散虫，コッコリスといった海洋微生物は，時代とともに頻繁に種が変化していくので，これらの化石の組み合わせから堆積年代を推定することができる。広域降下火山灰が分布していれば，これらを用いて堆積年代を補正することができる。最近では，U-Th-He 年代を適用して微量の炭酸塩試料の年代を求める試みがなされている。

海洋底試料から地球環境の変遷を読み取るためには，ある環境下で繁茂する生物群集の産出頻度の変化を調べる，堆積物に含まれる炭酸塩鉱物や生物遺骸の酸素・炭素・硫黄などの安定同位体比を測定するといった手法が一般に用いられる。大規模な寒冷化と寒の戻りが生じれば，氷床・氷河から大量の氷山が流れ出し，ice rafted debris（**IRD**）とよばれる堆積物を海底にまき散らすことがある。IRD とは氷床流動によって氷の中に閉じこめられ，氷山とともに外洋に運ばれた礫などが，氷山の溶融に伴って海底に落下したものである。一般に外洋の海洋底堆積物は粒度が細かく均質であるので，礫サイズの IRD は目立つ。このように，堆積物自体が地球規模の環境変動を表すこともある。

このようにして過去の地球環境の変遷が明らかにされていくが，採取した柱状試料の一次記載は，その後の研究のために最も重要である。一般に船上で採取したばかりの柱状試料を半割し，色指数や帯磁率などの各種非破壊測定を行うとともに，写真記録を撮り，肉眼観察記載（一次記載）をおこなう。肉眼観察記載では，堆積構造，堆積物の粒径，コアの色，堆積物の堅さ，化石や IRD などの分布状況，生物活動や採取に伴う試料の擾乱などを記載する。

海洋堆積物は，河川から流入してくる陸源の珪質砕屑性粒子（siliciclastic grain），陸上や海底の火山活動によってもたらされる火山砕屑性粒子（volcaniclastic grain），遠洋にすむプランクトンの遺骸のような遠洋性粒子（pelagic grain），浅い海にすむ貝やサンゴの殻のような浅海性粒子（neritic grain）からなっており，これらの比率によって海洋堆積物の名前が決まっている。軟堆積物の構成粒子の比率を見積もるためには，ごく微量を爪楊枝などで分取し，スライドガラスに薄くのばしてスメアスライドをつくり，顕微鏡で観察するとよい。とくに生物遺骸の種類やその構成比は，地層の堆積環境や年代などの情報を含んでいるので，とくに注意するとよい。それぞれの種まで同定できれば，スメアスライドの観察から堆積年代を推定することもできる。

こうして正確な肉眼観察記載を行い，構成粒子の比率を把握しておくと，研究室に持ち帰って精度の高い測定をするための研究計画をたてやすくなる。また，採取された柱状試料は各種測定のために分割されてしまうので，船上で行う肉眼観察記載データは，柱状試料としての状態を記録する重要かつ唯一のデータである。海洋地質調査に参加するときは，まず一次記載がしっかりできるように十分にトレーニングを積んでおこう。

第Ⅻ章　人文地域の調査・分析

1．人文地域調査の事前準備と統計の利用

(1) 事前準備

地域調査の前に準備すべきことは多岐にわたる。調査の目的，手法，対象地域，そして日程を決めて，文献・地図・統計等の情報を読み込みつつ，調査計画を具体的につくる。調査項目，訪問先，調査地点を考え，必要なら**調査票**を作成する。ノート，筆記用具，ベースマップ，カメラ等の用具類の準備，現地でお世話になる方々との連絡・交渉，交通手段・宿泊場所の確保も必要である。準備途中で計画の修正が必要になる場合もある。事前準備は研究に重要な役割をもつ創造的な作業といえよう。以下では事前準備について段階を追って述べ，節を改めて文献調査・統計利用について触れる。

調査の目的・手法は，研究課題と方法そのものから決まる。専門分野の着眼点や研究手法を学び，調査対象についての基本的知識を頭に入れ，調査のトピックを絞り込んで計画を組み立てる。

対象地域は研究課題に最も適した場所が望ましい。しかし，往復と滞在にかかる費用や，いわゆる「土地勘」，つまり予備知識や生活・滞在体験の有無といった現実的な条件も無視できない。行きやすさ・調べやすさは対象地域を決めるうえで十分検討に値する。先行研究の有無も重要である。これがある地域では知見を豊富に得られる。一方では新たな知見を付加することが強く求められる。

スケール，つまり調査地域の広狭と調査の密度についても研究課題にふさわしい選択が必要である。市町村程度の比較的広い範囲にわたりいくつかの地点で調査を行う場合もあれば，反対に商店街や農村集落といった狭い範囲の集中的な調査が適切な場合もある。

調査日程を決めるには，調査対象や調査地域の都合を考慮しなければならない。イベントのような特定の日程が決まった事象を調べるにはそれが最優先となる。景観や土地利用の調査であっても，たとえば農作物のように，時期が異なると見られるものが変わることがある。人を訪ねる調査ではその可否・日時ともに訪問先の了承が欠かせない。人文地域の調査では聞き取りをはじめとして他人の協力が必要な手法が多いので，できるだけ日程に余裕をもち，礼儀を尽くして依頼しよう。調査日程の決定にはこうした調査自体の要素のほか，滞在費，現地の知識の程度，現地での交通手段もかかわってくる。

並行して，必要な持ち物を書き出してチェックし，忘れ物のないよう準備する。現地で何らかの機械・器具を使う際には，前もって作動確認や操作練習をしておく。貴重な滞在時間を消費しないよう，事前準備は怠りなくしたい。

なお，健康と安全は格別に重要である。これらがあってこそ調査ができる。体調を整え，調査地と往復経路での安全に気を配ろう。精神の安定も大切である。調査が予定したように進まないのはめずらしくない。そうしたストレスにうまく対処する工夫が要る。

(2) 文献調査

地域調査に先立ち，課題，手法，および対象地域に関して知識を得るため，既存の文献・統計・地図などの資料を広範囲に探索する必要がある。以下では文献調査について手順を追って要点を説

明する。

文献とその種類

文献は図書と論文に大きく分かれる。図書はいわゆる単行本の形で，論文はおもに学術雑誌記事の形で出版される。

地理学分野の図書は，講座本と称される地理学教科書群，専門書，それに地誌に大別できる。講座本は地理学を体系的に学ぶための本であり，調査・実習法の解説も含むので，目を通しておくべきである。

専門書はおもに研究者が自らの研究成果を世に問うもので，内容は専門的に絞り込まれ，データやその分析も十分に掲載されている。研究課題や調査地域・手法を具体的に考える際に参考となる。

地誌は特定の地域を取り上げた体系的記述である。対象地域の基礎的な知識を得るために読む必要がある。地域に関する文献目録としても重要である。

論文は**原著論文**，**短報**，**総説**等に分類される。原著論文は著者がオリジナルデータに基づいて発表する論考である。短報は研究の中間的な速報としての性格を有する。これらは研究課題および調査手法の設定のしかた，および成果のまとめ方において参考になる。

総説は研究者が専門分野における過去の知見を整理・分析し，近い将来の展開や課題を論じるものである。研究の方向性，課題，手法を発想する示唆を与えてくれるだろう。

文献の探し方

一般的に，あるテーマに関連して文献を探索する場合には，文献目録等による検索，所蔵先の調査，そして入手といった手順を踏む。

現在，学術的文献の検索には，電子化された文献目録を利用することが主流となっている。文献目録とは文献についての情報を収集・整理して検索のために提供するものであり，文献を体系的に探すにはその利用が必須である。文献目録にはいくつかの種類があり，検索の際に自分がどのような目録を用いるのか意識するのが望ましい。対象分野の面からは専門分野の目録と総合的な目録，言語の面からは和文文献の目録と欧文文献の目録，文献の発行形態からは図書目録と論文(雑誌記事)目録，対象範囲では個別図書館の目録と国内や世界を網羅する目録といった種類がある。以下では，和文文献の場合を中心に説明する。

地理学分野専門の和文文献目録には『**地理学文献目録**』がある。これは地理学と隣接分野の図書と論文を網羅し，主題別・地域別の分類から検索できる有用なものである。1945 年以降を対象に定期的に刊行されている。一部は電子化され，CD-ROM あるいはインターネット経由で利用できる。

和文文献の総合的な目録を代表するものとして，図書目録では国立情報学研究所による NACSIS-CAT（大学図書館目録所在情報データベース）および国立国会図書館による JAPAN/MARC（日本全国書誌），論文（雑誌記事）目録としては国立国会図書館の雑誌記事索引データベースが挙げられる。これらの目録は電子化されインターネット経由で検索可能であり，国立情報学研究所の提供する文献検索ウェブサイト「**GeNii**」および「**CiNii**」から利用できる。これらのウェブサイトは多数の文献目録を横断的に検索できる大変有用なものなのでぜひ利用したい。

文献を効果的に探すには，文献目録を使いこなす必要がある。検索キーワードをよく考えて適切に設定し，さまざまな検索項目を組み合わせ，表示される情報，たとえば著者，論文摘要，引用・被引用関係等とそのリンクを活用することで，よい文献を効率的に探すことができる。有効な利用法や各サイトの機能を学んでおきたい。

入手・閲覧・記録

文献を絞り込んだら，それがどこにあるか（所在）を調べる。所在が確認できたら入手，すなわち閲覧ないし取り寄せの手続きをとる。なお，学術論文の入手には電子ファイルのダウンロードが普及してきている。

特定の図書館の文献目録を利用している場合なら，文献の書誌情報と所在情報は通常同時に入手できる。一方，その他の目録の場合には文献の所在情報は含まれないか，含まれるとしても所蔵図書館の一覧程度に限られる。くわしい所在情報は，文献や雑誌のタイトルなどから個別の図書館の目録で検索する必要がある。

近年，インターネットから検索できる総合的な目録では，検索結果と個別の図書館の文献目録とをリンクさせ所在情報の検索を容易にする仕組みが普及してきた。たとえば大学図書館のウェブサイトを経由して総合的な目録を検索した場合にはこれが自動的に働く。そのことを画面上で示す記号をクリックすれば，当該図書館での所在情報を入手できる。

学術論文を電子ファイルで提供するのはおもに学会，学術機関，出版社（欧米に多い）である。文献目録での検索結果にファイルへのリンクがある場合には，それをたどって入手できる。ただし，リンクがないから提供されていないとは限らない。当該学会や学術機関のウェブサイト等で調べると提供されている場合がある。

入手した文献については読んで研究に活かすことに加えて，手元に記録し整理保管することが必須である。内容と書誌情報とを自分で決めた媒体に記録し蓄積してゆく。書誌情報は調査成果を論文にまとめる際に必須である。とくに現物やコピーを手元におけない場合に，文献を再度参照するにはきわめて重要である。手元における場合には，いつでも参照できるよう整理・保管しておく。

以上は図書館とインターネットの利用を想定して述べたが，他にも文献調査のチャンネルは多い。書店とくに大規模書店の店頭は，最新の図書・雑誌に触れられるよい場所である。特定の分野の文献を探すには，専門図書館あるいは専門書店が有用な場合が多い。また，メディアでは新刊書籍の情報がさまざまに提示される。さらに，指導教員や大学院生等の研究者は文献情報を有する存在といえる。研究・調査に強い関心をもっていればいるほど，こうしたさまざまな機会を活かすことができる。

(3) 地図と空中写真

地形図は地域調査に不可欠といってよい。対象地域の位置と環境を理解するために，地形，河川，土地利用，道路，村落・都市の特徴を読み取ろう。地形図はできるだけ紙媒体で入手し，書き込みや色塗りをしながら利用することが勧められる。現地へ持参し，参照しながら調査・観察したい。

空中写真および**衛星画像**は，地物がほぼそのまま写し込まれているため，対象地域の景観知るのに有用である。立体視によって地形を把握できる点も活用したい。

地形図および空中写真は，過去の地域・景観の把握にも活用できる。わが国では明治期以降の旧版地形図，第二次世界大戦後から撮影されてきた空中写真が蓄積されており，誰でも利用できる。

近年，地図・空中写真・衛星画像を国土地理院をはじめとしてさまざまな機関がインターネットに公開している。積極的に閲覧して，対象地域の理解に活用しよう。

(4) 学術資料以外の情報

学術資料以外にも事前に地域を知る上に役立つ情報は多い。とくに重要なものは市町村や都道府県等，対象地域を管轄する公的機関のウェブページである。地域の概要，統計，さらに具体的な施策の情報が幅広く公開されている。このため近年，ウェブページで情報を公開している組織や部署への聞き取り調査では，事前に当該情報を閲覧して，より掘り下げた質問をしたり資料を要望したりすることが求められる傾向にある。

その他，紀行文・地域ルポルタージュ・聞き書き・小説といったさまざまな文学・評論類，テレビ・ラジオ等のマスコミ情報，映画等の視覚メディア作品等も，目的に応じて役立てたい。

(5) 事前準備としての統計利用

調査する地域とそこでの研究対象の特性をあらかじめ知っておくために統計を使うことができる。統計を適切に利用するには，利用媒体，調査項目，年次，地区単位という4つの要素を考える必要がある。

統計の入手

利用媒体については，紙やCD-ROMに代わり，ウェブページが主流になりつつある。統計調査の主体（省庁等）の統計ページ，国の統計情報ウェブページ（「政府統計の総合窓口」や「統計局ホームページ」等），対象地域（市町村等）のウェブページ等が代表的である。冊子体の統計は現在でも刊行されており，一覧性のよさ等の利点を活かしてウェブページと併用したい。また統計を遡って利用する場合には冊子体の統計が欠かせないことがある。CD-ROMは，ウェブページでは公開されておらずかつ有料の統計で利用されていることが多い。

具体的な統計値を探すには，どんな統計で何が調査項目となっているかについて基本的な知識が必要である。これは**総務省統計局**のウェブページ（www.stat.go.jp），政府統計の総合窓口（www.e-stat.go.jp），および参考文献で知ることができる。浮田編（2001）は，地理学の視点から役立つ統計一覧が掲載され有用である。

調査地域の概括的な特徴を知るためであれば，市町村や都道府県の統計情報ウェブページが役立つ。さまざまな統計調査結果からその地域の値が編集されて掲載されている。

一方，特定の事象についてくわしい統計情報を知るには，調査主体の省庁等のウェブページから調べるのが望ましい。このとき，調査・集計上の用語の定義，調査対象の範囲，調査の方法といった情報をよく読み，統計数値の成り立ちと限界を知っておくことが，適切な利用に欠かせない。

統計調査は定期的に，長い場合数年間隔で行われているので，いつの統計を使うかを考える必要がある。調査年次が異なると，調査対象，調査項目，集計項目，さらに統計の地区単位が一致しないことがあるので注意を要する。

統計の地区単位は，地域調査にとって重要な意味をもつ。原則的には自分の調査地域のスケールに近いものを選び，調査と統計のスケールのミスマッチを小さくするのが望ましい。

すべての統計で共通に採用されている基本的な地区単位は，調査時点の都道府県・市区町村である。ただし市町村合併が行われると，その前後で地区単位の連続性が失われるため，年次間の比較を行うには新しい方に合わせた再集計が必要となる。

市区町村よりも狭い範囲を対象地域として調査する場合，あるいは市区町村内の地域差を検討したい場合には，**小地域統計**をぜひ活用したい。小地域統計の例を挙げると，**国勢調査**では基本単位区（または調査区），町丁・字等，人口集中地区，および地域メッシュがあり，**農業センサス**では農業集落，旧市区町村（＝1950年の市区町村），および**地域メッシュ**（1975年・80年のみ）がある。小地域統計の地区単位は，一部を除いて統計ごとに異なる点に留意が必要である。

一方，大都市圏といった複数の市町村を含む広域な地区単位もある。さまざまな地区単位の統計を，目的に応じて適切に利用したい。

統計の活用

ここでは，入手した統計を地域調査のために活用する手順を考える。まずは，自分の求める内容をできるだけ直接わかりやすく示した表を作成することである。このとき，統計値の実数だけでなく比率も検討することが望ましい。構成比，増減率，指数，頻度ないし密度等をみることで，対象地域の特性をより明瞭に把握できる。さらに特化係数・特殊化係数といった数値によって，対象地域がどの程度特徴的であるかを検討できる。

この作業にグラフ化および地図化を組み合わせることが重要である。グラフは統計数値の変化，統計数値間の関係，および他地域との相違や類似を明瞭に表現するには必須である。客観的かつ効果的な表現法を工夫したい。地図化は地理学の強みであり，空間的視点から対象地域を把握するために，積極的に活用すべきである。統計値と白地図（ベースマップ）を揃えて，**GIS**（地理情報システム），描画ソフト，あるいはペンで描く。前述の「政府統計の総合窓口」は統計数値とベースマップを提供しており，それらをGISに取り込めば，手早く地図をつくることができ有用である。また，ウェブサイト内での統計地図作成機能（ウェブGIS）を備えているので，これを用いた地図化も可能である。ウェブGISを提供するサイトはこれ以外にも多数ある。

ただし，統計の活用は地域調査に有効だが寄りかかりすぎてはいけない。必要かつ十分な範囲にとどめ，現地調査を重視しよう。

2. 景観観察と土地利用調査

(1) 景観観察

地理学研究にとって景観に着目することは重要なことである。アメリカの景観研究の第一人者であるJ.F. ハート（1998）は，「景観の研究は，最も健全な地理学の出発点である。地理学者の好奇心は，何よりもまず見えるものによってよびさまされる。私たちは見えるものを知ることによって，場所をよりよく理解し，正しく認識しようとする地理学の最終目的を達成することができる」と述べている。山本正三（1979）も「土地利用と景観という地理的諸相の分析は，特定の場所で現実に活動している人々の姿をとらえる重要な糸口になるといわれているが，それは，そこに住む人々が，彼らの文化的伝統と現在の技術を背景として，与えられた自然的，場所的条件を評価し，場所を組織化し，特定の条件を資源化して，その理想の実現に努力している姿を具体的に示すからである」と述べている。景観は視覚に訴える地域の様相であるから，場所の知識があろうとなかろうと，言葉が通じようと通じまいと，具体的にその姿を示してくれる。そして，その景観は，その場所における人間の生き様を端的に示してくれるのである。

図12.1に示した3枚の写真は，富山県黒部川扇状地の農村景観の変化を示したものである。上の写真は1969年8月のもので，この地区で圃場整備事業が始まる直前の状況を示している。不正形で小区画の水田や深い屋敷林に囲まれた茅葺きの家屋，屈曲した農道など，伝統的な**農村景観**が残されている。2番目の写真はその8カ月後のものであり，圃場整備事業が完了し，水田区画は大きくなり，道路は直線化された。下の写真は圃場整備事業から5年後のものであり，中央の農家が鉄筋コンクリート造りに変わったのに代表されるように，家屋の新・改築が盛んに行われたことがわかる。建築用材として屋敷林が利用されたことから，樹木の少ない単調な景観となった。水田にはコンバインによって収穫された直線的な跡

1969 年 8 月，入善町新屋土地改良区撮影

1970 年 3 月，入善町新屋土地改良区撮影

1975 年 4 月，筆者撮影

図 12.1　富山県黒部川扇状地における農村景観の変化
（田林，1991）

や，春作業の手始めとしてのトラクラーによる耕起の跡がみられる。3 枚の写真の状況は，1960 年代から 1970 年代に日本の各地の農村でおきた大きな変化と共通するものであるが，当然のことながらこれらの景観変化は農業を含めた経済活動や社会・文化活動などの変化を反映している。それぞれの地域の普通の景観から，いかに生業や文化，社会など人々の生活の仕方の特徴や変化を読み取るかが，地理学者の 1 つの大きな楽しみである。

しかしながら，漠然とながめていればよいというものではなく，**景観観察**をうまく行うためにはいくつかの点に留意しなければならない。そのために，戸所 隆（1989）は以下の 7 つの点をあげている。それらは，①例外的・偶然的現象ではなく本質的な現象を把握すること，②観察現象の存在理由を考えること，③形態的観察には機能的観察の裏づけを行うこと，④地域の構造は中心と周辺からできていることに注意すること，⑤全体と部分の相互関係をつかむこと，⑥ベースマップを準備すること，⑦観察事項はすぐメモし，その日のうちにまとめることである。景観観察から始めてさらに調査・研究を進めるためには，最後の 2 つが不可欠であり，観察したことをスケッチをしたり，地図やフィールドノートに記録したり，写真やビデオで撮影したりすることが必要である。なかでも地図に記録することが，地理学研究ではよく行われ，それが次に述べる土地利用調査である。

(2) 農村の土地利用調査

景観の観察結果を空間的に把握するために，地図や空中写真に記録したのが**土地利用図**である。これに関して再度，富山県黒部川扇状地の例を取り上げることにしよう。図 12.2 は A 農家の土地利用変化を示したものである。最初に筆者がこの農家を訪ねたのは 1970 年で，その当時は圃場整備された 177a の耕作地に水稲が植えられていたが，そのうちの 30a では水稲収穫後にチューリップ球根が植えられた。圃場整備以前の地図に世帯主の記憶によって，1960 年と 1966 年の土地利用を記入してもらった。1960 年には水稲作のみの耕地，水稲の後に飼料作物，水稲の後にチューリップ球根，タバコの後に飼料作物が栽培されている耕地など，多様で集約的な土地利用がみられた。1966 年には水稲，水稲と牧草，チューリップと牧草という土地利用となり，なかでもチューリップ球根栽培が拡大した。その後の追跡調査によって，1974 年には自家菜園を除くとすべてが水稲作のみになり，1983 年のように時には転作の大麦を栽培したこともわかった。ところが，1995 年には水稲作以外に 34a の借地でキャベツ栽培が始まった。そして，2002 年には集団転作のための団地に A 農家の耕地の多くが含まれたために，転作のエン麦が植えられた。

このような土地利用変化は，当然ながら A 農家の就業の変化を反映している（図 12.3）。

1960 年には世帯主（1931 年生）と妻（1933 年生），

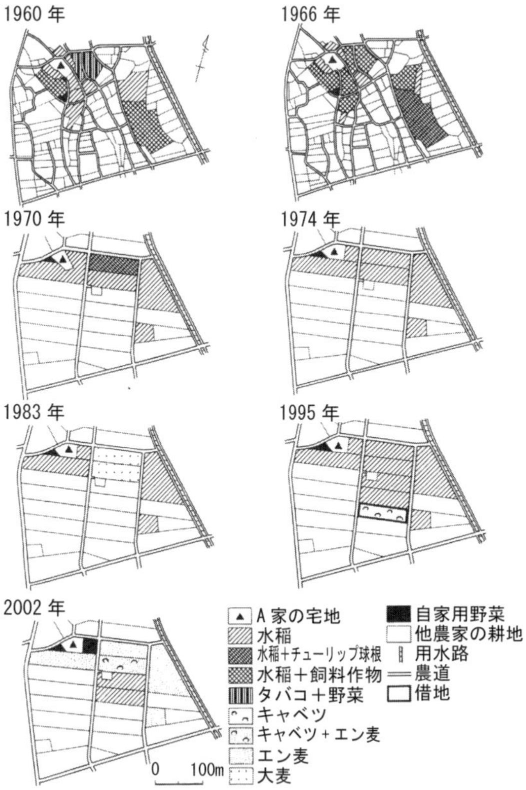

図 12.2　**富山県黒部川扇状地における A 農家の土地利用変化**（田林，2003）

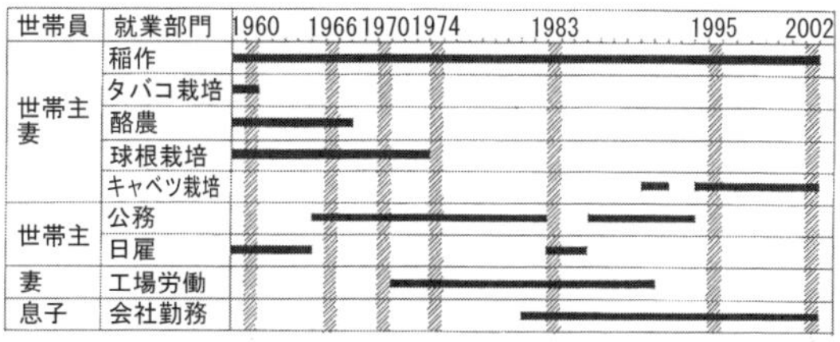

図 12.3　**富山県黒部川扇状地における A 農家の就業変化**（田林，2003）

母（1907 年生）の 3 人が農業就業者で，130 a の農地で稲作とタバコ栽培，球根栽培，酪農を行い，農閑期には世帯主は土木作業の日雇い労働に従事していた。1966 年になっても状況は同じで，タバコ栽培を中止した分，チューリップ球根栽培と酪農を拡大した。ところが，圃場整備事業を契機に世帯主は恒常的兼業につき，酪農を中止せざるをえなくなり，次いで妻も近隣の工場に勤め始め，1974 年には水稲作のみになった。1994 年に恒常的兼業から定年退職した世帯主は，キャベツ栽培を始めた。世帯主夫婦の高齢化と同居する息子が農業を継承しないことから，近い将来この農家も土地持ち非農家なる可能性がある。それぞれに与えられた土地資源を最大限に活用していた伝統的生活から，農外就業を中心としながらも農業を継続した生活へ，そして脱農化の方向への変化を読み取ることができ，20 世紀後半から 21 世紀初めにかけての日本農村の変化を象徴する事例といえよう。

それでは農村での土地利用調査の手順を具体的に述べよう。一般には小地域を対象として，徒歩でまわれる範囲で土地利用調査を行う。農村の土地利用には村落（農家，非農家，集会場，広場，寺社など）と経営耕地，山林，採草地，交通路などが含まれる。まず，①このような土地利用種目を記録する**ベースマップ**を準備する必要がある。これには，それぞれの市町村役場で所持する 2,500 分の 1 の**都市計画図**を利用することが多い。これがない場合には，市町村役場がもっている地籍図を用いたり，国土地理院もしくは林野庁が撮影した空中写真を，2,000 ～ 3,000 分の 1 の縮尺になるように拡大して焼き付けてもらったものを活用することもある。②次の手順は現地調査であり，観察しながら地図上にそれぞれの区画を囲ったうえで，その土地利用を記入していく。経営耕地であれば，図 12.4 に示したように，ブドウ，モモ，キュウリ，ナスといったように細かい作物まで，村落であれば農家，食料品店，神社といったように，あらかじめ類型化せずにそのまま細かく記録する。いうまでもなく，調査対象になるべく接近し確認すること，調査範囲をくまなく見ることが肝要である。その際に不明な作物や事物については，近くの人々に尋ねてみる。地図が手狭な場合にはフィールドノートに拡大図として記入する。③調査を行いながら，その土地で特徴的な

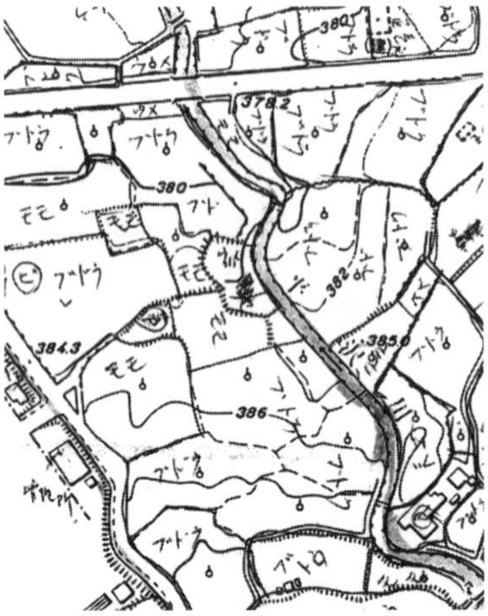

図 12.4　都市計画図の利用（山梨県笛吹市大野寺地区）

土地利用は何であり，どのように変化していくのかを考えることも重要である。また，興味深い現象については，スケッチしたり写真を撮っておくことも必要であろう。さらに，④野外で作成した土地利用の原図を整理して，着色して土地利用図に仕上げる。その際には，土地利用種目を類型化することが必要である。たとえば，農作物が多様な場合には，果樹園をオレンジ色に着色し，その上にG（ブドウ）やP（モモ）といった記号を入れるといった具合である。また，その地域を特徴づける種目を強調するように心がける。最後に，⑤清書して土地利用図を完成させる。かつては手作業でマルペンやロットリングで線を引き，スクリントンなどを用いて模様をつけていたが，近年ではパソコンでIllustratorやキャンバスといったソフトウエアを用いて作図することが普通になっている。

(3) 都市の土地利用調査

農村の場合と異なって都市の土地利用は複雑で，しかも1つ1つの区画の範囲が狭い。それゆえに，①ベースマップとしては，より縮尺の大きなものを用いると効率的である。2,500分の1の都市計画図の場合は拡大して使用すると便利である。最近ではゼンリンの**住宅地図**の精度が高くなっており，都市内部は1,500分の1の縮尺の地図で示されているので，これを用いることが多い。②現地調査においては，農村の場合と同様に観察しながら，できるだけ詳細に地図に，類型化したものでなく，個々の用途を記入していく。その際に問題になるのは，複数階の用途についての判定であり，もう1つは建物とそれが占有する土地との関係である。一般的には1階の利用がそれより上層階の利用より集約的であるので，1階の建物で建物全体の用途を代表させることが多い。また，敷地全体を建物が占有する場合は建物の用途と土地の用途が一致するが，建物が一部を占める場合には，特別な調査目的がなければ，建物の用途で土地の用途を代表させることが一般的である。③近年では日本でも都市の高層化が著しくなり，各階ごとの詳細な用途の調査を行い，立体的な土地利用として提示することが多くなった。それとともに建物の階数も調査する必要がある。木造か鉄筋コンクリートかといった建物構造，看板や店頭装飾，照明，駐車場の有無などを調査することもある。④調査を行いながら，その土地で特徴的な用

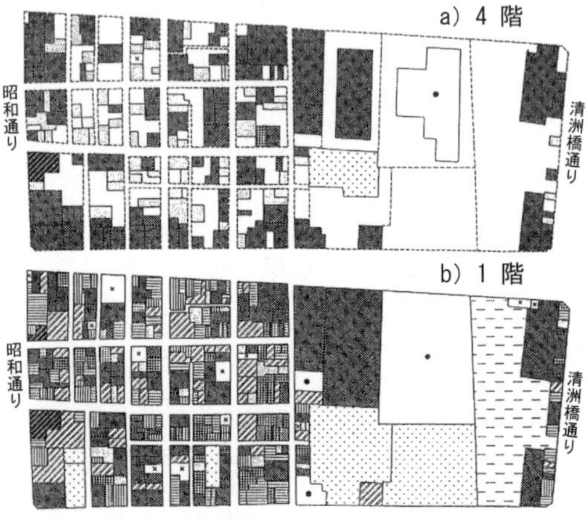

図 12.5　都市における土地利用調査
（東京都千代田区神田和泉町；高橋ほか，1997）

途は何であり，どのように変化していくのかを考えることも重要である。また，都市でも特徴的で興味深い現象については，スケッチしたり写真を撮っておくことが必要であろう。残りの作業は，⑤用途の類型化と整理と着色による土地利用図の作成，そして⑥清書である。図 12.5 は 1997 年の東京都神田和泉町の 1 階と 4 階の土地利用図である。1 階の大通沿いには銀行や事業所本社などオフィイス機能が卓越し，街区内部の小ビルには小規模な事業者やサービス業，商店が立地している。4 階では大通沿いの業務機能と街区内部の居住機能という対照性がより明確になっている。

3. 聞き取り調査・アンケート調査の方法

オリジナルデータ（1 次資料）を収集するうえで，野外調査が地理学の重要な研究方法であることは論をまたない。野外調査の方法は多岐にわたるが，観察に基づく景観調査や土地利用調査とともに，有効な手法として，**聞き取り調査**および**アンケート調査**がある。ここでは，それぞれの調査の方法と特徴をみてみよう。

(1) 聞き取り調査をしてみよう

聞き取り調査とは，ある特定の人や団体が独自にもつ経験や情報，意見を知るための調査である。たとえば現存する地理的事象について，その存在理由やそのような現象が生じる背景，あるいは歴史的な経過については，そのことに直接携わってきた人や，長期間それを観察してきた人，関係者から直接に聞き取ることが重要となる。また，資料となるような文書類が存在しないことがらについても，関係者に聞き取る以外に有効な方法はない（戸所，1989）。

このように聞き取り調査は，人文地理学の野外調査における最も基本的かつ有力な調査手法の 1 つである。「野外調査は聞き取りに始まり，聞き取りに終わる」といっても過言ではないだろう。地域の概要をつかみたいとき，調査している地理的事象の歴史的な背景や形成要因，文書には記録されていない事実を知りたいとき，論文の肉付けをして，論文構成を固めたいとき。聞き取り調査は，さしずめ地理学研究の羅針盤だ。優れた聞き手がよい話者にめぐりあえば，そこから抽出される地域の情報は，本当に豊かなものとなる。したがって，聞き取り調査は経験がモノをいう面も大きい。

しかしながら，経験よりも大事なことがある。それは「地域のことが知りたい」という熱意である。何が何でもこのことを知りたいのだ，という熱意は必ず人を動かす。上手に聞き取りができれば，野外調査能力は飛躍的に高まるはずである。「聞き取り調査は楽しいな」と思えるようになれば，あなたはもう立派な地理学徒だ。とはいえ，「聞き取り調査は難しい」というのもまた事実。どのような点に留意すれば，満足のいく聞き取り調査ができるだろうか。聞き取りのコツを伝授しよう。

第一に，**話者**を選ぼう。聞き取りに限らず，調査には何らかの目的があるはずだ。聞き取りの場合，話者が調査目的にかかわる直接的な情報を知っているとき，とくに有用である。話者自身もしばしば，無意識のうちに混同することがあるし，また聞き手に誠実に応えようとするがあまり，推測的なことも事実として語ってしまうことも少なくない。もちろん間接的な情報が無意味というのではない。話者の幼少時の話，地域の概況などについて話を聞くとき，伝聞や推測が含まれるのは当然のこと。聞き取りによって得られたデータは，その内容の真贋も含めて精査が必要である。可能な限り当事者に尋ねよう。それが難しい場合，複数の人にあたり情報の精度を高めていくことが肝要となる。

第二に，事前に入念な準備をしよう。自分の知識の限界が聞き取りの限界だ。知らないことを聞き出すのが聞き取りの目的であるが，その対象について知識が不足していては，満足な聞き取りをすることはできない。知らないことを聞き出すことがいかに難しいか，聞き取りを一度でもしたことがある読者ならおわかりだろう。まずは対象について，文献でもインターネットでもよい，事前に勉強しておこう。聞き手側の予備知識が乏しい場合，相手から引き出せる情報は非常に限られたものとなるのだ。また事前の準備として，**聞き取り項目**を整理しておくことも有効である。聞き漏らしのないように，必要な項目はあらかじめノートにまとめておこう。そのためにも事前に準備し，ある程度の仮説をもって聞き取りに臨むことが望ましい。仮説がないと，ぼんやりと聞いてしまうことになりかねない。仮説とはあくまでも「仮」のもの。聞き取りを重ねながら，修正していけばよい。当然のことながら，聞き取り時の服装や言葉遣い，態度も成果に大きくかかわる。聞き取り調査には，厳密な意味でのドレスコードなどは存在しない。しかしながら，TPO をわきまえて，然るべき姿で聞き取りに臨もう（図 12-6）。

第三に，聞き取りは情熱である。何よりも知りたいという欲求を強くもつこと。その熱意こそが，

図 12.6　農村での聞き取り調査の様子

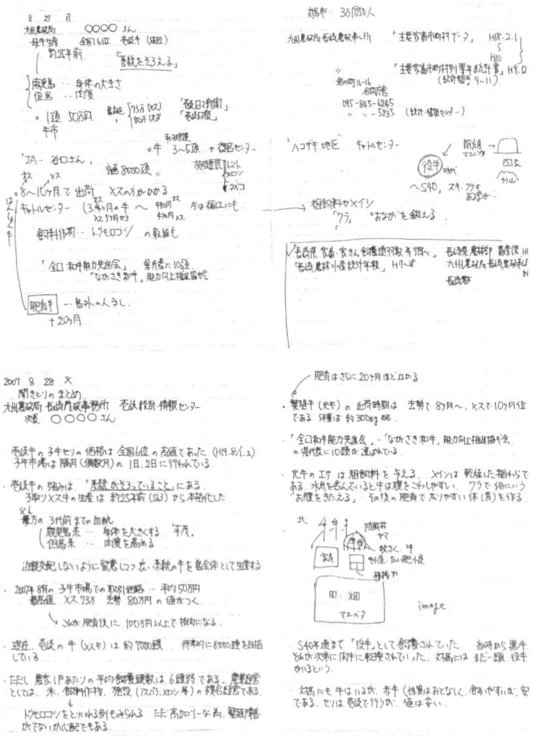

図 12.7　聞き取りメモ（上）と清書（下）

人の心を動かし，豊かな情報を引き出す糸口を与えてくれるのだ。話者が好んで話をしてくれるケースは少ない。気の乗らない相手，忙しい相手に対して，有効な聞き取りをするためには，何よりもまず，自分自身が知りたいという強い欲求を，熱意をもって示すことが必要である。最初は警戒心をいだいていた話者も，聞き手の**熱意**を感じ取ってくれれば，次第に心を開いてくれるはずである。聞き取りには，我慢強さも必要だ。相手の話に頷きながらじっくりと耳を傾けてみよう。世間話のなかに重要なヒントが隠されていることもある。知りたい情報を話者から最大限聞き出すためには，話者と上手にコミュニュケーションを図ることが大切なのだ。

最後に，人間は忘れる動物である。聞き取ったことはその場でメモに書きとろう（図 12.7）。その際に，「わかったふり」をしてはいけない。あいまいな点，不明な点は必ずその場で聞きなお

そう。早合点は聞き取りの大敵である。メモを取ることに不安な人は，IC レコーダー等で録音させていただくのも一手である。また，帰宅したらその日のうちに走り書きの聞き取りメモを，ノートに整理しよう。文章化（図表化）しておくことが大事である。記憶ではなく記録に頼ろう。

(2) アンケート調査をしてみよう

アンケート調査とは，多数の人に対して，調査に必要な事項を記した調査票を用いて同じ質問をして，回答を収集する調査法である（戸所，1989)。調査結果は何らかの形で統計的に処理することが可能であり，大量のデータを統一的に分析する際に有効な調査手法である。地理学のみならず人文・社会科学の分野で広く用いられる手法であり，**アンケート票**の配布と回収が確実にできるならば，大量に均質なデータの取得が可能であり，非常に有力な研究方法となりうる。したがって，卒業論文やレポート作成において，安直な気持ちで実施されることも多い。しかしながら，アンケート調査を成功させるためには，アンケート票の作成から配布，回収の方法にいたるまで入念な準備が必要であり，また仮によいデータが得られたとしても分析には一定のスキルが要求される。紙幅の都合もあるので，アンケートの実施方法に絞って，調査方法を考えてみよう。

（町名）	（店名）

成田市新勝寺門前町の商業環境に関するアンケート調査

筑波大学大学院　生命環境科学研究科　人文地理学研究グループ
教員　田林　明・山下清海・松井圭介・井口　梓
大学院生　橋本暁子・齋藤譲司・亀川星二
西田あゆみ・津田憲吾

ご記入いただいた内容は、学術研究目的以外に用いることはありません。また個人情報の保護に関しては細心の注意を払い、個人情報が他に出ることはありません。お忙しい中、大変恐縮ではございますが、何卒ご理解の上ご協力くださいますようお願い申し上げます。

質問でご不明な点がありましたら、空欄でも結構です。また年代等につきましても、詳細が不明な場合は大まかな値で結構です（例　1980 年代、90 年代前半など)。

この調査についてのお問い合わせは、以下までお願いいたします。
●●　●●（－－－－　－－－）　○○○－△△△△－□□□□(携帯電話)

問１　店舗についておたずねします。

（1）業種（取扱商品等）についてお答え下さい。（　　　）

（2）通常の営業時間をお答え下さい。　開店（　：　）閉店（　：　）
　＊営業時間を変更される時期がありましたらお答え下さい。
　時期（　　　）開店（　：　）閉店（　：　）
　変更理由（　　　）

（3）店舗の土地所有、店舗所有についてお答え下さい。
　土地所有　１．自己所有　２．借地
　店舗所有　１．自己所有　２．借家

（4）従業員の方についてお答え下さい（経営者の方も含む)。
　従業員数（　　）人
　内、家族従業員数（　　）人　雇用従業員数（　　）人

（5）支店等がありましたらお答え下さい。
　支店の場所（　　　）
　支店の開業時期（　　　）
　支店の開業理由（　　　）

（6）現在の店舗を開業された年についてお答え下さい。
　（　　　）

（7）開業の経緯や理由についてご記入下さい。
　（　　　）

（8）開業される直前、店舗が何に使われていたかをお答え下さい（空き店舗、住宅など)。

（9）店舗の移転などがありましたら、お答えください。
　移転時期（　　　）移転前の場所（　　　）
　移転理由（　　　）

(10) 業種や取扱商品等の変更がありましたら、お答えください。
　変更時期（　　　）変更前の業種など（　　　）
　変更理由（　　　）

(11) 店舗の改装（店舗の増築や景観整備等）がありましたら、お答えください。
　改装時期（　　　）
　改装内容（　　　）
　改装理由（　　　）

図 12.8　調査者記入型の例
（橋本ほか，2010）

アンケート調査の実施にあたって，最も重要な点は何か。ズバリ「**仮説の設定**」である。当該研究の課題が何であるのか，研究目的が不明瞭なままで，必要十分な質問項目を立てることはできない。明らかにしたいことは何か，さらにその結論において，アンケート調査実施前の時点である程度妥当性をもつと予測される仮説が何であるのか，アンケート調査の成否は，アンケート票の設計にかかっている。しっかりとした仮説を立てること，できればその目的に適したアンケート票の作成，配布・回収方法の設定，サンプル数の想定を行えばよい。

アンケート調査は，調査者自身がアンケート票に記入する「**調査者記入型**」（図 12.8）と被験者が記入する「**被調査者記入型**」（図 12.9）の 2 つに分類できる。

調査者記入型は，調査者が被験者に対して，直接に質問するアンケート調査である。調査の目的や調査項目を被験者に確実に伝達することができるため，アンケートの結果において，比較的正確

問1　現在のお住まいへの入居に関してお答えください．

(1) 以前の住居から，現在のお住まいへ転居するきっかけとなった出来事に○をつけてください．（複数回答可）

1．転勤や新規就職のため　4．子の進学のため　6．子が独立したため　8．以前の住宅に不満があったため
2．退職のため　5．家族の成長で家が狭くなったため　7．住宅を所有したかったため　9．現在の住宅の供給の情報が入って転居を考えた
3．結婚のため
10．その他（ご自由にご記入ください）

(2) 以前の住居から転居先を探す際に，引っ越し先として具体的な物件の情報収集などを行った地域とその物件の概要についてお答えください．現在の住居以外で比較した地域や物件のうち，第一候補から第三候補までについて当てはまるものをお選びください．同じ地域内でいくつかの物件を比較した場合は，一つの欄で複数回答可です．

	探索地域（当てはまるものに○をつけ，具体的な地名を記入してください）	住宅タイプ	住宅の所有形態（当てはまるものに○をつけ，その他には具体的に記入してください）
第一候補	1．成田市内（＿＿＿地区） 2．成田市外（＿＿＿都・道・府・県） ＿＿＿市・区・町・村＿＿＿町・区	1．戸建住宅 2．マンション集合住宅 3．その他	1．新築・新規分譲住宅購入　4．賃貸住宅 2．中古住宅購入　5．寮・社宅 3．親族等の住宅継承　6．その他（　　）
第二候補	1．成田市内（＿＿＿地区） 2．成田市外（＿＿＿都・道・府・県） ＿＿＿市・区・町・村＿＿＿町・区	1．戸建住宅 2．マンション集合住宅 3．その他	1．新築・新規分譲住宅購入　4．賃貸住宅 2．中古住宅購入　5．寮・社宅 3．親族等の住宅継承　6．その他（　　）
第三候補	1．成田市内（＿＿＿地区） 2．成田市外（＿＿＿都・道・府・県） ＿＿＿市・区・町・村＿＿＿町・区	1．戸建住宅 2．マンション集合住宅 3．その他	1．新築・新規分譲住宅購入　4．賃貸住宅 2．中古住宅購入　5．寮・社宅 3．親族等の住宅継承　6．その他（　　）

(3) 現在お住まいの住宅に決定した理由に当てはまるものに○をつけてください．

＊一番重要視した項目の番号に○をつけてください

	重視した（当てはまる）	考慮した	あまり考えなかった	全く考えなかった
1．住宅価格の妥当さ	*	*	*	*
2．間取りや内装	*	*	*	*
3．供給会社の信頼性	*	*	*	*
4．住宅のデザインや外観	*	*	*	*
5．資産価値が維持できる	*	*	*	*
6．建物や街区の防犯体制	*	*	*	*
7．以前の土地利用が安心である	*	*	*	*

8．その他（重視した点があれば，ご自由にお書きください）

(4) 現在お住まいの地区（町丁）に決定した理由に当てはまるものに○をつけてください．

	重視した（当てはまる）	考慮した	あまり考えなかった	全く考えなかった
＊利便性＊				
1．世帯主の就業地への近接	*	*	*	*
2．配偶者の就業地への近接	*	*	*	*
3．親や親族の住居への近接	*	*	*	*
4．子の教育施設（学校・塾等）への近接	*	*	*	*
5．友人・知人への近接	*	*	*	*
6．成田空港への近接	*	*	*	*
7．東京都への近接	*	*	*	*
8．成田駅への近接	*	*	*	*
9．医療施設（総合病院）への近接	*	*	*	*
10．医療施設（歯科等の医院）への近接	*	*	*	*
11．図書館や公民館への近接	*	*	*	*
12．娯楽施設（カラオケなど）への近接	*	*	*	*
13．日常の買い物の利便性（スーパー）	*	*	*	*
14．郵便局・金融機関への近接	*	*	*	*
15．飲食店が充実している	*	*	*	*
16．公共交通機関が充実している	*	*	*	*
＊快適性＊				
17．道路（車道）が整備されている	*	*	*	*
18．緑道が整備されている	*	*	*	*
19．自然環境が豊かである	*	*	*	*
20．地盤や地形がしっかりしている	*	*	*	*
21．古墳などの歴史遺産が多くある	*	*	*	*
22．周囲の住宅や建物の建て込みが少ない	*	*	*	*
23．地区の風紀の良さ	*	*	*	*
24．コミュニティ活動が盛んである	*	*	*	*
＊安全性＊				
25．地域の防犯体制がしっかりしている	*	*	*	*
26．火災・地震・水害などに対する安全性	*	*	*	*
27．供給会社への信頼や安心感があった	*	*	*	*
＊その他＊				
28．ＮＴ全体の景観上のまとまりの良さ	*	*	*	*
29．小学校区の特徴（学力・校風）	*	*	*	*
30．街区・マンションの外観のよさ	*	*	*	*
31．周辺地区の住宅価格や地価	*	*	*	*
32．周辺地区の地理がわかっていたため	*	*	*	*

33．その他（重視した点があれば，ご自由にご記入ください）

＊一番重要視した項目の番号に○をつけてください

図 12.9　被調査者記入型の例
（久保ほか，2010）

な情報が期待できる。ただし，第三者の調査員にアンケート実施を依頼する場合には，調査内容を十分に伝達する必要がある。一般に，対面方式で実施するために，被験者数を増やして大量にデータを収集するのは難しいが，面接方式ではなく電話等を用いることによって，不特定多数の人に調査を行うこともできる。マスコミが行う各種世論調査にはこのやり方を用いることが多い。確実なデータを回収したいときに用いられる手法である。

実施方法としては，調査者が被験者を訪問する「**訪問型**」，ある特定の地点で調査者が被験者を待ち受ける「**定点型**」，電話で被験者の尋ねる「**電話型**」などがある。調査目的や予算，時間の制約などに応じて，実施方法を選ぼう。観光施設の利用者にアンケートをするならば，定点型がよいだろうし，商店主に経営状況を尋ねたければ，訪問型になるだろう。

被調査者記入型は，広範囲に対して相対的に安価な費用で，多数のデータを収集することができるというメリットがある。アンケート用紙を配布して，被験者がそれに回答を記述するので，配布と回収が上手にいけば，何千というサンプルを回収することも可能である。一方で，被験者による誤解や当該事項にかかわる認識が異なっていても調査者にはわからないため，確実性の点では劣ることが多い。たとえば，商業施設利用の調査の際に，調査者がスーパーマーケットと考えていた商業施設を被験者がデパートと認識している場合，たとえ同じ施設を指していたとしても，異なった回答が寄せられることになる。この場合，被験者

に誤解の生じないように，丁寧なアンケート票を作成することが必要である。文章表現や文字の大きさ，分量，アンケート用紙のサイズ，レイアウトに至るまで細心の注意をはらおう。被験者に回答意欲を失わせてしまっては本も子もない。

実施方法としては，学校や自治会，商店会など特定の団体や機関に一括して回答依頼をする「**特定機関一括依頼型**」，郵送により広範囲に配布・回収する「**郵送型**」，ポスティングや郵送により配布し，回収は調査者が直接行う「**留置型**」，特定の場所に被験者に集まってもらう「**集合型**」などがある。郵送型は広範囲に配布できるが，回収率は低率にとどまる可能性が高い。留置型の場合，回収時に調査者が回答について確認，もしくはその場で記入ができるため，回収率や精度が上がる半面，調査者記入型と同様に，配布数には制約が生じる。目的に応じた方法を選択することが必要である。

繰り返しになるが，アンケート調査では，何よりも質問項目を念入りに選択することが重要である。質問項目は，研究仮説を反映したものでなければならない。聞き取り調査が事実を把握し，論文のストーリーづくりに貢献するのに対し，アンケート調査は仮説検証型の証拠固めに威力を発揮する。研究の方向性もみえないまま，「とりあえず何かがわかるだろう」的なアンケート調査を見かけることがあるが，これは反社会的な迷惑行為であるという他はない。まさに「**アンケート公害**」である。反対に，研究の方向性が見えてきた然るべき時点で，仮説検証に叶うアンケート調査を適切に実施できれば，そこでは目的にかなったまとまった数のデータが収集できよう。そのためにも本調査の前に，予備的なアンケートを行い，調査項目や調査票の形式が適切であるか，事前に検討しておくことが求められる。

アンケート調査は，統計的な処理を前提とした調査であり，調査項目，様式，アンケート方法，回収数などが適切であっても，統計的な検定が必要である。アンケート調査の方法については，数多くの概説書が出版されている。参考文献にもいくつか挙げているので，自分で目を通してから実施してほしい。

アジアにおけるフィールドワーク

私が初めて海外でフィールドワークを経験したのは，大学院時代にシンガポールに留学(1998～2000 年）した時である。留学の 2 年間，シンガポールをはじめ東南アジア各地のチャイナタウン・華人社会に関するフィールドワークをおこなった。それ以降も，東南アジア各国，中国，韓国，インドでもフィールドワークを続けている。私のライフワークは，世界におけるチャイナタウン・華人社会の比較研究なので，まさに世界各地でフィールドワークをおこなっている。ここでは，アジアに絞って，私のフィールドワークの体験について紹介してみたい。

アジアに限らず，海外でのフィールドワークは，国内に比べて何倍も難しい。これは，当たり前のことである。まず，その覚悟が大事である。甘い期待は禁物である。国内のフィールドワークでもなかなか容易でないのに，海外でそうやすやすとうまくいくはずがない。ましてや，国内でのフィールドワークの経験が乏しければ，海外でのフィールドワークもなかなか深いところまで手が届くものではない。

それでも，できそうなことがないわけではない。「これだったら，このような方法だったらできるのではないか」と，現実的に考えてみるとよい。

地図をつくる

さて海外では，国内でのフィールドワークの十分な経験を活かし，試行錯誤しながら進めていくことになる。アジアでは，統計や文献も乏しく，地図も限られている。土地利用調査をおこなおうにも，ベースマップに使えそうな大縮尺の地図もない場合が多い。

かなり古い話で恐縮だが，1979 年にミャンマーの第 2 の都市マンダレーを訪れた。マンダレーのチャイナタウンの地図をつくろうとした。しかし，当時，現地では地図が入手できなかった。だが幸いなことに，イギリス植民地時代に計画的に建設されたマンダレーの道路パターンは格子状であり，しかも道路名には 26th Road（26 番通り）というように数字が使われていた。そこで，フィールドノートに碁盤目状の直線を縦横に引いて，応急的にこれをベースマップとして使うことにした。その後，ミャンマーからの帰途，タイのバンコクの書店で，マンダレーの地図を入手して，フィールドノートに描いたマンダレーのチャイナタウンの地図を完成させ，山下（1986，p.185）に掲載した。

2010 年，マンダレーを再訪した際に，1979 年に作成した地図を用いて，その後の変化を確認しながら調査した。驚いたことに，当時手描きで作成したマンダレーのチャイナタウンの地図は非常に正確なものであった。

もう 1 つ，地図にまつわる話題である。2009 年のインドのコルカタ（カルカッタ）でのことである。コルカタには 2 つのチャイナタウンがある。1 つは市内中心部にある。しかし，もう 1 つは東部の郊外に形成されている。その第 2 のチャイナタウンに関する情報は極めて乏しく，その位置さえも不確かであった。やっとそのチャイナタウンを探し当てたが，ベースマップに使えそうな詳細な地図はない。そこで，思い出したのはマンダレーでの経験である。とにかくフィールドノートに手描きの道路を描き，チャイナタウンの関連施設の分布図を記入していった。1979 年当時との大きなちがいは，ホテルに戻れば，インターネットで Google Map を見ることができることだ。日中作成したチャイナタウンの手描き地図と Google Map の地図や航空写真を見比べながら地図を完成した（山下，2009）。

くれぐれも注意しながら

アジアに限らないが，海外でフィールドワークをおこなう際には，治安や衛生について十分な注意が必要である。前述したように，私の海外フィールドワークの出発点は東南アジアであるから，先進国でフィールドワークをおこなっている研究者よりは，かなり鍛えられていると自信をもっていた。たいていは共同調査よりも一人でのフィールドワークの方が多い。だからいっそう，常に周囲に不良分子がいないか神経をとがらせている。おかげさまで，アジアでは犯罪に巻き込まれたことはない。ただし，ローマでは地下鉄の車両内で集団スリに囲まれて，クレジットカードや免許証などが入った定期入れをまんまと盗られてしまった。

交通事故への注意も必要である。日本に比べ，アジア各国は概して交通マナーが悪い。私はマレーシアでバイクにはねられケガをしたことがある。また，中国では乗っていたバスがトラックに衝突して，私も足に負傷した。

難しい聞き取り調査

人文地理学のフィールドワークで最も大事なことは，現地で生（なま）の情報を集めることである。とりわけ聞き取り調査で得られた内容は，極めてオリジナリティの高い成果となる（山下，2003）。しかし，聞き取り調査は難しいもので

図 12.10　福清（福建省福州市）における日本出稼ぎ者への聞き取り調査（2007 年）
左端から 4 人目までが聞き取り調査相手.

ある。とくに海外で現地の人たちに聞き取り調査をおこなうとなると，その困難さは倍増する。調査者も被調査者も，互いに外国人どうしであるからである。外国語の問題だけではない。そこには，十分な信頼関係がなければうまくいかない。

2007 ～ 08 年におこなった福建省の省都，福州郊外の福清における調査の体験を話そう。福清からは，1980 年代末以降，多数の人々が日本へ出稼ぎに出た。その中には，日本でのビザの有効期間が過ぎてからも，オーバーステイして働き続けた人たちも少なくなかった。私は科学研究費の代表者として，研究チームを結成し（山下ほか，2010），現地でこれら日本出稼ぎ経験者からの聞き取り調査を実施した（図 12.10）。

日本に滞在している中国人を通して，彼らの血縁・地縁ルートで親戚・知人を紹介してもらった。紹介をしてもらった者と聞き取り相手との間に信頼関係がなければ，日本でオーバーステイした人たちから，渡日の経緯，日本滞在中の生活，帰国後の具体的な経験を，詳細に聞き取りすることはできなかったはずである。

4．地図の表現方法と地図のデザイン

(1) 見やすい地図とは

地理学は地表に存在しているさまざまな事象について研究する学問であるので，研究の表現手段としては，地図を利用することが有効である。一口に地図といっても多様な地図が存在するのであるが，大きくみると**一般図**と**主題図**に分けることができる。

一般図とは「表現事象がすべてまんべんなく描かれている地図」とされているが，要は特定の主題表現がない図，もしくは多目的使用のための地図ということになる。たとえば国土地理院で発行されている 2 万 5 千分の 1 や 5 万分の 1 地形図，20 万分の 1 地勢図や 50 万分の 1 地方図などが代表的なものである。このような一般図に共通しているのは，地形と集落と交通路という 3 つが中心になって描かれている点である。

これに対して主題図とは「一般図を基図にして何らかの主題（テーマ）を強調して表現したもの」である。そのため，地図内には中心となる主題の表現のほかに，主題に関係するような副次的なものを基図から抜き出して表現することが多い。主題図の代表的なものとしては，気候図・土壌図・人口図・交通図・土地利用図などがそれに当たる。

人文地理学では一般図と主題図の両方とも使用するが，使用の頻度からすると主題図の方が圧倒的に多い。たとえば，既存の統計データなどを地図化したものや，自分自身で行った現地調査で得られたデータを地図化したものなどである。

そこで，これ以降は主題図のことを中心に話をしたいと思うが，その前に地図づくりで忘れてはならないことが 2 つある。1 つは，地図は作り手以外の第三者に見ていただくことを前提にしてつくらなければならない。そして，それらは第三者

が容易に理解しやすいような表現方法で描かなければならないのである。そのためには，数多く存在する表現方法を身につける必要がある。

もう1つは，地図は美しくなければならないということである。ここでいう「美しさ」とは，①点や線そのものの美しさ，②点・線・面記号自体の美しさ，③地図の構成＝デザインの美しさに分けられる。①に関しては近年の製図の主流が手書きからパソコンを使った製図に変わってきたため問題はないだろう。②は，それぞれに使用する線の太さや点の大きさ，線や点の間隔などの問題がある。③は，主題となる地図とそれを補う凡例や縮尺や方位記号，地名や凡例に付ける文字（注記），図枠などがバランスよくコンパクトに配置するかという問題がある。この②と③が主題図の製図で一番気をつけるところである。

(2) 主題図の表現

主題図の表現は前にも述べたように非常に種類が多いので，すべてを列挙することは難しい。図12.11に代表的なものを示す。主題図の表現対象になるデータには「**名目尺度のデータ**」，「**順序尺度のデータ**」，「**比例尺度のデータ**」の3つに分けることができ，それぞれが「**点記号**」，「**線記号**」，「**面記号**」で表すことができる。基本的には○△といった幾何記号，実線や点線や二重線といった線種，線や点を並べてつくる模様やアミの3つが表現として使用される。これらの記号の表現には国土地理院で作成されている地形図等のように，記号の大きさ，線の太さや長さ，点の大きさ，点や線の間隔には決まった規則はないので，主題図ごとに自分自身で表現内容の細かさや地図の大きさ等に合った表現をつくりだす必要がある。これら3つの表現のうち主題図で多く使われる表現が模様である。この模様が主題図の見栄えを左右するといっても過言では

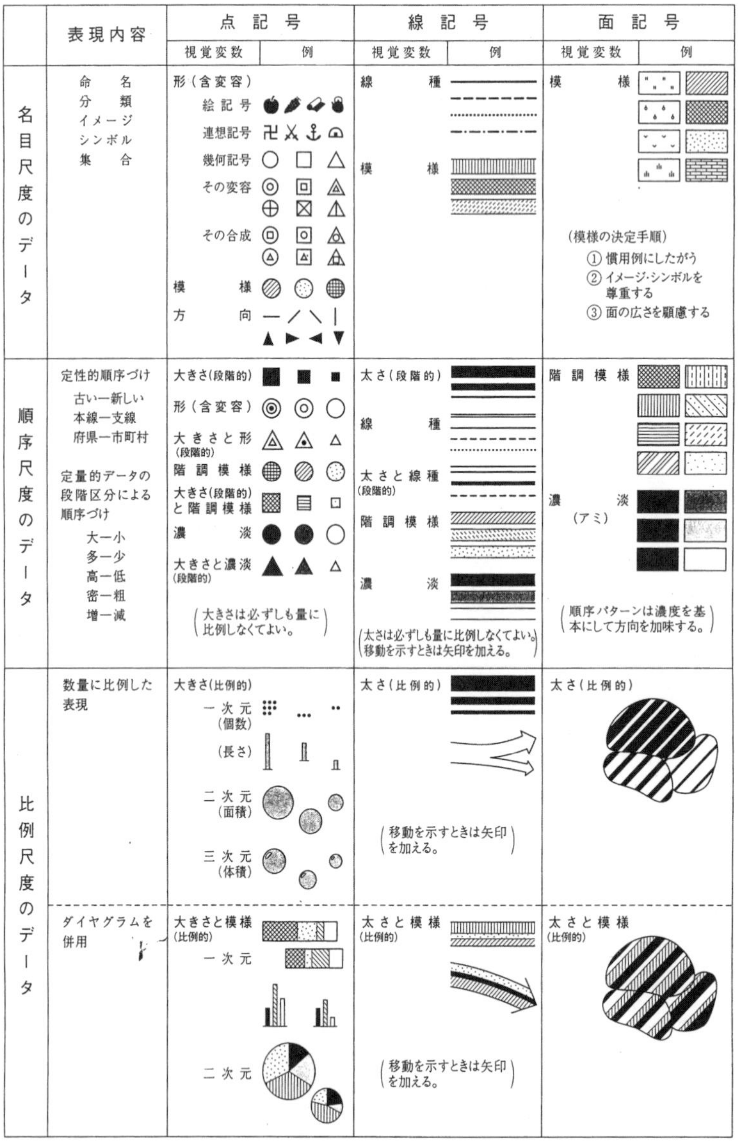

図12.11　データの種類にみた記号の表現例（主題図）（浮田・森，2004）

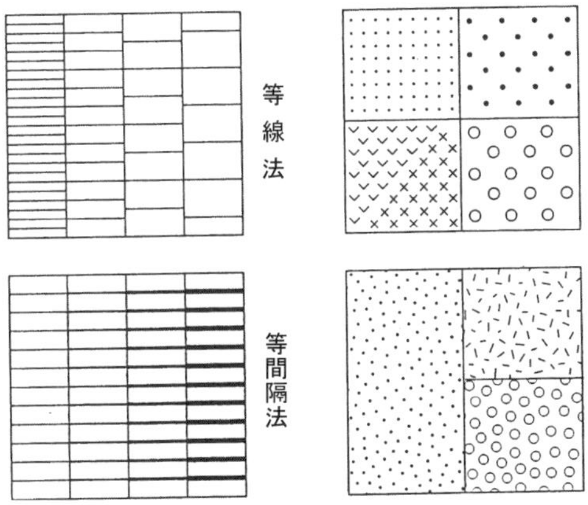

図 12.12　等線法・等間隔法と列記法・乱記法
（浮田・森，2004）

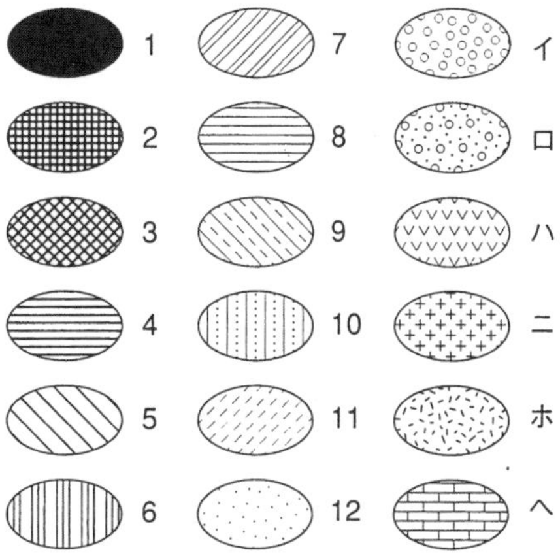

図 12.13　模様のいろいろ（浮田・森，2004）

ない。次に模様について述べる。

(3) 模様について

面記号の主要な表現である「模様」には，図12.12 に表したように，線のみで模様を構成したもの（**線描法**）と点や連想記号風のもので構成したもの（**点・記号法**）がある。線描法はさらに**等線法**と**等間隔法**に，点・記号法は**列記法**と**乱記法**に分けられる。これらは通常は 1 枚の図の中に混在することが多く，1 つ 1 つが単独で使われることはほとんどない。この 4 つの方法のうち乱記法だけが点や線の並びが不均等なため，ほかの 3 つの表現と同じくらいの濃度という条件ならば図の中で少し目立って見えると思う。たとえば，図の中で比較的広い面積の区画の表現を目立たせたいのだが，黒っぽい表現にしてしまうと図全体の感じが重たくなって困る，というような時には乱記法の記号を使用するとよいと思う。また，対象となる区画の変形度合いが大きいものが多くあるようなときには，列記法よりも乱記法の記号のほうが適切である場合が多い。

模様には濃度と方向の 2 つの構成要素があり，そのうち濃度による差を意識して作図した方が見る側にとっては判読しやすい図になる。

濃度の差は，使用する線や点の密度または線の太さや点の大きさを変化させることでつくりだすことができる。ただし，経験的にいえば，同じような濃度の表現でも線で描いた表現と点で描いた表現とでは前者の方が目立つような感じがする。また，細い線（小さい点）で描いた表現と太い線（大きい点）で描いた表現では，濃度が同じくらいならば後者の方が目立つ。

模様には多くの種類があるが，名目尺度の面データを地図化する場合と順序尺度の面データを地図化する場合とでは，その模様の使い方に決定的な差がある。図 12.13 の 1 ～ 12 までと，イ～ヘまでは両方とも模様であるが，1 ～ 12 のものは濃いものから淡いものへと順序よく並んでいる。これは「**階調模様**」とよび，線の並びが規則的な模様で描かれることが多い。その理由は線の密度や太さを使った方が密度の加減がしやすいからである。そのようなことから名目尺度の面データにはいろいろな模様が使えるが，順序尺度の面データでは階調模様のみの使用に限られる。

(4) 地図デザインの基本

地図は美しくなければならない。そのためには地図の構成＝デザインに気をつけなければならな

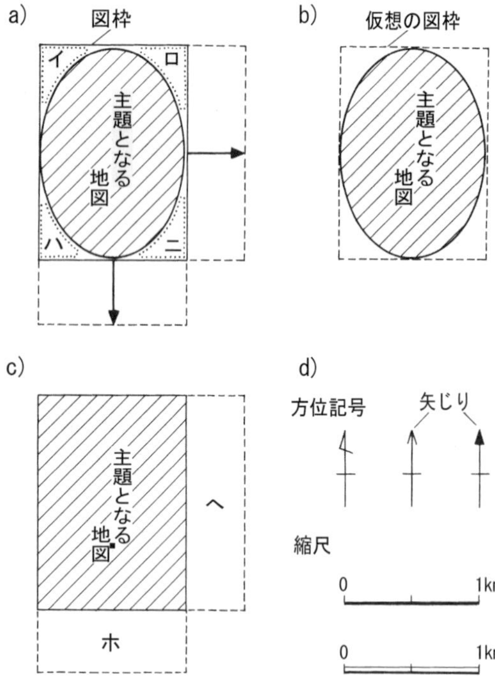

図 12.14　凡例・縮尺・方位記号の配置

い。では実際に主題となる地図と，それを補う**図枠・凡例・縮尺・方位記号**などをバランスよくコンパクトに配置するには，どのようにしたらよいだろうか。

図 12.14 の a）に示したように，図枠はなるべく主題となる地図に接するように描く。そして，図枠と主題となる地図の間に生じたイ〜ニまでの余白部分を使って凡例・縮尺・方位記号をバランスよく描いていく。しかし，場合によっては凡例の数が非常に多くなり（土地利用図など），1 カ所の余白では描ききれないことがある。そのようなときには複数の余白部分を使って描くことも可能である。それでも対応しきれないときには，図に示した破線のように図枠を右側ないしは下側へ拡大して凡例を描くようにする。このとき、拡大される部分と元図の間にあった図枠の線は描いても描かなくてもどちらでもよい。なお，凡例を描く位置であるが，基本的には余白のロ・ニといった主題となる地図の右側の部分に描いた方がデザインとしては落ち着く。

次に図 12.14 の b）であるが，これは図枠の線を描かないときのやり方である。この場合には図の破線で示したように，自分自身で仮想の図枠を設定し，あとは a）の時と同じように配置していく。

図 12.14 の c）は，主題となる地図が図枠いっぱいに描く必要があり，かつ図枠内に凡例・縮尺・方位記号などを入れることができない場合の例である。この場合には a）のときと同じ要領で余白ホ・への部分にそれらをバランスよく配置する。ただしこの場合は，元図の図枠はそのまま利用する。そして，拡大部分の図枠は実線で描いてもよいし，仮想の図枠を設定して描かないのもよい。

図 12.14 の d）は，方位記号と縮尺のデザインについてである。方位記号については図示したように，なるべく簡素なデザインにする方がよい。また，描く位置はできれば図中の上方に描いた方が見やすい。縮尺は 2 つの表現方法があり，1 つは図示したような棒縮尺（バースケール）を使う方法，もう 1 つは 1：25,000 または 25,000 分の 1 というように数字で表す方法がある。このうち後者の数字を使うものは，国土地理院発行の地形図のように縮尺が変化しないものには有効であるが，我々がつくるような主題図では，その時々によって拡大や縮小をして表すことが多いので，固定された数字の縮尺はなじまないのである。

縮尺のデザインについては，図示したのは一例であるが，基本的には横の棒は太く描き，縮尺の目盛りの縦棒はなるべく細い線を使って短めに描くとバランスがよい。描く位置は図中の下方に描いた方が地図全体が安定して見える。

以上のように地図の表現方法とデザインの基本について書いたが、これはほんの一部に過ぎない。地図の中では文字の使い方も重要だし，色の使い方も難しい問題である。主題を際立たせるためにはどうしたらよいか，ということを常に考えながら作図すれば第三者に対して見やすい地図を提供できるだろう。

5. 主題図を描く

(1) 地理学におけるデータの表現方法

我々が日常接するさまざまな情報は，場所の特性を有する概念を非常に多く含んでいる。場所の概念を表す情報，つまり地理的情報は，地理学において最も重要な分析資料であることは疑いない。地理的情報を表現する方法として，①文字や数式による「文章」による記述，②さまざまなグラフや表で表現する「図表」，③データを地図上に表現する「地図」，④画像や動画などがあるが，③の「地図」が，地理学において最も得意とする分析・表現方法といえる。

統計で得たデータやフィールドワークで得たデータについて，それらがどのような地域的傾向を示すのか分析する手段，もしくは読者にその傾向を伝える手段として，主題図が利用される。地形図などの一般図が地表の事象を網羅的に取り上げるのに対し，主題図とは特定の主題を強調して表現する図である（浮田編，2003)。地理学の研究成果を表現する手法としての主題図の中で，ここでは分布図とメッシュマップを紹介する。

(2) 分布図

分布とは広辞苑によれば，(1) 分かれひろがること，分けてひろめること（伝播・拡散），(2) 分かれて所々にあること，分けて所々におくこと（狭義の分布）であり，簡単にいえば，「どこにあるのか，集中しているのか，分散しているのか」を示す。どこに事象が存在するのかという命題に対して，絶対位置であれば，文章や表でも把握できるが，相対位置の場合，地図上で表現することによって，より早く明確に把握を可能にすることに分布図の必要性がある。

分布図は主題とするデータの属性によって区分されるが，方言地図・地質図・植生図・土地利用図のような非数量的データを表現した**定性的分布図**と，数量的データを表現した**定量的分布図**に分けられる。

定量的分布図におけるデータの表現方法は，さらに**絶対的表現法**と**相対的表現法**の 2 つに分かれる。新聞や雑誌等に分布図が掲載されているときに，これら 2 つの表現法が混在，もしくは間違って使用されている場合があるので，以下の内容に注意が必要である。

絶対的表現法は，データが絶対数である場合，それを点・棒・円・球などの個数や大きさで表現するものである。個数による表現方法として，ドットマップがある（図 12.15)。大きさによる表現方法は，1 次元（長さ・個数)，2 次元（面積)，3 次元（球・立方体などみかけの体積）により表される。絶対的表現法の場合，絶対値を表現する必要があるので，普通は最大値と最小値の幅をみて

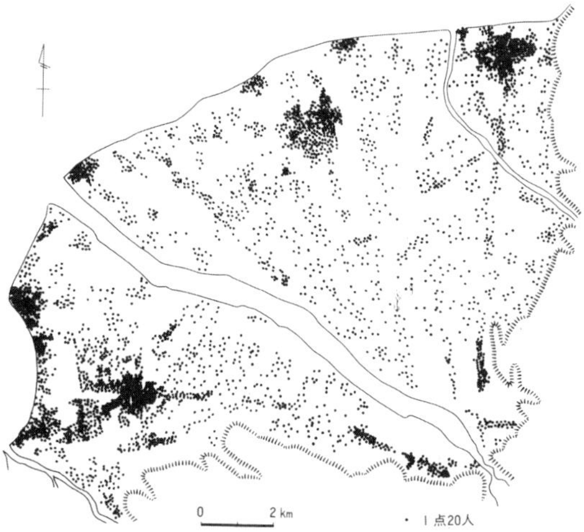

図 12.15　黒部川扇状地の人口分布（1986 年）
（田林，1991 より引用）

表 12.1　セブンイレブンの店舗数（2009 年）

都道府県	店舗数	都道府県	店舗数
北海道	818	滋賀県	162
青森県	0	京都府	179
岩手県	45	大阪府	524
宮城県	318	兵庫県	362
秋田県	0	奈良県	59
山形県	133	和歌山県	40
福島県	379	鳥取県	0
茨城県	516	島根県	4
栃木県	336	岡山県	190
群馬県	347	広島県	379
埼玉県	861	山口県	228
千葉県	742	徳島県	0
東京都	1,619	香川県	0
神奈川県	854	愛媛県	0
新潟県	339	高知県	0
富山県	13	福岡県	654
石川県	0	佐賀県	135
福井県	9	長崎県	79
山梨県	159	熊本県	190
長野県	355	大分県	64
岐阜県	72	宮崎県	134
静岡県	457	鹿児島県	0
愛知県	538	沖縄県	0
三重県	30		

（セブン－イレブン・ジャパンホームページより作成）

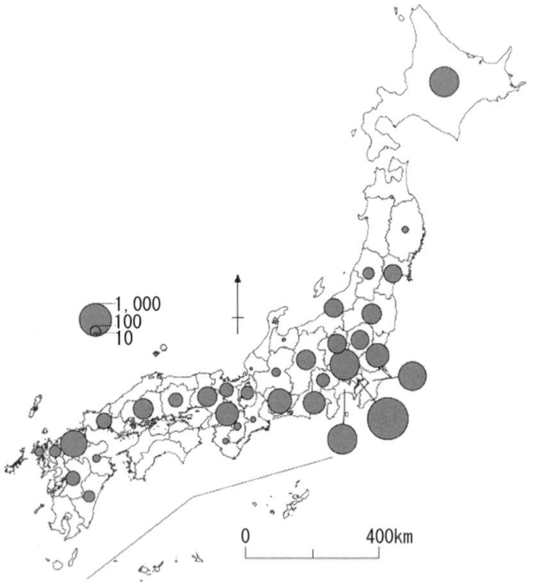

図 12.16　セブン－イレブンの店舗数（2009 年）
（セブン－イレブン・ジャパンホームページより作成）

何次元の表現を用いるか決める。すなわち，値の幅の大きいものは 3 次元，値の幅の小さいものは 1 次元，その中間のものは 2 次元の表現を用いるのがわかりやすい（浮田・森，2004）。

分布図の効果について，表と図による表現の比較から考えてみよう。表 12.1 は，コンビニエンスストアチェーンのセブン－イレブンについて，その都道府県別店舗数を示したものである。店舗数を表によって示していても，「東京はやはり多い」「西日本には店舗がない県がある」など，表層的な結果しか直感的には読み取ることができない。表と同じデータを絶対的表現法による分布図として表したものが図 12.16 である。量的データを分布図にして示すことにより，表では読み取ることができなかった事実（東京を中心とした関東地方に最も店舗が集中している，四国，山陰，北陸地方にはほとんど店舗がない，など）が明らかにできるだろう。分布図は，作図者自身がデータに内在する地域的傾向を理解することに加えて，他者に事象の地域的差異を提示するための有効な手段である。

相対的表現法は，人口密度など面積当たりの密度や，人口増加率など百分比などによって相対化し，階級別に表現したものである。人口密度など地図上で示される単位地域の面積に対する比率を示す狭義の相対図と，農家 1 戸当たりの耕地面積や人口増加率など，それ以外の相対的比率を示す広義の相対図に分けられる。この表現法を用いる場合，表現される事象の分布は，単位地区内では全て均一と仮定する。

相対的表現法の分布図を作成するには，①単位地区ごとに表現しようとする統計値を集め，②統計値をいくつかの階級に分け，③それぞれの階級に模様（パターン）あるいは色彩をあてはめ，④そして単位地区の統計値に応じて模様（パターン）あるいは色彩をつけていく。階級を表現するには

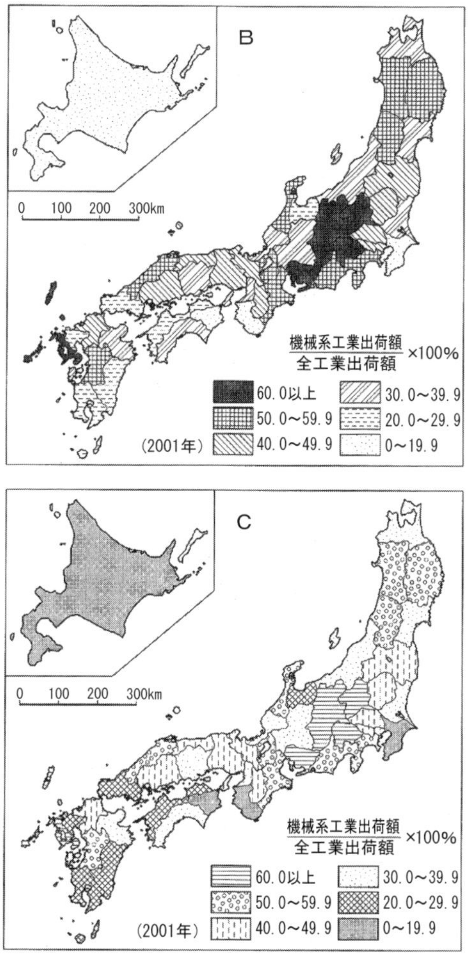

図 12.17　各都道府県における機械系工業の比率
（浮田・森，2004 を筆者修正）

単色（白黒）を用いる場合と，多くの色を用いる場合がある（菅野ほか，1987）。前者の場合，模様（パターン），きめ，方向のいずれかによって階級の違いを表すが，統計値の小さい階級には白色の部分が大きいもの，統計値の大きい階級には黒色の部分が大きいものを用いる。図 12.17 の B と C は同じデータを利用しているが，C のようにこの規則に従わないと，地域的傾向が判別できない。多くの色を用いる場合には，スペクトルによって分けられる色の順序,つまり,赤･橙･黄･青･青紫・紫の順序に，統計値の大きな階級から小さい階級に割り当てるという方法が用いられる。階級の区分数は 6 階級ぐらいが適当である。階級区分の方法については表 12.2 に代表的なものを挙げたが，それぞれの方法には一長一短があり，いずれが最良かは結論づけられず，データの分布の仕方によって評価が変わるので注意する必要がある（石﨑，1999）。

(3) メッシュマップ

市町村合併の促進などによって，行政区域などの単位地域の規模が不均一な状態，もしくは異質

表 12.2　階級区分の方法とその特徴

階級区分の種類	区分の方法	特徴	
		長所	短所
等分法	各階級に属するデータ数が均等になるように区分する方法	データの分布で密集した部分を細分化できる場合がある	データが正規分布に近い場合，最上位や最下位の階級のデータが過大評価される
等間隔法	各階級のデータ幅を等間隔に区分する方法	区分方法が最も簡便であり，各階級のデータ数は頻度分布を示している	データの分布に偏りや「外れ値」がある場合，各階級のデータ数にむらが生じる
標準偏差法	標準偏差を用いて，平均値から± n 標準偏差ずつ区分する方法	多くのデータが平均値のまわりにあるような，正規分布に近い場合に適している	正規分布していない場合，データが存在しない階級が出現する可能性がある
平均値法	平均値で二分し，分けたグループ内の平均値でさらに二分することを繰り返す方法	データが正規分布していない場合でも，各階級には必ずデータが存在する	階級数が 2^n しか得られない．また，段階的に区分するため，手間がかかる
等差・等比数列法	データを小さい順に並べたときに，データの分布に応じて，等差数列的あるいは等比数列的に区分する方法	値の大きいデータほど前後のデータ間の値の差がある場合に適している	データの分布が最大値の近くで頭打ちになるような場合は，分布の形が合致しない
変換点法	データの頻度分布や数値線上での分布から判断して，データ間の変換点（区切り目）で区分する方法	データの分布に応じて，自然な形で同質的なデータに階級区分することができる	区切り目の判断が恣意的である

（石﨑，1999 を筆者修正）

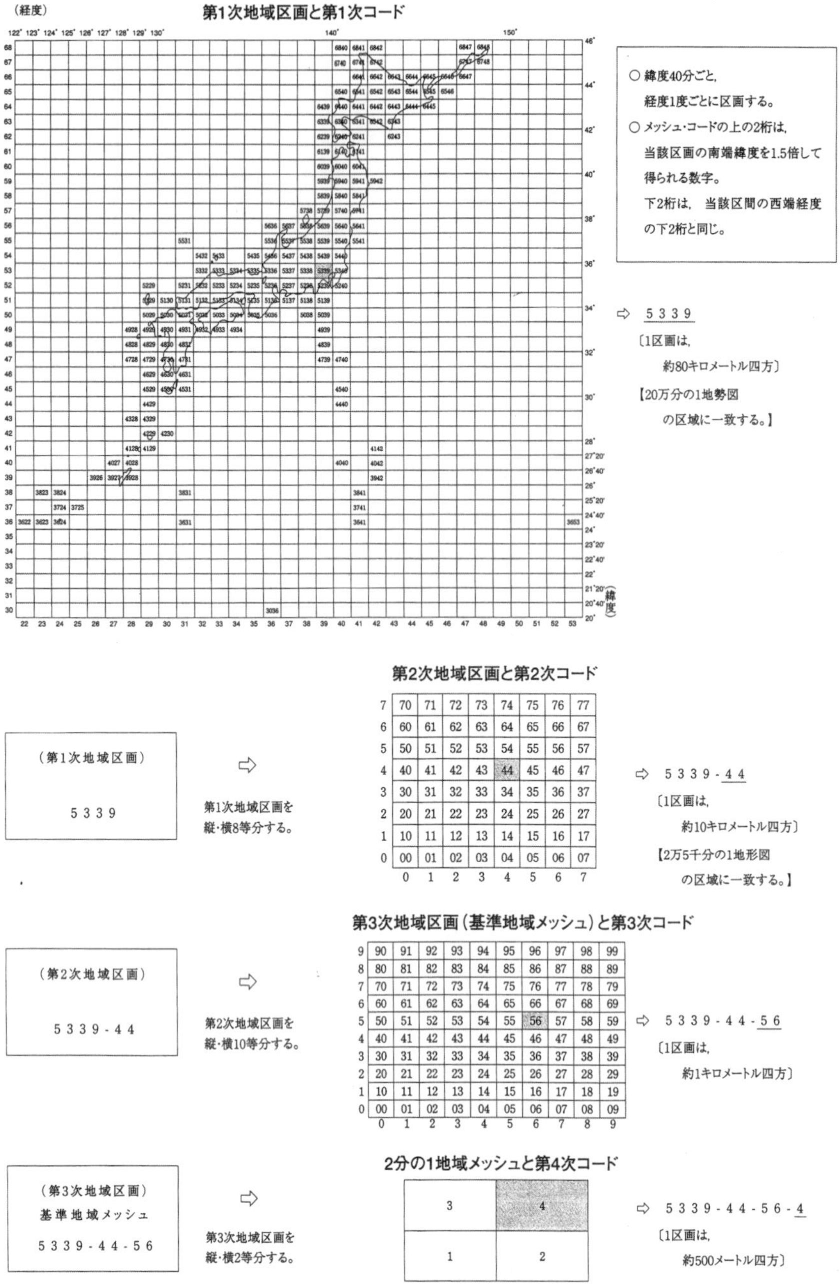

図 12.18　地域メッシュの区画とコード（総務省統計局，2008）

的な地域が同一単位地域に含まれるなど（山林と都市域など），統計区分として不適当な場合が生じることがある。そのような問題を克服する地理的分布の表現方法として**メッシュマップ**がある。

メッシュマップとは，面を多数の等面積のメッシュ（グリッド grid ともいう）に区切って，そのメッシュごとのデータを表現した地図である（浮田・森，2004）。メッシュの考え方は，地理学の分析方法の1つとして開発されたもので，1929（昭和4）年にフィンランドの地理学者グラニョー（J.G.Granö）が $1km^2$ のメッシュを用いて自然事象や社会事象の地域的分析を行った研究論文を発表したのが始まりといわれている。地理学の分野では，空間的な分布状況や発展過程の分析・解明の手法として用いられてきた。

地域メッシュ統計とは，緯度・経度に基づき地域をすき間なく網の目（Mesh）の区域に分けて，約 1km 四方あるいは約 500 m 四方に区切ったそれぞれの区域に関する統計データを編成したものである（総務省統計局，2010）。地域メッシュ統計は，従来から各種統計調査の地域区分として用いられている市区町村などの行政区域よりも細分化した小地域に関する統計データを編成したものであり，地域開発，都市計画，道路計画，生活環境整備，商圏分析などの基礎資料として広く利用されている。

地域メッシュ統計の利点として，以下が挙げられる。

(1) 位置と区画が固定されているため，市町村などの行政区域の境域変更や，地形の変化による調査区の設定変更などの影響を受けることがなく，地域事象の時系列比較が容易である。

(2) 任意の地域について，その地域内の地域メッシュを合算することにより，必要な地域のデータを容易に得られる。

(3) ほぼ同一の大きさおよび形状の区画を単位として区分されているため，地域メッシュ相互間の事象の計量的比較が容易である。また，緯度・経度に基づいて区分されているため，距離に関連した分析を容易に行うことができる。

メッシュデータ（国土数値情報）は，行政管理庁（現総務省）の告示（昭和48年7月12日行政管理庁告示第143号）に基づく「**標準地域メッシュ**」を使用して作成されている。この告示では，統計に用いる標準地域メッシュを「**基準地域メッシュ**」と定め，各地域メッシュの区分方法とメッシュ・コードの表示方法を定めている。

日本の国土を緯度40分間隔，経度1度間隔に区分した区画が，第1次地域区画であり20万分の1地勢図の区画に一致する。これを縦横に8等分した区画が第2次地域区画で2万5000分の1地形図の区画に一致する。さらにこれを縦横に10等分した区画が基準地域メッシュ（第3次地域区画）である（図12.18）。

地域メッシュ別に情報を表示する方法は，統計データの表示のみにとどまらず，地形，自然環境，行政地域，道路・鉄道，公共施設，文化財などの位置・範囲等を数値化して表示するなど，多くの分野で広まっている。これらの数値情報と統計データを重ね合わせて地域メッシュ別に表示あるいは分析することにより，地域メッシュ統計をさらに多角的に利用することができる（総務省統計局，2010）。

6. GIS/GPSを利用した調査法

GIS（地理情報システム）は，位置情報をもつ地理的データを保存，管理，加工するとともに，その可視化や空間分析を可能にするコンピュータ・ベースのツールである。2007年5月に地理空間情報活用推進基本法が成立したことが追い風になり，紙地図や空中写真，各種統計資料のデジタル化が進み，多種多様な地理的データをGISに取り込んで直ちに分析できるようになってきた。GISにはかつて操作が難しく研究者・専門家のためのツールというイメージがつきまとったが，今日では学生でも気軽に使えるまでに発展を遂げている。筑波大学では，2009年度から**Arc GIS**（世界的に最も使われているGISソフトウェア）のサイトライセンスが導入され，大学キャンパス内では誰でも自由にアクセスして利用できる環境が整っている。

GISは次のような基本的機能を有している。(1) 地理的計量処理：距離や面積，重心や周長など幾何学的な計測。(2) **バッファリング**：点（商店や駅など），線（道路や河川など），面（行政界や湖など）から等距離にある領域を確定し，領域内の属性を分析。たとえば，駅（点）を中心に同心円距離帯別に世帯数や人口を導出すること，あるいは道路（線）沿いから距離帯別に建物数を推定することなどがあげられる。(3) **オーバーレイ**：複数の地図を重ね合わせてそれらの間の関係性を考察。(4) ネットワーク分析：地点間の最短経路や最短時間の測定，地点群の最適な回り方などの計測。(5) ボロノイ分割：平面上に分布するｎ点のうち，任意の点と他の点を結ぶ直線の垂直二等分線を順次引くことによって描かれた点の回りの多角形をボロノイ図形といい，この操作上の手続きをボロノイ分割とよぶ。駅勢圏や学区(通学地域)の設定などによく使われる。

GPS（汎地球測位システム）は，地球を回る衛星群が発する電波をキャッチして，受信者と衛星群との位置関係から現在地の緯度・経度・高度（標高）を割り出す技術である。近年，測位の精度が増し，フィールドワークにおいて十分利用が可能なレベルに達している。安価な汎用GPSでも誤差は10m程度までに向上している。

人文地理学や地誌学のフィールドワークでは，一般に観察，観測，アンケート，聞き取りなどによりデータを収集する。得られたデータには位置情報の付与が欠かせない。山村における生業の調査であれば，たとえばワラビやゼンマイが群生する場所，伐採された木の位置，立ち枯れた森林の範囲，けもの道のルートなどの把握は，GPSが効率的にこなしてくれる。最近ではGPS付きのデジタルカメラも出回っており，現地で景観写真の撮影地点を時刻付きで地図上に表示することも可能である。

フィールドワークに，GIS/GPSはいかに役に立つのか，次に具体的にみていこう。

(1) 土地利用の調査

土地利用の調査では，通常，ベースマップ（国土基本図など2,500分の1程度の白地図）を事前に調達し現地に持参して，実際の土地利用状況をそれに書き込むという方法がとられる。ところが，場所によっては，ベースマップが手に入らないことがあるし，古くて役に立たないことも少なくない。このような場合，威力を発揮するのがGPSである。方法はいたって簡単である。土地区画毎にGPSで頂点の位置情報（緯度と経度）を取得し，

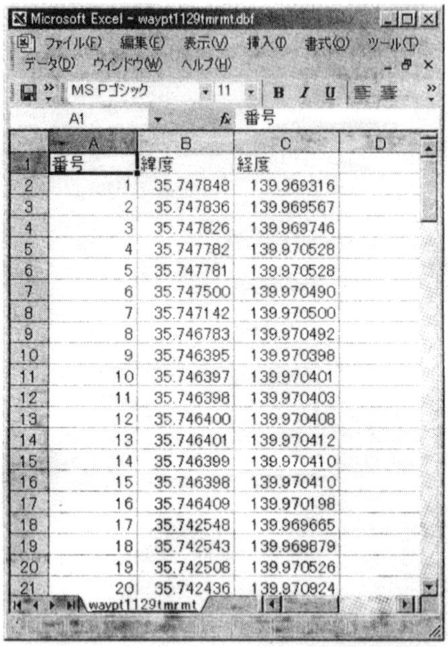

	A	B	C	D
1	番号	緯度	経度	
2	1	35.747848	139.969316	
3	2	35.747836	139.969567	
4	3	35.747826	139.969746	
5	4	35.747782	139.970528	
6	5	35.747781	139.970528	
7	6	35.747500	139.970490	
8	7	35.747142	139.970500	
9	8	35.746783	139.970492	
10	9	35.746395	139.970398	
11	10	35.746397	139.970401	
12	11	35.746398	139.970403	
13	12	35.746400	139.970408	
14	13	35.746401	139.970412	
15	14	35.746399	139.970410	
16	15	35.746398	139.970410	
17	16	35.746409	139.970198	
18	17	35.742548	139.969665	
19	18	35.742543	139.969879	
20	19	35.742508	139.970526	
21	20	35.742436	139.970924	

図 12.19　GPSにより取得した土地区画の緯度・経度（ウェイポイント）（森本ほか，2003）

頂点を結びながら土地区画図をつくりあげていく。地図が入手しにくい発展途上国・地域でのフィールド調査にもこの方法は有効である。

GPSを用いて東京大都市圏近郊地帯における農業的土地利用を調査した研究を紹介しよう（森本ほか，2003)。図12.19は，調査者がGPSにより取得した土地区画の緯度・経度（ウェイポイント）を示している。この位置情報を地図で表示すると図12.20のようになる。図12.19と図12.20に示す番号は一致する。軌跡（トラック）を手がかりにウェイポイントを順次結んでいけば，土地区画のベースマップが作成できる。これに実際の土地利用を当てはめると図12.21が完成する。なお，この研究では，土地利用を12種類の項目に分類し，表12.3のようにコード化している。

図12.21の土地利用はデジタルデータなので，GISを用いた空間分析をたやすく行える。表12.4は項目ごとにポリゴン数や面積を割り出した結果である。前述した空間分析機能の1つ，バッファリングを使えば，道路から10mおきに地域を区

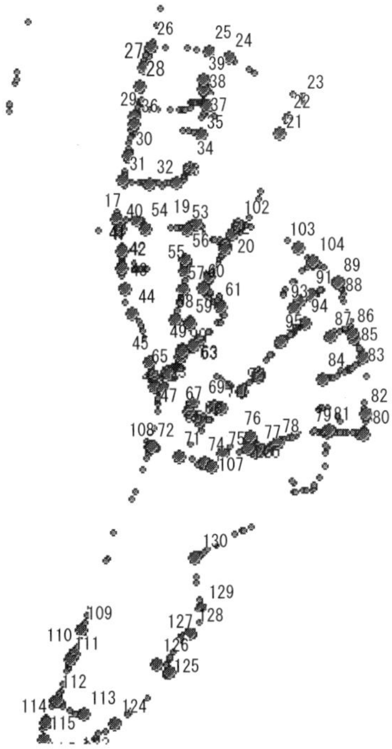

図 12.20　測位地点（ウェイポイントおよびトラック）の地図表示（森本ほか，2003）

図 12.21　GPS を用いて作成された土地利用図（森本ほか，2003）

分し，距離帯別，土地項目別に面積を集計できる。凡例（分類項目）の色彩変更，分類項目の組み替えなども容易である。分類コード0，1，2，3，4をまとめて「農地」とする，あるいは宅地（分類コード7)，公共施設（分類コード8)，工場・事務所等第二・三次産業施設（コード10）を合体させて「都市的土地利用」の凡例をつくるといった作業も瞬時に行える。

いったんデータベースを構築しておくと，調査

表 12.3　土地利用の分類項目とコード

土地利用分類	コード
野菜（露地栽培）	0
野菜（施設栽培）・花卉	1
果樹（ナシ）	2
果樹（その他）	3
植木（露地栽培）	4
作付前地・収穫跡地	5
堆肥置場	6
宅地	7
公共施設	8
資材置場・駐車場・倉庫	9
工場・事務所等第二・三次産業施設	10
空地・荒地・不耕作農地	11

（森本ほか，2003）．

表 12.4　土地利用における項目別ポリゴン数および面積

土地利用分類	ポリゴン数	全ポリゴン数に占める割合（%）	面積（m^2）	全面積に占める割合（%）
野菜（露地栽培）	68	31.8	62,023	25.9
野菜（施設栽培）・花卉	19	8.9	30,856	12.9
果樹（ナシ）	24	11.2	47,217	19.7
果樹（その他）	8	3.7	7,127	3.0
植木（露地栽培）	5	2.3	3,024	1.3
作付前地・収穫跡地	28	13.1	37,712	15.8
堆肥置場	5	2.3	2,811	1.2
宅地	20	9.3	14,827	6.2
公共施設	3	1.4	4,785	2.0
資材置場・駐車場・倉庫	16	7.5	10,469	4.4
工場・事務所等第二・三次産業施設	5	2.3	4,928	2.1
空地・荒地・不耕作農地	13	6.1	13,437	5.6
合計	214	100.0	239,216	100.0

（森本ほか，2003）

者間でのデータの共有・交換がたやすく，次回の調査への引き継ぎもスムーズになる。

(2) 移動や行動の調査

GPSは位置情報に加え時間情報も取得できるので，ルートだけでなく移動の速さ（たとえば歩行速度）が割り出せる。したがって，交通地理学，時間地理学，行動地理学などにGPSは有用であろう。

人間行動の調査では，移動の詳しい空間的・時間的記録が必要になる。これまでは被験者に依頼して行動の実態（目的，移動経路，時間など）を集計用紙に記述してもらい，後ほど研究室で軌跡を地図（ベースマップ）に落とすという方法がとられてきた（森本ほか，2004）。移動距離を測定するにはキルビメータで紙地図をなぞる必要があったし，最短経路を探索するには複雑なプログラミングが求められた。GIS/GPSを利用すると，これらの作業を一気に短縮できる可能性がある。外出時に被験者にGPSを携帯してもらって，記録された位置・時間情報のログを可視化すればよいだろう。

家畜や野生動物の生態行動の探索にもGIS/GPSは威力を発揮する。ここでは，ブラジルの南パンタナールの牧場を対象に，ウシの移動や休息，採食行動を連続的かつ詳細に分析した丸山ほか(2008)の研究を紹介しよう。彼らは，昼夜を問わず動き回り草をはむ家畜の行動を正確に捉えようと，GPS首輪（ハンディGPSにバイトカウンターを組み合わせたもの）をウシに装着させて，連続4日間のモニタリングをおこなった。

このGPS首輪では採食時における顎運動回数を自動計測でき，バイトカウンターではウシが首を下げる採食時の顎運動回数を10分ごとに記録できる。利用したGPSの受信精度は平均15m，データの更新は1秒間隔であり，この種の調査には十分な精度であった。

図12.22は，調査の対象としたウシ4頭のうちの2頭（AとD）の移動パターンを示したものである。この図には移動経路上の採食量も表示されている。GPSのログを分析してみると，1日あたりの平均移動距離はウシAが7.7km，ウシBが12.4kmであった。また，1日あたりの採食行動のピークは，ウシAが5～8回，ウシDが5～12回であった。0時前後の夜間，6～7時の夜明け直後に採食が活発であることが判明した。ピーク時の採食回数をみると，ウシAが約300～500回/10分，ウシDが約500～700回/10分である。バイトカウンターから，ウシAの1日の採食回数は14,024回，ウシDのそれは36,611回という結果が得られた。ウシの採食量は，5,000回の採食で3.5～4.0kgDM（乾燥量）といわれているので，土地利用や牧草の生産量を考慮すると，一般に1日の採食量は9.1～25.6kgになると推定される（丸山ほか，2008）。

(3) まとめ

地理学のフィールドワークにおいて，GISとGPSを併用する調査法は極めて有効である。最近では，GISソフトウェアをインストールしたPDAや小型PCを現地に持参するフィールドワーカーが増えつつある。昨今注目を集めているのは，通信機能を備えたモバイルGISである。観察，観測，聞き取りによって得られた地理空間情報を直ちに取り込んでデータベース化できるし，インターネットを通じて各種ホームページから既存の統計データやデジタル地図を引き出して，現地で取得したオリジナルデータと組み合わせることもたやすい。技術革新とともに新しい調査手法が開発され，フィールドワークの方法論は日々進化を遂げている。

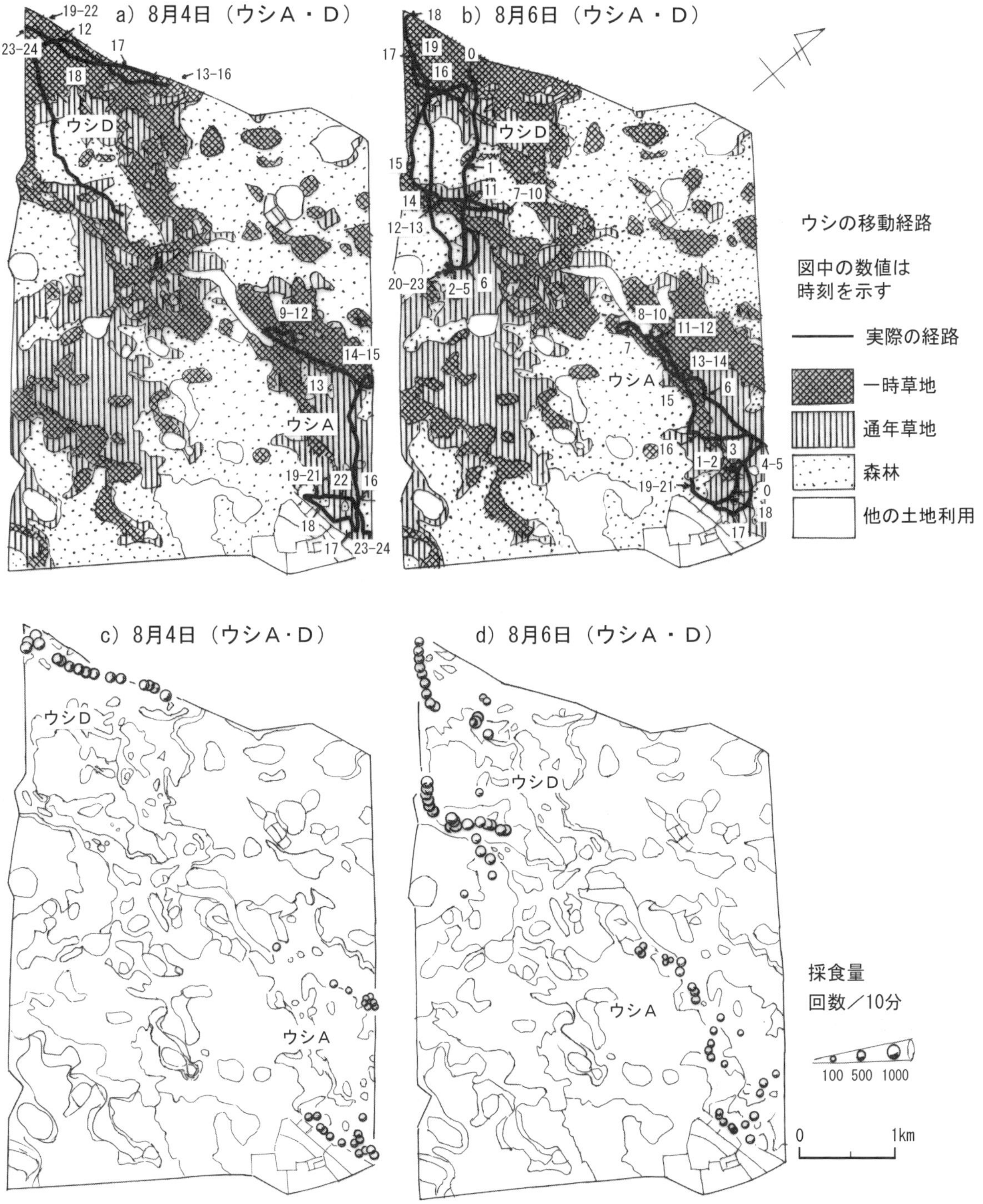

図 12.22　ウシの移動経路と採食量，2005 年（丸山ほか，2008）

ヨーロッパにおけるフィールドワーク

(1) はじめに

地理学の研究にとって，現地でのフィールドワークが重要であることは疑いない。ヨーロッパでは治安がよいこと，一部の国々では英語がよく通じること，地図や統計資料などが比較的揃っていることなどに基づいて，フィールドワークを実施しやすい環境が整っている。以下では，人文地理学分野に関して，ヨーロッパでフィールドワークを実施する際の方法や留意点について概観する。

(2) 日本での準備

まず，フィールドワークに出かける以前の作業として，日本で入手できる資料や情報と，現地でしか入手できないものとに分けて整理しておくことが必要である。

ヨーロッパに渡航する前に，準備すべき点は，地図類，統計資料，文献などの準備である。地図のなかでも地形図はさまざまな情報が盛り込まれているため有用で，ドイツ，フランス，イギリスなどの地形図は，日本の地図専門店や大型書店で購入できる場合もある。多くの国で地形図のデジタルマップ化も進んでいる。また，ルーマニアのような地形図を一般に入手できない国では，グーグルアース等の空中写真も利用できることを覚えておこう。

統計資料については，EUの統計局であるユーロスタットEurostatや各国の統計局のホームページで，必要なデータをあらかじめ集めておく。国単位や州・県単位，EUの統計地域単位で，人口などのデータが入手できる場合が多く，PDFやEXCEL形式等でデータをダウンロードできる。

自分の調査地域や調査テーマに関する既存の文献収集も重要である。論文については，それに関するデータベース等から，PDFファイルをダウンロードできる場合もある。一方，書籍については，ほとんどが日本の大手書店で入手できるが，ヨーロッパでしか入手できないものもある。これについては，各国の国立図書館，主要な大学図書館のホームページサイトであらかじめ検索し，書誌情報を集めておき，現地ですばやく閲覧できるようにしておく。さらに，調査地域の市町村や観光協会等のホームページにも目を通しておく。

そのほか，フィールドワークの実施時期を考慮することも重要である。もちろん，調査対象に季節性がある場合には，それを重視することになろう。だたし，ヨーロッパでは秋以降，日照時間が極端に短くなり，野外での調査に費やせる1日あたりの時間は短くなることに留意すべきである。

現地での日程を考慮して調査日程を作成し，調査協力者や訪問先等が決まっている場合には，事前に電子メール等で連絡しておく。また，現地で必要となる観測器具，渡航に際して必要なパスポートや衣類などを準備し，航空券なども手配しておく。現在，ヨーロッパのほとんどの国には，3カ月程度以内であれば観光ビザで入国できる。現地での宿泊施設については，インターネット上で簡単に予約ができる。少なくとも最初の1泊については予約しておくと，安心である。

(3) ヨーロッパにて

現地に着いたら，速やかにフィールドワークできるように行動する。時差ボケがあるかもし

図 12.23　ルーマニアにおける山村の耕地景観
(2010 年 7 月)

図 12.24　ルーマニアの農家での聞き取り調査
(2010 年 7 月)

れないが，日本時間を気にせずに，現地時間のみを参照するようにする。また，現地での調査協力者がいる場合には，まずは挨拶をして，日本ならではの土産品等を持参し，良好な関係を保っておく。

必要な場合には，日本で入手できなかった地図を入手する。5 万分の 1 程度の縮尺の地形図は，大都市の大書店や地図専門店で購入できる。入手が難しいのは縮尺 5,000 分の 1 以上の地図・地籍図や空中写真である。これらは各国や州等の測量局が作成しており，あらかじめその機関に電子メール等で問い合わせておき，現地で入手するようにする。

日本で入手できなかった統計類は，各国や州等の統計局で入手することになる。とくに市町村単位の統計については，現地のみでしか入手できない場合が多い。統計局はたいてい図書館（室）を有し，そこでは過去の統計が入手できる。

また，文献収集については書店，公的・大学図書館が有用である。図書館の利用方法は施設によって千差万別であるため，事前に利用方法を調べておく。また，現地の大学に地理学教室がある場合には，そこの資料室が利用できる。たいていその国独自の雑誌や書籍などが集められているので，事前に確認しておく。文献資料については，日本で入手不可能な資料も多いので，見つけた時点で入手するという態度が重要である。

現地で土地利用調査を実施する場合，日本での実践と特段大きな違いはない。しかし，日本のように住宅地図がないので，これをベースマップとして利用することはできない。また，都市では 1 階の土地利用は観察できるが，2 階以上の土地利用が把握しにくい場合も多い。ただし，2 階へのドア付近に呼び鈴とともに店舗や事務所の名称が掲げられているので，それを参照することによって，利用種目が明らかになることもある。一方，農村では，ルーマニアのようにほとんどの耕地に施錠された柵が設けられ，道路に面していない奥の耕地に到達できず，その利用が目視できない場合も多いが，山村の場合では，見通しのきく地点からの目視で対応できることもある（図 12.23）。

また写真については，アングルや焦点距離等をかえてできるだけ多く撮っておくと，後日，日本でレポート等にまとめる際に役立つことが多い。なお，スリの多い大都市，とくに主要駅付近では，カメラは格好の餌食となるので管理に注意が必要である。

聞き取り調査であるが，対象が国際的な企業や役所，宿泊施設などの場合，たいていの場合，英語が通じるので問題はないであろう。一方，農家や一般市民が対象の場合には，現地の言語のみでのやりとりを迫られる（図 12.24）。現地の言語に堪能でない場合，通訳が必要となるが，その際，聞き取り調査に要する時間がより長くなることに留意すべきである。聞き取り先には，扇子などの土産を持参するとよろこばれる。農家や一般市民を対象としたアンケート調査の場合も，現地の言語でおこなった方がよい。

現地での移動手段にも注意が必要である。長距離移動の場合，おもに鉄道が利用されるが，遅延も多いので乗り換え等がある場合には余裕をもつ必要がある。また，東ヨーロッパなどでは長距離バス路線が整備され，鉄道よりも安くまた早く到達できる場合もある。都市内の移動の場合には，公共交通機関が整備され，1日券等の期間切符もあり，有効に活用できる。一方，農村では自動車交通が卓越するため，バス路線は極端に少ない。そのため，レンタカーの利用も視野に入れることが必要であるが，イギリスを除いて右側通行であるので運転の際には注意が必要となる。

また，フィールドワーク中の飲食や買い物も重要である。レストランで椅子に座って食事をすると，長時間を要する場合が多い。時間がない場合には，ハンバーガー，ソーセージ，ケバブ（トルコ風サンドイッチ）などのファーストフードを利用することも視野に入れよう。また，ヨーロッパでは，たいてい日曜日に商店やスーパーマーケットが休業となるので，買い物をする際には注意すべきである。ただし，大都市の駅にはキオスク等があり，曜日に関係なく営業している場合が多い。

帰国間際には，現地での調査協力者をねぎらい，食事に招待するなどの配慮が必要である。それが，次回のフィールドワークを成功させる重要な鍵となるからである。

参考図書・論文

【第Ⅰ章】

上村信太郎，1997：『山でピンチになったら』，山と渓谷社，221p.

財・日本自然保護協会編集・監修，1994：『自然観察ハンドブック』，平凡社，426p.

筑波大学大学院生命環境科学研究科地球進化科学専攻フィールドワーク安全手帳作成委員会，2007：「フィールドワーク安全手帳」，63p.

【第Ⅱ章】

朝倉　正・新田　尚・二宮浩三・立平良三・関根勇八，1983：『気象調査法』，朝倉書店，260 p.

岩男弘毅，2005：『リモートセンシング読本』，日本測量協会，177 p.

牛山素行編，2000：『身近な気象・気候調査の基礎』，古今書院，195p.

北畑明華，2008：寒冷前線通過時に見られる降水帯の形成メカニズムの解明．平成19年度自然学類卒業論文，89p.

近藤純正，1994：『水環境の気象学』，朝倉書店，348p.

斉藤直輔，1982：『天気図の歴史』（気象学のプロムナード5），東京堂出版，215 p.

鈴木栄一，1983：『気象統計学』，地人書館，314p.

鈴木宣直編，1996：気象測器－地上気象観測編－．気象研究ノート，185，p.153.

田中　博，2007：『偏西風の気象学』，成山堂，174p.

田中　博・朴　泰祐・佐藤正樹，2010：大気大循環モデル力学コアの変遷について．ながれ，29(1)，27-32.

塚本　修・文字信貴編，2001：地表面フラックス特定法．気象研究ノート，199，p.242.

中村　繁・北村幸房，1987：『気象データマニュアル』，丸善，204p.

西澤利栄編，2005：『気候のフィールド調査法』，古今書院，122 p.

新田　尚・二宮浩三・山岸米二郎，2009：『数値予報と現代気象学』，東京堂出版，224 p.

二宮浩三，2005：『気象解析の基礎』，オーム社，244 p.

日本気象協会編，1988：『地上気象観測法』，日本気象協会，212p.

日本農業気象学会関東支部編，1988：『農業気象の測器と測定法』，農業技術協会，332p.

日本リモートセンシング研究会，1994：『図解リモートセンシング』，日本測量協会，312 p.

日野幹雄，1977：『スペクトル解析』，朝倉書店，300 p.

廣田　勇，1999：『気象解析学』，東京大学出版会，175p.

深尾昌一郎・浜津亨助，2009：『気象と大気のレーダーリモートセンシング』，京都大学学術出版会，502p.

松山　洋・谷本陽一，2005：『実践！気候データ解析』，古今書院，107p.

湯山　生，2000：『くものてびき』，クライム気象図書出版部，69p.

【第Ⅲ章】

新井　正，1994：『水環境調査の基礎』，古今書院，168p.

市川正巳，1992：『水文学の基礎（第6版）』，古今書院，310p.

開發一郎，2001：『地下水涵養の観測・計測』．日本地下水学会編：『雨水浸透・地下水涵養』，理工図書，8-36.

榧根　勇，1980：『水文学』，大明堂，272p.

西條八束・三田村緒佐武，1995：『新編　湖沼調査法』，講談社サイエンティフィク，230p.

島　裕雅・梶間和彦・神谷英樹編，1995：『建設・防　災・環境のための新しい電気探査法－比抵抗映　像法』，古今書院，206p.

谷口真人・三條和博・榧根　勇，1984：地下水調査における地下水温の重要性．ハイドロロジー（日本水文科学会誌），14，50-60.

谷口真人・島野安雄・榧根　勇，1989：地下水温を用いた阿蘇西麓台地の地下水流動解析．ハイドロロジー（日本水文科学会誌），19，171-179.

筑波大学水文科学研究室，2009：『水文科学』，共立出版，275p.

日本分析化学会北海道支部 編，2005：『水の分析（第5版）』，化学同人，472p.

半谷高久・小倉紀雄，1995：『水質調査法（第3版）』，丸善，335p.

山中　勤・嶋田　純・田瀬則雄，1996：土浦市宍塚大池における降雨に伴う水収支変化を用いた集水面積の解析．筑波大学水理実験センター報告 21号，1-10.

Brutsaert, W.，杉田倫明訳，2008:『水文学』，共立出版，502p.

【第Ⅳ章】

浅野繁喜・伊庭仁嗣ほか編，2004：『最新測量入門』，実教出版，264p.

尾崎幸男，1968：『写真測量概説』，森北出版，212p.

恩田裕一・飯田智之・奥西一夫・辻村真貴編，1996：『水文地形学』，古今書院，267p.

佐々宏一，芦田　譲，菅野　強，1993：『建設・防災技術者のための物理探査』，森北出版，219p.

鈴木隆介，1997：『建設技術者のための地形図読図入門　第1巻　読図の基礎』，古今書院，200 p.

鈴木隆介，2000：『建設技術者のための地形図読図入門　第3巻　段丘・丘陵・山地』，古今書院，389p.

高橋正義，1966：『空中写真の見方と使い方』，全日本建設技術協会，301p.

日本写真測量学会編，1980：『空中写真の判読と利用－空からの調査－』，鹿島出版会，357 p.

日本地図センター，1993：『空中写真の知識』，日本地図センター，61 p.

松倉公憲，2008：『山崩れ・地すべりの力学』，筑波大学出版会，162p.

【第Ⅴ章】

天野一男・秋山雅彦，2004：『フィールドジオロジー入門』，共立出版，154p.

藤田和夫・池辺　穣・杉村　新・小島丈児・宮田隆夫，1984：『新版　地質図の書き方と読み方』，古今書院，194p.

【第Ⅵ章】

指田勝男・久田健一郎・角替敏昭・八木勇治・小室光世・興野　純編，2007：『地球学シリーズ2　地球進化学』，古今書院，122p.

堆積学研究会編，1998：『堆積学事典』，朝倉書房，470p.

堀内　悠・久田健一郎・Lee,Y.I.，2008：白亜系関門層群塩浜層の古土壌，堆積相および古環境．地質学雑誌，114，447-460.

水谷伸治郎・斎藤靖二・勘米良亀齢，1987：『日本の堆積岩』，岩波書店，226p.

Pettijohn,F.J.，1975：*Sedimentary Rocks, third edition*, Happer & Row，Publishers Inc.，628p.

【第Ⅶ章】

安藤寿男・近藤康生，1999：化石密集層の形成様式と堆積シーケンス－化石密集層は堆積シーケンス内でどのように分布するのか－，地質学論集，54，7-28.

井上　勤監修，2001：『新版顕微鏡観察シリーズ4　岩石・化石の顕微鏡観察』，地人書館，315p.

小高民夫編，1980：『大型化石研究マニュアル』，朝倉書店，190p.

化石研究会編，2000：『化石の研究法－採集から最新の解析法まで－』，共立出版，388p.

加藤碩一・脇田浩二編，2001：『地質学ハンドブック』，朝倉書店，696p.

高柳洋吉編，1978：『微化石研究マニュアル』，朝倉書店，161p.

鎮西清高・植村和彦編，2004：『古生物の科学5　地球環境と生命史』，朝倉書店，248p.

長谷川四郎・中島　隆・岡田　誠，2006：『フィールドジオロジー2　層序と年代』，共立出版，176p.

浜田隆士・益富壽之助，1966:『原色化石図鑑』，保育社，268p.

間嶋隆一・池谷仙之，1996：『古生物学入門』，朝倉書店，180p.

松川正樹，1985：『化石の採集と見分け方』，ニュー・サイエンス社，100p.

松川正樹，1985:『化石の採集と見分け方Ⅱ』，ニュー・

サイエンス社，104p.
水谷伸次郎・斎藤靖二・勘米良亀齢，1987：『日本の堆積岩』，岩波書店，226p.
Flügel, E.，2004：*Microfacies of Carbonate Rocks: Analysis, Interpretation and Application*，Springer，976p.

【第Ⅷ章】

植村　武，2000：『構造地質学要論－地質体の変形－』，愛智出版，324p.
垣見俊弘・加藤碵一，1994：『地質構造の解析－理論と実践－』，愛智出版，274p.
狩野謙一・村田明広，1998：『構造地質学』，朝倉書店，298p.
Billings, M. P.，1972：*Structural Geology, 3rd.*，Prentice-Hall,Inc.，606p.
Hobbs, B. E.，Means, W. D. and Williams, P. F.，1976：*An Outline of Structural Geology*，John Wiley & Sons，571p.
Ragan, D. M.，1973：*Structural Geology*, John Wiley & Sons，208p.

【第Ⅸ章】

赤井純治ほか，1995：『新版地学教育講座 3　鉱物の科学』，東海大学出版会，199p.
岡村　聡ほか，1995：『新版地学教育講座 4　岩石と地下資源』，東海大学出版会，201p.
岡村定矩・池内　了・海部宣男・佐藤勝彦・永原裕子編，2007：『シリーズ現代の天文学 1　人類の住む宇宙』，岩波書店，342p.
奥村幸子・黒田武彦・高原まり子・森本雅樹，1996：『新版地学教育講座 13　宇宙・星・銀河』，東海大学出版会，186p.
久城育夫・荒牧重雄・青木謙一郎編，1989：『日本の火成岩』，岩波書店，206p.
黒田登志雄，1984：『ライブラリ物理の世界 3　結晶は生きている－その成長と形の変化のしくみ－』，サイエンス社，265p.
結晶工学ハンドブック編集委員会編，1971：『結晶工学ハンドブック』，共立出版，1427p.
小森長生，1995：『新版地学教育講座 12　太陽系と惑星』，東海大学出版会，203p.
島　正子，1998：『隕石－宇宙からの贈りもの－』，東京化学同人，244p.
周藤賢治・小山内康人，2002：『岩石学概論　上：記載岩石学－岩石学のための情報収集マニュアル－』，共立出版，272p.
周藤賢治・小山内康人，2002：『岩石学概論　下：記載岩石学－成因的岩石学へのガイド－』，共立出版，260p.
砂川一郎，2003：『結晶－成長・形・完全性－』，共立出版，304p.
地学団体研究会編，1996：『新版　地学事典』，平凡社，1443p.
豊　遥秋・青木正博，1996：『検索入門　鉱物・岩石』，保育社，206p.
日本結晶成長学会結晶成長ハンドブック編集委員会編，1995：『結晶成長ハンドブック』，共立出版，1152p.
R. ノートン，2007：『隕石コレクター－鉱物学，岩石学，天文学が解き明かす「宇宙からの石」－』，築地書館，377p.
F. ハイデ・F. ブロツカ，1996：『隕石－宇宙からのタイムカプセル－』，シュプリンガー・フェアラーク東京，282p.
橋本光男，1987：『日本の変成岩』，岩波書店，159p.
松浦秀治・上杉　陽・藁科哲男編，1999：『考古学と自然科学 4　考古学と年代測定学・地球科学』，同成社，353p.
松田准一・圦本尚義編，2008：『地球化学講座 2　宇宙・惑星化学』，培風館，291p.
都城秋穂・久城育夫，1975：『岩石学Ⅱ－岩石学の性質と分類－』，共立出版，171p.
森本信夫・砂川一郎・都城秋穂，1975：『鉱物学』，岩波書店，640p.
八木健三監修，1976：『新地学教育講座 3　鉱物』，東海大学出版会，174p.
渡部潤一・井田　茂・佐々木晶編，2008：『シリーズ現代の天文学 9　太陽系と惑星』，岩波書店，298p.

【第X章】

金属鉱業事業団，2001：「平成12年度精密地質調査報告書：飛騨地域」，46p.

三枝守維，1977：沢砂による地下探.『地球化学探査法ハンドブック』，社団法人日本鉱業会，73-105.

Chappell, B. W. and A. J. R. White，1974：Two contrasting granite types. *Pacific Geology*，8，173-174.

Hedenquist, J. W.，Izawa, E.，Arribas, A. and N. C. White，1996：Epithermal Gold Deposits：Styles, Characteristics, and Exploration. *Resource Geology, Special publication No.1*, The Society of Resource Geology.

Ishihara, S.，1981：The granitoid series and mineralization. *Economic Geology 75th anniversal volume*，458-484.

Kesler, S. E.，1994：*Mineral Resources, Economocs and the Environment*，Macmillan College Publishing Company，New York，391p.

Mirsa, K. C.，2000：*Understanding Mineral Deposits*，Kulwer Academic Publishers，London，845p.

【第XI章】

粟屋　隆，1991：『データ解析　アナログとディジタル 改訂版』，学会出版センター，270p.

恩田裕一，2007a：草原の水文地形学．中村　徹編：『草原の科学への招待』，筑波大学出版会，55-66.

恩田裕一，2007b：人工林の荒廃と地表流発生メカニズム．森林水文学編集委員会編：『森林水文学－森林の水の動きを科学する－』，森北出版，65-81.

恩田裕一，2010：森林の水文地形学．中村　徹編：『森林の科学への招待』，筑波大学出版会，27-38.

恩田裕一編，2008：『人工林荒廃と水土砂流出の実態』，岩波書店，245p.

四角目和広・佐藤寿邦，2003：直線検量線を利用する定量分析値の不確かさ－考え方と計算法－．環境と測定技術，30(4)，34-42.

四角目和広・佐藤寿邦，2004：重みつき最小二乗法による直線検量線－考え方と不確かさ－．環境と測定技術，31(2)，17-27.

日本分析化学会北海道支部編，1994：『水の分析　第4版』，化学同人，493p.

丹羽　誠，2008：『これならわかる化学のための統計手法－正しいデータの扱い方－』，化学同人，158p.

福島ほか，1995：DO，pHの連続測定による気液ガス交換，光合成，呼吸速度の推定方法について．水環境学会誌，18，279-289.

Hartman, B. and D. E. Hammond，1985：Gas exchange in San Francisco Bay. *Hydrobiologia*，129，59-68.

Smith, S. V.，1985：Physical, chemical and biological characteristics of CO_2 gas flux across the air-water interface. *Pant Cell Environment*，8，387-398.

【第XII章】

石﨑研二，1999：よりよい主題図を作成するために．地理，44(12)，36-46.

市川健夫，1985：『フィールドワーク入門－地域調査のすすめ－』，古今書院，240p.

浮田典良編，2001：『ジオ・パル21　地理学便利帳』，海青社，207p.

浮田典良編，2003：『最新地理学用語辞典－改訂版－』，大明堂，288p.

浮田典良・森　三紀，2004：『地図表現ガイドブック－主題図作成の原理と応用－』，ナカニシヤ出版，134p.

大友　篤，1997：『地域分析入門　改訂版』，東洋経済新報社，307p.

奥野隆史，1967：都市の土地利用調査とその分析法．尾留川正平ほか編：『人文地理調査法』，朝倉書店，35-54.

梶田　真・仁平尊明・加藤政洋編，2007：『地域調査ことはじめ－あるく・みる・かく－』，ナカニシヤ出版，264p.

河邊　宏，1985：『地域統計概論』，古今書院，195p.

菅野峰明・安仁屋政武・高阪宏行，1987：『地理的情報の分析手法』，古今書院，248p.

久保倫子・小野澤泰子・橋本　操・菱沼雄介・松井圭介，2010：成田ニュータウンにおけるコミュニティ活動の特性．地域研究年報，32，43-69.

須藤健一編，1996：『フィールドワークを歩く－文系研究者の知識と経験－』，嵯峨野書院，398p.

総務省統計局，2008：『平成17年国勢調査に関する地域メッシュ統計地図　階級メッシュマップ（世界測地系)』，総務省統計局，90p.
総務省統計局，2010：地域メッシュ統計の概要. http://www.stat.go.jp/data/mesh/pdf/gaiyo1.pdf#page=1（2010年9月16日閲覧）
高橋伸夫・手塚　章・田林　明・宇川佳奈，1997：大都市中心部における空間特性－東京都千代田区神田和泉町の事例－. 日本地理学会予稿集，63，102-103.
高橋伸夫・溝尾良隆編，1989：『地理学講座第6巻　実践と応用』，古今書院，222p.
田林　明，1991：『扇状地農村の変容と地域構造－黒部川扇状地農村における地理学的研究－』，古今書院，286p.
田林　明，2003：『北陸地方における農業の構造変容』，農林統計協会，417p.
戸所　隆，1989：野外調査法. 高橋伸夫・溝尾良隆編：『地理学講座第6巻　実践と応用』，古今書院，1-47.
地理編集部編，1997：特集　聞取り調査のすすめ. 地理，42(4)，38-73.
野間晴雄，1993：現地調査. 浮田典良編：『ジオグラフィック・パル　地理学便利帖』，海青社，137-156.
橋本暁子・齋藤譲司・亀川星二・西田あゆみ・津田憲吾・井口　梓・松井圭介，2010：成田山新勝寺門前町における街並み整備と商業空間の変容. 地域研究年報，32，1-14.
正井泰夫・小池一之編，1994：『卒論作成マニュアル』，古今書院，214p.
丸山浩明・仁平尊明・コジマ＝アナ，2008：GPSとバイトカウンター首輪を用いたウシの採食行動調査－ブラジル・パンタナール，バイア＝ポニータ農場における乾季の事例－. 人文地理学研究，32，17-35.
森本健弘・村山祐司・大橋智美・新藤多恵子，2003：GPSとGISを活用した土地利用調査と分析. 人文地理学研究，27，107-129.
山下清海，1986：『東南アジアのチャイナタウン』，古今書院，201p.
山下清海，2003：地域調査法. 村山祐司編：『シリーズ人文地理学2　地域研究』，朝倉書店，53-79.
山下清海，2009：インドの華人社会とチャイナタウン－コルカタを中心に－. 地理空間，2(1)，32-50.
山下清海・小木裕文・松村公明・張貴民・杜国慶，2010：福建省福清出身の在日新華僑とその僑郷. 地理空間，3(1)，1-23.
山本正三，1979：はしがき. 霞ヶ浦研究，1，i-ii.
Hart, J. F., 1998：*The Rural Landscape*，The Johns Hopkins University Press，416p.

キーワード索引

［編者］

上野　健一　筑波大学大学院生命環境科学研究科地球環境科学専攻

久田　健一郎　筑波大学大学院生命環境科学研究科地球進化科学専攻

［執筆者・所属・分担一覧（章順）］

執筆者	所属専攻・分野	執筆担当部分
久田　健一郎	地球進化科学・地圏変遷科学	第Ｉ，Ｖ，Ⅵ章，コラム
上野　健一	地球環境科学・大気科学	第Ⅱ章，1，2節，コラム
日下　博幸	地球環境科学・空間情報学	第Ⅱ章，3節
田中　博	地球環境科学・大気科学	第Ⅱ章，演習
山中　勤	地球環境科学・水文科学	第Ⅲ章，コラム
若狭　幸	地球環境科学・地形学	第Ⅳ章，1節
松岡　憲知	地球環境科学・地形学	第Ⅳ章，1節
八反地　剛	地球環境科学・地形学	第Ⅳ章，2節，コラム
西井　稜子	地球環境科学・地形学	第Ⅳ章，2節
渡邊　達也	地球環境科学・地形学	第Ⅳ章，2節
上松　佐知子	地球進化科学・生物圏変遷科学	第Ⅶ章
滝沢　茂	地球進化科学・地球変動科学	第Ⅷ章
黒澤　正紀	地球進化科学・鉱物学	第Ⅸ章，演習
林　謙一郎	地球進化科学・惑星資源科学	第Ｘ章
丸岡　照幸	生命共存科学・環境病理学	第Ⅺ章，1節
福島　武彦	生命共存科学・環境創生モデリング	第Ⅺ章，2節
恩田　裕一	生命共存科学・環境病理学	第Ⅺ章，3節
松下　文経	生命共存科学・環境創生モデリング	第Ⅺ章，4節
安間　了	生命共存科学・環境病理学	第Ⅺ章，コラム
森本　健弘	地球環境科学・空間情報学	第Ⅻ章，1節
田林　明	地球環境科学・人文地理学	第Ⅻ章，2節
松井　圭介	地球環境科学・人文地理学	第Ⅻ章，3節
山下　清海	地球環境科学・人文地理学	第Ⅻ章，コラム
宮坂　和人	地球環境科学・人文地理学	第Ⅻ章，4節
兼子　純	地球環境科学・地誌学	第Ⅻ章，5節
村山　祐司	地球環境科学・空間情報学	第Ⅻ章，6節
呉羽　正昭	地球環境科学・地誌学	第Ⅻ章，コラム

書　名｜地球学シリーズ 3
地球学調査・解析の基礎
コード｜ISBN978-4-7722-5254-6 C3044
発行日｜2011 年 4 月 15 日　初版第 1 刷発行
編　者｜上野健一・久田健一郎

発行者｜株式会社古今書院　橋本寿資
印刷者｜理想社
発行所｜古今書院
〒 101-0062　東京都千代田区神田駿河台 2-10
電　話｜03-3291-2757
FAX｜03-3233-0303
URL｜http://www.kokon.co.jp/
検印省略・Printed in Japan